大專用書

中級會計學題解(下)

洪國賜　著

三民書局　印行

國家圖書館出版品預行編目資料

中級會計學題解 ／ 洪國賜著. ── 初版 ── 臺北
市：三民, 民88
　　面；　　公分

ISBN　957-14-3031-5(上冊：平裝)
ISBN　957-14-3032-3(下冊：平裝)

1. 會計 ─ 問題集

495.022　　　　　　　　　　　　88010951

網際網路位址　http://www.sanmin.com.tw

© 中級會計學題解（下）

增訂新版

著作人　洪國賜
發行人　劉振強
著作財
產權人　三民書局股份有限公司
　　　　臺北市復興北路三八六號
發行所　三民書局股份有限公司
　　　　地址／臺北市復興北路三八六號
　　　　電話／二五○○六六○○
　　　　郵撥／○○○九九九八──五號
印刷所　三民書局股份有限公司
門市部　復北店／臺北市復興北路三八六號
　　　　重南店／臺北市重慶南路一段六十一號
增訂新版　中華民國八十九年二月
編　號　S 49284
基本定價　捌元
行政院新聞局登記證局版臺業字第○二○○號

有著作權 不准侵害

ISBN 957-14-3032-3（平裝）

中級會計學（下）題解

目　次

第 十 三 章　存貨的其他評價方法 …………………………1

第 十 四 章　長期投資 …………………………39

第 十 五 章　長期性資產㈠：取得與處置 …………………67

第 十 六 章　長期性資產㈡：折舊與折耗 …………………95

第 十 七 章　無形資產 …………………………129

第 十 八 章　短期負債 …………………………159

第 十 九 章　長期負債 …………………………193

第 二 十 章　租賃會計 …………………………223

第二十一章　退休金會計 …………………………253

第二十二章　所得稅會計 …………………………285

第二十三章　股東權益 …………………………315

第二十四章　認股權證與保留盈餘 …………………349

第二十五章　現金流量表 …………………………381

第十三章　存貨的其他評價方法

一、問答題

1. 試述成本與市價孰低法的意義。

解:

成本與市價孰低法是基於傳統的保守或穩健原則為出發點，當存貨的市價低於成本時，應放棄成本基礎，改按市價為評定存貨價值的根據；惟當存貨的市價高於成本時，仍以成本為準。

2. 成本與市價孰低法在應用上又有那三種方法？試述之。

解:

(1)逐項比較法，係按各種商品的成本與市價，逐項比較之，取期較低者為期末存貨計價的標準。

(2)分類比較法，係按分類存貨的成本與市價總額比較之，取其較低者為期末存貨計價的標準。

(3)總額比較法，係按存貨的成本與市價總額比較之，取其較低者為期末存貨計價的標準。

3. 在成本與市價孰低法之下，對於存貨跌價的會計處理，有那二種不同方法？試詳述之。

解:

(1)直接抵減存貨帳戶：

在此一方法之下，期末時存貨價值按低於成本的市價（重置成本）列帳；換言之，存貨不按原取得成本列帳，改按跌價後的市價列帳，實際上已抵減存貨跌價損失。當期末存貨以低於成本的市價從銷貨成本中扣除時，使銷貨成本包括存貨跌價損失在內；因此，此法不將存貨跌價損失分開記帳，也未分開列報於損益表內；存貨按低於成本的市價，列報於資產負債表。

(2)設置「備抵存貨跌價」帳戶：

在此一方法之下，期末存貨價值仍然按成本列帳，至於存貨成本低於市價（重置成本）的部份，單獨借記存貨跌價損失或存貨評價損失，貸記「備抵存貨跌價」帳戶。因此，在此法之下，存貨及銷貨成本均按原取得成本列帳，一方面將存貨跌價損失分開列報於當期的損益表內，另一方面將「備抵存貨跌價」帳戶，列報於資產負債表的存貨項下，作為存貨的抵減帳戶。

4. 銷貨標高率與成本標高率有何不同？

解：

(1)銷貨標高率：

所謂銷貨標高率，乃指毛利係按銷貨收入為標價的基礎，亦即標高率係以毛利除銷貨收入計算而得；如改按公式表示，可列示如下：

$$銷貨標高率 = \frac{毛利}{銷貨收入}$$

(2)成本標高率：

所謂成本標高率，乃指毛利係按成本為標價的基礎，亦即標高率係以毛利除銷貨成本計算而得；如改用公式表示，可列示如下：

$$成本標高率 = \frac{毛利}{銷貨成本}$$

5. 毛利率法何以並非為一般公認的會計原則？

解：

　　毛利率法通常應用於若干特殊情況，例如因水災、火災、或其他意外災害等，致帳冊簿籍滅失，使存貨成本的計算發生困難者；蓋毛利率法係以過去數年的平均毛利率，作為估計期末存貨的價值，不免產生偏差，故此種方法並非為一般公認的會計原則。

6. 毛利率法通常可應用於何種特殊情況？

解：

　　毛利率法通常可應用於下列各種特殊情況：

(1)存貨如因遭遇水災、火災、或其他意外災害等，致帳冊簿籍滅失，成本計算困難時，可應用毛利率法以估計損失的數額。

(2)查帳人員可應用毛利率法核對存貨的價值；如財務報表內存貨價值高於毛利率法所求得數字，除非有足夠的理由能確定其增加之原因，否則查帳人員應認為存貨可能被溢計；反之，存貨亦可能被少計。

(3)企業如必須編製期中財務報表或內部使用的財務報表時，可應用毛利率法估計期末存貨的價值，不必實地盤點存貨，可節省很多人力與物力。

(4)會計人員如發現期末存貨的價值，與經常年度的存貨價值相距過甚時，可應用毛利率法加以驗證。

(5)企業於編製銷貨預算時，可應用毛利率法估計銷貨成本、毛利、及其他相關的預算數字，以完成總體預算的編製工作。

7. 原始零售價的調整項目有那些？試述之。

解：

原始零售價的調整項目，包括原始加價、加價、加價取銷、淨加價、減價、減價取銷、淨減價。

8. 傳統零售價法與後進先出零售價法在應用上有何不同？

解：

傳統零售價法基於保守原則，對於成本率的計算，僅包括淨加價而不包括淨減價。後進先出零售價法對於成本率的計算，除進貨淨額及淨加價外，尚包括淨減價；此外，對於成本率的計算，係依期初存貨及本期進貨的不同層次，分開計算。

9. 如何避免零售價法在應用上的偏差？

解：

零售價法係以平均成本率為計算期末存貨的基礎；如一企業有下列情況存在時，採用零售價法將導致偏差的後果。

(1)企業各零售部門的成本率不一致時。

(2)具有特價品存在時。

企業所經營的商品之中，如有特價品存在時，由於特價品的利潤較低，成本率相對提高，倘若任其與正常商品平均計算時，將造成成本率偏高的現象。

(3)採用零售價法的時間不能配合商品標價的時間。

採用零售價法以計算期末存貨的時間，如不能配合商品標價的時間，則計算所得的期末存貨成本，必不可靠。

10. 試述後進先出幣值零售價法對於期末存貨成本的計算，共有那些步驟？

解：

在後進先出幣值零售價法之下，對於期末存貨成本的計算，通常包括下列各項步驟：

(1)將期末存貨轉換為按基期零售價表達的期末存貨；此項轉換係以期末存貨除以當期物價指數（轉換率）而得之。

(2)確定期初存貨按基期零售價表達的數字。

(3)比較(1)及(2)，以確定存貨按基期零售價表達的實際變化數字。

(4)由上項(3)所求得的數字，如為存貨增加，則將存貨增加的實際變化數字，乘以當期物價指數（轉換率），使原已轉換為基期零售價表達的實際增加數，再還原為按當期零售價表達的期末存貨實際增加數。

(5)根據上項(4)所求得的期末存貨增加數字，乘以當期成本率，以計算新增加層次的存貨成本，並予加入期初存貨成本之內，即可求得後進先出幣值零售價法的期末存貨成本合計數。

11. 零售價法通常可適用於那些情況？試述之。

解：

零售價法通常可適用於下列各種情況：

(1)企業為編製期中財務報表、進行各項分析、或釐定採購決策的需要，必須獲得存貨的價值，而實地盤點存貨不是有困難就是不經濟時，可應用零售價法估計期末存貨的價值。

(2)會計人員為避免逐筆核對進貨發票的繁重工作，可先實地盤點存貨數量，再應用零售價法，計算實地盤點存貨數量的零售價及成本數字。

(3)若干特殊行業，例如百貨公司、超級市場、及經營商品繁多的零售業，可應用零售價法估計期末存貨的價值，或作為期中控制存

貨、進貨、加價、及減價的依據。

(4)零售價法所計算的期末存貨數字，可作為企業編製對外財務報表的根據。

(5)零售價法所提供的成本資料，亦可作為計算報稅所得的基礎。

12. 解釋下列各名詞：

(1)市價上限與下限 (ceiling & floor of market)。

(2)預計正常利潤 (estimated normal profit)。

(3)重置成本 (replacement cost)。

(4)存貨評價損失 (inventory valuation loss)。

(5)備抵存貨跌價 (allowance for inventory)。

(6)淨加價 (net mark-up)。

(7)淨減價 (net mark-down)。

(8)成本率 (cost ratio)。

解：

(1)市價上限：市價不應超過淨變現價值（即在正常的營業過程中，預計售價減合理的預計完工成本及銷售費用）。

市價下限：市價不應低於淨變現價值減預計正常利潤。

(2)正常利潤：係指預計企業在正常情況下的利潤水準。

(3)重置成本：重置成本的含義，隨實際情況而定，可能為下列二種不同的基礎之一：

a.重置成本基礎：係指目前重新購入相同或同類型商品所需之成本，此項成本係指在正常的營業過程中，按經常採購量所需支付的現金或約當現金數額，故根據財務會計準則第 5 號財務會計觀念聲明書 (SFAC No.5)，亦稱為現時成本。

b.重製成本基礎：係指目前重新製造相同或同類型商品所需之成

本，包括直接原料、直接人工及製造費用的因素。

(4)存貨評價損失：係指企業所持有的存貨市價低於原始取得成本的
　部份，又稱為存貨持有損失。

(5)備抵存貨跌價：係指當存貨市價低於成本時，乃設置「備抵存貨
　跌價」帳戶，用於抵減已跌價的存貨價值。

(6)淨加價：係指加價減加價取銷後的淨額。

(7)淨減價：係指減價扣除減價取銷後的淨額。

(8)成本率：是指零售價與實際成本的比率關係。

二、選擇題

13.1　當一家公司擬採用成本與市價孰低法，作為期末存貨的評價方法，
　　並按重置成本列報期末存貨價值時，下列二項說明當中，那一項或
　　那些項說明是正確的呢？

　　Ⅰ.存貨的原始成本低於重置成本。

　　Ⅱ.存貨的淨變現價值大於重置成本。

　　(a)只有Ⅰ是正確的。

　　(b)只有Ⅱ是正確的。

　　(c)Ⅰ與Ⅱ都是正確的。

　　(d)Ⅰ與Ⅱ都是不正確的。

解：(b)

　　根據一般公認會計原則（此處係指美國會計師公會會計程序委員會
　　1953年所公佈第 43 號會計研究公報第 4 章有關存貨會計的處理原
　　則）的說明，成本與市價孰低法所指之市價，係指重置成本而言，
　　並將成本與市價孰低法的基本要義，摘要如下：

⑴在原則上，存貨的價值，應以成本為原則。

⑵當存貨成本高於市價（重置成本）時，應放棄成本基礎，改按市價評價；惟：

　　a.市價不應超過淨變現價值（上限）

　　b.市價不應低於淨變現價值－正常利潤（下限）

因此，如存貨成本高於市價，存貨應按市價（重置成本）評價，惟市價（重置成本）不得超過淨變現價值（上限），故只有第二項說明(b)是對的。第一項說明不對；蓋期末存貨如按市價（重置成本）列報時，存貨的成本必然高於市價（重置成本）。

13.2　存貨價值如按成本與市價孰低法評價時，將偏離下列那一項會計原則：

　　(a)成本原則（歷史成本）。

　　(b)一致原則。

　　(c)保守原則。

　　(d)充分表達原則。

解： (a)

採用成本與市價孰低法，如遇期末存貨成本低於市價（重置成本）時，應放棄成本基礎，改按市價（重置成本）評價，惟仍須受上限與下限之限制；此時，毫無疑問地已偏離會計上的成本原則。

13.3　X 公司 19A 年 12 月 31 日之會計年度終了日，甲產品成本為 $27,000，重置成本為$26,000；如將這些存貨繼續加工，另支付完工成本 $5,000，可銷售$35,000；正常利潤為$9,000。

　　X 公司採用成本與市價孰低法時，期末存貨的評價基礎應為若干？

　　(a)$27,000

　　(b)$26,000

　　(c)$30,000

　　(d)$20,000

解：(b)

期末存貨的評價基礎為$26,000；其計算如下：

⑴成本　　　　　　　　　　　　　　　$27,000

⑵市價（重置成本）　　　　　　　　　$26,000

⑶淨變現價值（上限）　　　　　　　　$30,000（$35,000 − $5,000）

⑷淨變現價值減正常利潤（下限）　　　$21,000（$30,000 − $9,000）

期末存貨的評價基礎為$26,000。

13.4　A 公司於 1998 年 12 月 31 日，依先進先出法所計算的期末存貨成本為$200,000；有關存貨的資料如下：

預計銷售價格	$204,000
預計處分成本	10,000
正常利潤（毛利）	30,000
重置成本	180,000

A 公司採用成本與市價孰低法以記錄存貨跌價損失。1998 年 12 月 31 日，A 公司期末存貨的帳面價值應為若干？

　　(a)$200,000

　　(b)$194,000

　　(c)$180,000

　　(d)$164,000

解：(c)

在成本與市價孰低法之下，原則上存貨的價值應以成本為基礎；當存貨成本高於市價（重置成本）時，應放棄成本基礎，改按市價評價；惟市價不應：①超過淨變現價值（上限）；②低於淨變現價值減預計正常利潤後之餘額（下限）。

(1)成本　　　　　　　　　　　　　　$200,000
(2)市價（重置成本）　　　　　　　　180,000
(3)淨變現價值（上限）　　　　　　　194,000 ($204,000 − $10,000)
(4)淨變現價值減正常利潤（下限）　　164,000 ($194,000 − $30,000)

因此，期末存貨的評價基礎為(c)$180,000；蓋成本高於市價，應放棄成本基礎，改按市價評價；惟不超過(3)上限，不低於(4)下限。

13.5　B 公司於 1998 年 12 月 31 日，以先進先出法為基礎，實地盤點存貨成本為$130,000，重置成本$100,000；B 公司預計，如將這些存貨再繼續加工，另支付成本$60,000，可製成產品$200,000；另悉 B 公司的正常利潤為銷貨之 10%。根據成本與市價孰低法，B 公司1998 年 12 月 31 日，在資產負債表內應列報存貨若干？

(a)$140,000

(b)$130,000

(c)$120,000

(d)$100,000

解：(c)

在成本與市價孰低法之下，原則上，存貨的價值應以成本為基礎；當存貨成本高於市價（重置成本）時，應放棄成本基礎，改按市價評價；惟市價不應：①超過淨變現價值（上限）；②低於淨變現價值減預計正常利潤後之餘額（下限）。

⑴成本 $130,000

⑵市價（重置成本） 100,000

⑶淨變現價值（上限） 140,000 ($200,000 − $60,000)

⑷淨變現價值減正常利潤（下限） 120,000 ($140,000 − $20,000*)

    *$200,000 × 10\% = $20,000

因此，期末存貨的評價基礎為⑷$120,000；蓋成本高於市價，應改按市價為評價基礎；惟市價不應高於⑶上限，不應低於⑷下限；此時市價$100,000 低於⑷$120,000，故應改按⑷下限$120,000 評價。

13.6 一項存貨的原始成本，如同時高於重置成本及淨變現價值；重置成本又低於淨變現價值減正常利潤後之餘額。在成本與市價孰低法之下，存貨成本應以下列那一項為評價基礎？

(a)淨變現價值。

(b)淨變現價值減正常利潤。

(c)重置成本。

(d)原始成本。

解：(b)

在成本與市價孰低法之下，當成本低於市價（重置成本）時，應放棄成本基礎，改按市價評價；惟市價不應：①高於淨變現價值（上限）；②低於淨變現價值減正常利潤。吾人茲以圖形列示成本與市價孰低法的基本要義如下：

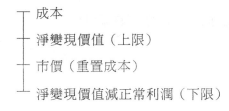

本題中市價（重置成本）低於淨變現價值減正常利潤後之餘額（下限），不符合成本與市價孰低法的第二個限制條件，故應改按(b)淨變現價值減正常利潤後之餘額（下限）為評價基礎。

13.7 一項存貨的原始成本，如同時低於重置成本及淨變現價值；淨變現價值減正常利潤後之餘額，又低於原始成本。在成本與市價孰低法之下，存貨成本應以下列那一項為評價基礎？

(a)重置成本。

(b)淨變現價值。

(c)淨變現價值減正常利潤。

(d)原始成本。

解：(d)

成本與市價孰低法的基本要素，可用圖形列示如下：

> ┬ 成本
> ┼ 淨變現價值（上限）
> ┼ 市價（重置成本）
> ┴ 淨變現價值減正常利潤（下限）

本題中存貨成本低於市價（重置成本），不發生存貨跌價損失之虞，故應以(d)原始成本為評價基礎。

13.8 C 公司的會計記錄含有下列各項資料：

存貨 (1/1/98)	$100,000
進貨: 1998 年度	500,000
銷貨收入: 1998 年度	640,000

1998 年12 月 31 日實地盤點存貨為$115,000; C 公司近年來毛利率均固定維持 25%。茲因公司當局懷疑有人盜竊存貨; 請您按毛利法計算 C 公司存貨被盜之金額為若干?

(a)$5,000

(b)$20,000

(c)$35,000

(d)$55,000

解: (a)

期末存貨被盜損失$5,000, 可應用毛利率法計算如下:

期初存貨		$ 100,000
加: 進貨		500,000
商品總額		$ 600,000
減: 銷貨成本:		
銷貨收入	$ 640,000	
減: 銷貨毛利 (25%)	(160,000)	(480,000)
期末存貨（帳上數字）		$ 120,000
期末存貨（實際數字）		(115,000)
存貨被盜損失		$　5,000

13.9　D 公司為編製期中財務報表, 乃應用零售價法估計期末存貨價值。1998 年 7 月 31 日的有關資料如下:

	成　本	零售價
期初存貨 (1/1/98)	$ 360,000	$ 500,000
進貨	2,040,000	3,150,000
淨加價		350,000
銷貨收入		3,410,000
正常損壞品損失		40,000
淨減價		250,000

D 公司1998 年7 月 31 日按傳統的平均成本計算其成本率，其期末存貨應為若干？

(a)$180,000

(b)$192,000

(c)$204,000

(d)$300,000

解: (a)

D 公司 1998 年 7 月31 日，按傳統的平均成本計算其成本率，其期末存貨成本為$180,000；可應用零售價法計算如下：

	成　本	零售價
期初存貨 (1/1/98)	$ 360,000	$ 500,000
進貨	2,040,000	3,150,000
淨加價		350,000
	$2,400,000	$ 4,000,000

（成本率: $2,400,000 \div \$4,000,000 = 60\%$）

減: 銷貨淨額		(3,410,000)
正常損壞品損失		(40,000)
淨減價		(250,000)
期末存貨（零售價）		$ 300,000

期末存貨（成本）: $300,000 \times 60\% = \underline{\$180,000}$

由上述計算可知，在傳統的平均成本計算成本率時，包括期初存貨及淨加價，惟不包括淨減價在內。

13.10 在零售價法的演算過程中，下列那一項目，應同時列入計算商品總額的成本與零售價項下？

(a)進貨退出。

(b)銷貨退回。

(c)淨加價。

(d)進貨運費。

解： (a)

進貨退出為進貨帳戶的抵銷帳戶之一，應包括於計算商品總額的項下；因此，對於進貨退出的成本與零售價，應分別自商品總額的成本與零售價項下抵減之。至於銷貨退回則為銷貨帳戶的抵銷帳戶，應自銷貨收入項下抵減之，此與計算商品總額無關；淨加價應加入商品總額的零售價之內；進貨運費應加入商品總額的成本之內。淨加價及進貨運費兩項，均與計算商品總額有關。

13.11 E 公司 1998 年 12 月 31 日，以先進先出零售價法計算期末存貨的有關資料如下：

	成　本	零售價
期初存貨	$ 24,000	$ 60,000
進貨	120,000	220,000
淨加價		20,000
淨減價		40,000
銷貨收入		180,000

E 公司1998 年12 月 31 日，如不考慮保守原則之成本與市價孰低法，則採用先進先出零售價法計算所得之期末存貨成本，應為若干?

(a)$48,000

(b)$41,600

(c)$40,000

(d)$38,400

解：(a)

在先進先出零售價法之下，由於期初存貨成本已按先進先出的存貨流轉假定，計入銷貨成本之內；因此，在此法之下，本期成本率的計算，不包括期初存貨在內；惟如不考慮保守原則下之成本與市價孰低法，則淨加價及淨減價，均同時包括於計算成本率之內。茲列示其計算如下：

	成　本	零售價
期初存貨	$ 24,000	$ 60,000
進貨	$120,000	$220,000
淨加價	–	20,000
淨減價	–	(40,000)
	$120,000	$200,000
（成本率: $120,000 ÷ $200,000 = 60%）		
商品總額	$144,000	$260,000
減: 銷貨收入		180,000
期末存貨（零售價）		$ 80,000
期末存貨（成本）: $80,000 × 60%	$ 48,000	

13.12 1997 年 12 月 31 日，F 公司採用後進先出幣值零售價法；1998 年度有關存貨的資料如下：

	成　本	零售價
期初存貨 (12/31/97)	$180,000	$250,000
期末存貨 (12/31/98)	?	330,000
1998 年度物價水準上升		10%
1998 年度成本率		70%

在後進先出幣值零售價法之下，F 公司 1998 年 12 月 31 日的存貨成本應為若干?

(a)$218,500

(b)$231,000

(c)$236,000

(d)$241,600

解：(a)

在後進先出幣值零售價法之下，期末存貨成本的計算步驟如下：

⑴將期末存貨轉換為按基期零售價表達的期末存貨；此項轉換係以期末存貨除以當期物價指數（轉換率）而獲得之。

⑵確定期初存貨按基期零售價表達的數字。

⑶比較⑴及⑵，以確定存貨按基期零售價表達的實際變化數字。

⑷由上項⑶所求得的數字，如為存貨增加，則將存貨增加的實際變化數字，乘以當期物價指數（轉換率），使原已轉換為基期零售價表達的實際增加數，再還原為按當期零售價表達的期末存貨實際增加數。

⑸根據上項⑷所求得的期末存貨增加數字，乘以當期成本率，以計算新增加層次之存貨成本，並予加入期初存貨成本之內，即可求得後進先出幣值零售價法的期末存貨成本合計數。

茲根據上述步驟，列示其計算如下：

計算步驟(1)至(3):

	當期零售價	物價指數 （轉換率）	基期零售價	增加數
期末存貨 (12/31/98)	$330,000	1.10	$300,000	–
期初存貨 (1/1/98)			250,000	$50,000

計算步驟(4)至(5):

	基期零售價	物價指數 （轉換率）	當期零售價	成本率	先進先 出成本
1997 年層次	$250,000	1.00	$250,000	72%	$180,000
1998 年層次	50,000	1.10	55,000	70%	38,500
存貨合計					$218,500

三、綜合題

13.1 惠仁公司 1998 年 12 月 31 日，有五項期末存貨的有關資料如下：

種類	成　本	市價（重置成本）	預計售價	預計銷售費用	正常利潤
A	$10,000	$ 9,600	$12,000	$ 400	$2,400
B	16,000	15,000	16,000	1,600	1,000
C	6,000	6,400	6,600	400	200
D	8,000	7,000	10,000	1,000	600
E	4,000	5,000	5,800	500	1,000

已知惠仁公司採用成本與市價孰低法評定期末存貨的價值。

試求：

　　(a)請列表計算期末存貨的評定價值。

　　(b)假定惠仁公司對於存貨跌價，另設置備抵存貨跌價帳戶，請
　　　列示期末時存貨跌價應有的調整分錄。

解：

　　(a)第一步，先計算：(1)淨變現價值（上限）；(2)淨變現價值減正常
　　利潤（下限）：

商品種類	A	B	C	D	E
預計售價	$12,000	$16,000	$6,600	$10,000	$5,800
預計銷售費用	400	1,600	400	1,000	500
淨變現價值（上限）	$11,600	$14,400	$6,200	$ 9,000	$5,300
正常利潤	2,400	1,000	200	600	1,000
淨變現價值減正常利潤（下限）	$ 9,200	$13,400	$6,000	$ 8,400	$4,300

　　第二步，根據成本與市價孰低法，評定期末存貨的單位價值。

種類	成　本	市價（重置成本）	淨變現價值（上限）	淨變現價值減正常利潤（下限）	成本與市價孰低法之評價基礎
A	$10,000	$ 9,600	$11,600	$ 9,200	$ 9,600
B	16,000	15,000	14,400	13,400	14,400
C	6,000	6,400	6,200	6,000	6,000
D	8,000	7,000	9,000	8,400	8,400
E	4,000	5,000	5,300	4,300	4,000
	$44,000				$42,400

　　(b)作成期末時存貨跌價的調整分錄：

存貨跌價損失		1,600	
備抵存貨跌價			1,600

13.2 惠文公司 1998 年 12 月 31 日，有關期末存貨的資料如下：

		每　單　位	
	數　量	成　本	市　價
原　料：			
A	400	$ 4.00	$ 4.30
B	800	5.20	5.10
C	100	8.40	8.10
D	1,200	5.00	4.80
E	300	2.50	2.60
在製品：			
M	200	16.00	14.50
N	500	11.00	10.00
O	300	6.00	6.60
製成品：			
W	1,500	30.00	32.00
X	3,000	20.00	22.00
Y	2,000	18.00	15.00
Z	5,000	12.00	13.00

已知該公司採用成本與市價孰低法評估期末存貨的價值。

試求：請分別按下列三種不同基礎，計算存貨價值：

(a)逐項比較法。

(b)分類比較法。

(c)總額比較法。

解：

(a)逐項比較法：

A: $ 4.00 × 　 400 = $ 　1,600
B: 　5.10 × 　 800 = 　4,080
C: 　8.10 × 　 100 = 　　810
D: 　4.80 × 1,200 = 　5,760
E: 　2.50 × 　 300 = 　　750
M: 14.50 × 　 200 = 　2,900
N: 10.00 × 　 500 = 　5,000
O: 　6.00 × 　 300 = 　1,800
W: 30.00 × 1,500 = 45,000
X: 20.00 × 3,000 = 60,000
Y: 15.00 × 2,000 = 30,000
Z: 12.00 × 5,000 = 60,000
期末存貨 　　　　　　　$217,700

(b)分類比較法：

	數量	單位成本	單位市價	成本總計	市價總計	成本與市價孰低
A:	400	$ 4.00	$ 4.30	$ 1,600	$ 1,720	
B:	800	5.20	5.10	4,160	4,080	
C:	100	8.40	8.10	840	810	
D:	1,200	5.00	4.80	6,000	5,760	
E:	300	2.50	2.60	750	780	
				$ 13,350	$ 13,150	$ 13,150
M:	200	16.00	14.50	$ 3,200	$ 2,900	
N:	500	11.00	10.00	5,500	5,000	
O:	300	6.00	6.60	1,800	1,980	
				$ 10,500	$ 9,880	9,880
W:	1,500	30.00	32.00	$ 45,000	$ 48,000	
X:	3,000	20.00	22.00	60,000	66,000	
Y:	2,000	18.00	15.00	36,000	30,000	
Z:	5,000	12.00	13.00	60,000	65,000	
				$201,000	$209,000	201,000

期末存貨 　　　　　　　　　　　　　　　　$224,030

(c)總額比較法：

	成本總計	市價總計
	$224,850	$232,030
期末存貨	$224,850	

13.3 惠德公司 1998 年 12 月 31 日，期末存貨的成本與市價（重置成本）如下：

	成　本	市價（重置成本）
1998 年 12 月 31 日	$135,000	$108,000

由於受經濟不景氣的影響，預計該項產品在出售之前，將繼續下跌至$95,000。

已知該公司採用成本與市價孰低法，並設置備抵存貨跌價帳戶。

試求：

　(a)列示 1998 年 12 月 31 日，有關期末存貨跌價的調整分錄。

　(b)假定 1999 年 12 月 31 日，該項存貨仍未出售，並已下跌至 $95,000；請列示 1999 年 12 月 31 日期末存貨跌價的調整分錄。

　(c)另設上項(b)的情形，存貨雖未出售，但已上升至$138,000；請列示 1999 年 12 月 31 日期末存貨跌價回升的應有分錄。

解：

　(a) 1998 年 12 月 31 日：

(1)存貨跌價損失	27,000	
備抵存貨跌價		27,000
(2)保留盈餘	13,000	
彌補存貨跌價指定盈餘		13,000

(b) 1999 年 12 月 31 日：

　⑴存貨跌價損失　　　　　　　　13,000
　　　　備抵存貨跌價　　　　　　　　　　　　13,000
　⑵彌補存貨跌價指定盈餘　　　　13,000
　　　　保留盈餘　　　　　　　　　　　　　　13,000

(c) 1999 年 12 月 31 日：

　⑴備抵存貨跌價　　　　　　　　27,000
　　　　存貨跌價回升利益　　　　　　　　　　27,000
　⑵彌補存貨跌價指定盈餘　　　　13,000
　　　　保留盈餘　　　　　　　　　　　　　　13,000

說明：

　1.1998 年 12 月 31 日，預計存貨在出售之前，將繼續下跌至$95,000；為限制保留盈餘分配給股東，故預先加予限制，將可能繼續下跌的部份，予以限定為：彌補存貨跌價指定盈餘，惟應於目的達成後，再予沖回。

　　　　　$13,000 ($108,000 − $95,000)

　2.1999 年 12 月 31 日，存貨下跌後回升時，應就以前認定存貨跌價損失的範圍內，認定存貨跌價回升的利益。

13.4　惠人公司產銷下列四種產品，各種商品的正常利潤均為 30%，已知該公司採用成本與市價孰低法評估期末存貨的價值。

　　1998 年 12 月 31 日，各種商品的有關資料如下：

商品別	成本	重置成本	預計完工及銷售費用	正常售價*	預計售價
甲	$7,000	$8,400	$3,000	$14,000	$16,000
乙	9,500	9,000	2,100	19,000	19,000
丙	3,500	3,000	1,000	7,000	6,000
丁	9,000	9,200	5,200	18,000	20,000

*正常售價 = 成本 ÷ (100% − 正常毛利率 50%)

試求: 請按成本與市價孰低法評定期末存貨的價值。

解:

商品別	成本	市價（重置成本）	淨變現價值	淨變現價值減正常利潤	期末存貨評價
甲	$7,000	$8,400	$13,000	$ 8,200	$ 7,000
乙	9,500	9,000	16,900	11,200	9,500
丙	3,500	3,000	5,000	3,200	3,200
丁	9,000	9,200	14,800	8,800	9,000
合計					$28,700

商品種類	甲	乙	丙	丁
預計售價	$16,000	$19,000	$ 6,000	$20,000
預計完工及銷售費用	(3,000)	(2,100)	(1,000)	(5,200)
淨變現價值（上限）	$13,000	$16,900	$ 5,000	$14,800
正常利潤（為售價之 30%）	(4,800)	(5,700)	(1,800)	(6,000)
淨變現價值減正常利潤（下限）	$ 8,200	$11,200	$ 3,200	$ 8,800

13.5 惠民公司 1998 年 12 月 31 日, 期末存貨包括下列各項:

商品別	數　量	單位成本	單位售價
甲	500	$12.00	$20.00
乙	250	18.00	24.00
丙	250	20.00	16.00
丁	300	24.00	32.00

期末存貨可望於下年度 3 月底之前全部售罄，預計銷售此項存貨的全部推銷費用為$8,880，此項費用於計算淨銷價時，按各種商品的售價總額比例分攤。在正常情況之下，淨利為銷貨之 10%。1998 年12 月 31 日，各種商品之重置成本如下：

商品別	成　本	市價（重置成本）	
甲	100%	為成本之	110%
乙	100%	為成本之	70%
丙	100%	為成本之	60%
丁	100%	為成本之	$91\frac{2}{3}$%

試求：請按成本與市價孰低法評定期末存貨的價值。

解：

商品別	甲	乙	丙	丁	合 計
數　量	500	250	250	300	
單位成本	12	18	20	24	
單位售價	20	24	16	32	
各商品售價總計	10,000	6,000	4,000	9,600	29,600
各商品應攤之推銷費用	3,000*	1,800	1,200	2,880	8,880
(1)各商品成本總計	6,000	4,500	5,000	7,200	
(2)各商品重置成本（市價）	6,600	3,150	3,000	6,600	
(3)各商品之淨變現價值（上限）	7,000	4,200	2,800	6,720	
(4)各商品淨變現價值減					
正常利潤（下限）	6,000**	3,600	2,400	5,760	
期末存貨評價	6,000	3,600	2,800	6,600	19,000

*$8,880 \div $29,600 = 30\%$

$10,000 \times 30\% = $3,000$

其餘類推之。

**$10,000 \times 10\% = $1,000$

$7,000 - $1,000 = $6,000$

其餘類推之。

13.6 惠友公司 19A 年 3 月 5 日發生大火，存貨大部份被焚毀，損失慘
重；有關資料如下：

1. 19A 年 1 月 1 日存貨　　　　　　　　　　　　　$840,000

2.截至 3 月 5 日止，計發生下列各項：

進貨	$640,000
進貨運費	70,000
進貨退出及折讓	42,000
銷貨收入	588,000

3.售價按成本加價 20%

4.火災發生後之存貨殘值　　　　　　　　　　　　　$171,500

假定除存貨之殘值外，其餘均被火焚毀。

試求：

　　(a)請計算被火焚毀之存貨成本。

　　(b)另假定銷貨毛利 20% 時，則火災損失應為若干?

解：

　　(a)

19A 年 1 月 1 日存貨		$ 840,000
進貨	$640,000	
進貨運費	70,000 $710,000	
進貨退出及折讓	(42,000)	668,000
可供銷售商品		$1,508,000
銷貨成本 $588,000 \div (1 + 20\%)$		(490,000)
3 月 5 日存貨價值		$1,018,000
存貨殘值		(171,500)
火災損失		$ 846,500

　　(b)

可供銷售商品	$1,508,000
銷貨成本 $588,000 \times (1 - 20\%)$	(470,400)
3 月 5 日存貨價值	$1,037,600
存貨殘值	(171,500)
火災損失	$ 866,100

13.7　惠平公司 19A 年 12 月 31 日會計年度終了日，有關資料如下：

	電 器	傢俱用品	合 計
銷貨淨額	$450,000	$1,050,000	$1,500,000
進貨淨額	$400,000	600,000	1,000,000
期初存貨	75,000	125,000	200,000
平均毛利率	20%	40%	25%

試求:

(a)試根據上列資料,採用毛利法估計兩者合計之期末存貨價值。

(b)採用毛利法求算存貨價值,應特別注意那些事項? 試說明之。

（高考財稅人員）

解:

(a)期末存貨價值之計算:

	電 器	傢俱用品	合 計
期初存貨	$ 75,000	$ 125,000	$ 200,000
加: 進貨	400,000	600,000	1,000,000
可銷商品總額	$ 475,000	$ 725,000	$1,200,000
減: 銷貨成本 （估計數）:			
銷貨淨額	$450,000	$1,050,000	$1,500,000
減: 銷貨毛利 （估計數）:			
$450,000×20%	(90,000)	–	
$1,050,000×40%	–	(420,000)	(510,000)
	(360,000)	(630,000)	(990,000)
期末存貨（估計數）	$ 115,000	$ 95,000	$ 210,000

(b)凡兩種以上具有不同銷貨毛利之存貨,如擬採用毛利率法估計其期末存貨時,應分開計算,以免發生偏差。

13.8　惠利公司採用傳統零售價法，至1998 年 1 月 1 日，該公司管理者
　　　決定改採用後進先出零售價法。1997 年 12 月 31 日，按傳統零售
　　　價法計算存貨價值如下：

	1998 年 12 月 31 日	
	成　　本	零　售　價
期初存貨 (1/1/98)：	$ 17,000	$　30,000
進貨（淨額）	151,000	268,000
淨加價	–	2,000
	$168,000	$ 300,000
（成本率: $168,000 ÷ $300,000 = 56%）		
銷貨（淨額）		(275,000)
淨減價		(5,000)
期末存貨 (12/31/98)：		
零售價		$　20,000
成本 ($20,000 × 56%)	$ 11,200	

　　試求：

　　　(a)請計算 1998 年 1 月1 日應改列的期初存貨價值。

　　　(b)請列示 1998 年 1 月1 日應改列的會計分錄。

解：

　　(a)期末存貨的計算：

	成本	零售價
進貨	$151,000	$268,000
淨加價		2,000
淨減價		(5,000)
	$151,000	$265,000

（成本率：$151,000 ÷ $265,000 = 57\%$）

期初存貨 (1/1/98)

　　零售價 　　　　　　　　　　　　　　　　$ 20,000

　　成本：$20,000 \times 57\% = \underline{\$11,400}$

(b)應改列的會計分錄：

存貨　　　　　　　　　　　　　　200

　　存貨調整　　　　　　　　　　　　　　　　200

　　$11,400 - \$11,200 = \$200$

說明：在後進先出零售價法之下，於計算成本率時，不包括期初存貨，惟應包括淨減價。

13.9　惠眾公司 1998 年 4 月份，帳上列有下列各項資料：

銷貨收入	$806,000
銷貨退回及折讓	8,000
加價	80,000
減價	96,000
減價取銷	14,000
進貨（零售價）	365,200
進貨（成本）	272,000
進貨運費	18,000
進貨退出（成本）	6,000
進貨退出（零售價）	9,200
加價取銷	16,000
期初存貨（成本）	464,000
期初存貨（零售價）	680,000

試求: 請將上列資料按零售價法評估1998 年4 月 30 日之期末存貨
　　　成本。

解:

	成本	零售價
期初存貨	$464,000	$ 680,000
進貨	272,000	365,200
進貨運費	18,000	
進貨退出	(6,000)	(9,200)
加價		80,000
加價取消		(16,000)
	$748,000	$1,100,000
（成本率: 748/1,100 ＝ 68%）		
減價		(96,000)
減價取消		14,000
		$1,018,000
銷貨收入		(806,000)
銷貨退回及折讓		8,000
期末存貨（零售價）		$ 220,000
期末存貨（成本）$220,000 × 68%		$ 149,600

13.10 惠華公司於 1998 年 8 月 20 日發生火災, 有關資料如下:

1. 1997 年 12 月31 日, 期末存貨為$302,400。

2. 1998 年度截至火災發生時的各項數字如下:

進貨	$225,440
進貨運費	3,072
進貨退出及折讓	2,800
進貨折扣	1,120
銷貨收入	445,120
銷貨退回及折讓	1,760
銷貨折扣	960

3. 1997 年度該公司之簡明損益表如下:

大新公司

簡明損益表

1997 年度

銷貨收入		$ 2,256,000
減: 銷貨成本		(1,308,480)
銷貨毛利		$ 947,520
減: 銷售費用	$460,000	
管理費用	221,840	(681,840)
淨利		$ 265,680

試求: 請根據上列資料,計算惠華公司發生火災時之存貨被火焚
毀損失。

解:

惠華公司發生火災之存貨被焚損失,可根據下列毛利率法計算如
下:

		毛利率法
期初存貨		$302,400
進貨		225,440
進貨運費		3,072
進貨退出及折讓		(2,800)
進貨折扣		(1,120)
商品總計		$526,992
銷貨收入	$445,120	
銷貨退回及折讓	(1,760)	
銷貨折扣	(960)	
銷貨淨額	$442,400	
成本率 1,308,408/2,256,000 =	58%	
銷貨成本		(256,592)
火災焚毀之期末存貨成本		$270,400

13.11 惠豐公司 88 年 6 月1 日清晨發生火災，存貨全部被燒毀，經摘錄
有關資料如下：

1.87 年度原帳列銷貨為$887,650，銷貨成本$590,874，期末存貨為
$178,436。

2.87 年度帳簿經審核發現：

(1)87 年 10 月曾發生運輸意外致損失商品$5,675，並未列帳。

(2)87 年底進貨$17,104，於 88 年初方收到，而會計部門則列為 87
年度之進貨。

3.88 年 1 月至 5 月間，自三家供應商進貨計$311,760，佔該期間全
部進貨之 90%，銷貨共計$537,100。

試估計存貨損失為若干？　　　　　　　　　　　　（高考會計師）

解：

存貨被焚毀的損失，可採用毛利率法予以估計如下：

估計存貨損失：

期初存貨帳列數	$178,436
減：商品運輸意外損失	5,675
	$172,761
加：87 年進貨於 88 年初始收到之商品	17,104
	$189,865
加：本期進貨：	
$311,760 ÷ 90%	346,400
調整後可銷商品總額	$536,265
減：銷貨成本（估計數）：	
$537,100 × 64.64%*	347,181
估計存貨損失	$189,084

*調整 87 年度銷貨成本：

銷貨成本帳列數	$590,874
減 87 年度進貨未列入當年度期末存貨	17,104
87 年度經調整後之銷貨成本	$573,770

$573,770 ÷ $887,650 = 64.64%

13.12 惠安公司於 1998 年 1 月 1 日開始營業；下列資料為 1998 年 12 月 31 日期末時之有關資料：

	成本	零售價
期初存貨 (1/1/98)	$ 12,000	$200,000
進貨	725,000	997,000
進貨退出	5,000	7,000
淨加價		10,000
淨減價		40,000
銷貨收入		872,000
銷貨退回		12,000

另悉物價指數為：

	物價指數（轉換率）
1998 年 1 月 1 日	125
1998 年 12 月 31 日	150

試求：請按下列二種不同的零售價法，估計 1998 年 12 月 31 日的期末存貨價值：

(a)傳統零售價法（平均成本）。

(b)後進先出零售價法。

解：

(a)傳統零售價法：

	成本	零售價
期初存貨 (1/1/98)	$120,000	$ 200,000
進貨	725,000	997,000
進貨退出	(5,000)	(7,000)
淨加價	–	10,000
商品總額	$840,000	$1,200,000

（成本率：$840,000 ÷ $1,200,000 = 70%）

減：銷貨淨額：		
銷貨收入	$872,000	(860,000)
銷貨退回	(12,000)	(40,000)
淨減價		$ 300,000

期末存貨（零售價）

期末存貨（成本）：$300,000 × 70% ＝$210,000

(b)後進先出零售價法：

	成本		零售價	
期初存貨 (1/1/98)	$120,000	÷	$ 200,000	= 60%
進貨	$725,000		$ 997,000	
進貨退出	(5,000)		(7,000)	
淨加價			10,000	
淨減價			(40,000)	
	$720,000	÷	$ 960,000	= 75%
商品總額	$840,000		$1,160,000	
減: 銷貨淨額			(860,000)	
期末存貨（零售價）			$ 300,000	
期末存貨（成本）: $200,000 × 60% =	$120,000		$ 200,000	
$100,000 × 75% =	75,000		100,000	
	$195,000		$ 300,000	

說明:

    1.傳統零售價法（平均成本）: 在計算平均成本率時, 係按期初存貨、本期進貨加淨加價的平均成本計算而得, 惟不包括淨減價; 因此, 根據此法計算所得的結果, 期末存貨價值較低。

    2.後進先出零售價法: 在計算平均成本率時, 係以進貨淨額、淨加價、及淨減價為計算根據, 惟不包括期初存貨。

13.13 惠風公司經銷單一產品, 從不同供應商買入; 1998 年 12 月 31 日, 帳上有下列各項:

銷貨收入（33,000 單位 @$16）	$528,000
銷貨折扣	7,500
進貨	368,900
進貨折扣	18,000
進貨運費	5,000
銷貨運費	11,000

1998 年度, 有關存貨及進貨情形如下:

	數　量	單位成本	總成本
期初存貨: 1/1/98	8,000	$8.20	$ 65,600
第一季進貨: 3/31/98	12,000	8.25	99,000
第二季進貨: 6/30/98	15,000	7.90	118,500
第三季進貨: 9/30/98	13,000	7.50	97,500
第四季進貨: 12/31/98	7,000	7.70	53,900
	55,000		$434,500

其他補充資料:

惠風公司的會計政策, 係以成本與市價孰低法, 按總額為比較基礎, 作為編製財務報表的根據; 成本乃採用後進先出法決定之。

1998 年 12 月 31 日, 每單位重置成本為$8, 每單位淨變現價值為$8.80; 每單位正常利潤$1.05。

試求: 請為惠風公司編製 1998 年度的銷貨成本表; 期末存貨的計算, 另以附表表示之。存貨市價下跌時, 該公司即直接列報為損失。

解:

第一步, 先按成本與市價孰低法評定期末存貨的價值如下:

(1)成本: 根據後進先出法, 期末存貨 22,000 單位 (55,000 − 33,000)

包括: 　8,000 單位 @$8.20 = $ 65,600

　　　　12,000 單位 @$8.25 = 　99,000

　　　　 2,000 單位 @$7.90 = 　15,800

合計　22,000　　　　　　　$180,400

(2)市價（重置成本）: 22,000 單位 @$8.00 = $176,000

(3)淨變現價值: 22,000 單位 @$8.80 = $193,600

(4)淨變現價值減正常利潤: ($8.80 − $1.05) × 22,000 = $170,500

期末存貨的評價基礎為$176,000。

第二步，編製銷貨成本表如下:

惠風公司
銷貨成本表
1998 年度

期初存貨 (1/1/98)		$ 65,600
進貨	$368,900	
加: 進貨運費	5,000	
	$373,900	
減: 進貨折扣	(18,000)	
進貨淨額		355,900
商品總額		$ 421,500
減: 期末存貨		(176,000)
銷貨成本		$ 245,500

第十四章　長期投資

一、問答題

1. 略述長期投資的意義。

解:

通常長期投資係發生於投資人購買其他公司的權益證券（股票）或債券，俾分享其收入，或透過控制能力及重大影響力，取得各種原料、技術、商機、或管理方法等，以獲得若干營業上的利益；因此，如企業管理者有意願持有一項投資超過一年或一個正常營業週期孰長之期間者，應予歸類為長期投資。

2. 長期投資包括那些？

解:

長期投資
- 長期權益證券投資（長期股權投資）
- 長期債券投資：待到期債券
- 長期備用證券投資（包括債券及持股比率 20% 以下之權益證券）
- 特定基金投資
  - 償債基金
  - 擴充廠房基金
  - 贖回特別股基金
  - 其他型態之特定基金
- 人壽保險解約現金價值
- 其他：提供未來使用之土地投資及設備等

3. 決定長期與短期投資的因素有那些？

解:

長期與短期投資的決定因素有五項: (1)證券的類型; (2)投資期間長短; (3)持股比率高低; (4)企業管理者的意願; (5)有無確定的公平價值。

4. 那些權益證券投資應歸類為長期投資? 這些長期權益證券投資應採用何種會計方法?

解:

(1)凡投資於具有投票權的被投資人權益證券, 其持股比率在 50% 以上者, 除非有相反的證據, 否則應予認定為投資人對被投資人具有控制能力, 此時應編製合併財務報表。

(2)凡投資於具有投票權的被投資人權益證券, 其持股比率在 20% 至 50% 者, 除非有相反的證據, 否則應予認定為投資人對被投資人具有重大影響力, 應採用權益法。

(3)凡投資於具有投票權的被投資人權益證券, 其持股比率在 20% 以下者, 除非有相反的證據, 否則應予認定為投資人對被投資人並無重大影響力, 如無確定的公平價值時, 應採用成本法。

5. 權益法的意義為何?

解:

權益法係指投資人於購買被投資公司的股票時, 最初即按成本記入投資帳戶; 惟於取得後, 投資帳戶的帳面價值, 將隨被投資公司每年損益多寡而加以調整, 就其持分比率認定之; 另一方面, 所調整的金額, 也要認定為投資人的收入, 並包括於當年度的損益表內; 惟此一調整金額, 屬於公司間的損益, 於編製合併報表時, 應予沖銷; 此

外，投資人於投資日所支付的成本，與取得被投資公司可辨認淨資產持分間之溢付差額，由於耗用、出售、廢棄、或其他事故，必須加以攤計。投資人的投資帳戶，也要隨被投資人資本變動而調整，以反映其應得持分部份；投資人從被投資公司所獲得的股利，應減少投資帳戶的帳面價值；被投資公司連年的營業虧損或其他損失，如顯示投資帳戶的價值，業已降低，而且並非暫時性質，此時應將投資帳戶價值降低，以認定其損失，縱然此項價值降低的部份，超過權益法所認定的金額，亦在所不問。

6. 商譽的價值應如何計算？

解：

商譽如係向外盤購買取得時，其價值可計算如下：

(1)長期投資總成本 —— 取得可辨認淨資產帳面價值 = 溢付總成本

(2)溢付總成本 —— 可辨認淨資產公平市價超過帳面價值 = 商譽

7. 權益證券投資採用成本法時，試略述其會計處理方法。

解：

成本法係指投資人對於被投資公司的股票投資，按取得成本記入投資帳戶；自投資之後，投資人收到被投資公司從投資日起所產生的保留盈餘項下發放股利，始得認定為收益；因此，投資人僅就投資日後被投資公司所產生的保留盈餘限度內分配，才能當為股利。超過投資日後所產生的保留盈餘限度分配股利，視為投資收回處理，應記錄為投資成本的減少。被投資公司如連年虧損，或因其他事故之發生，顯示投資價值業已降低，而且並非暫時性質；遇此情形，應予認定投資價值降低的部份。

8. 何謂公平價值法？

解：

所謂公平價值法，係指投資帳戶的帳面價值（包括投資帳戶加評價帳戶），應隨其公平價值（市場價值）而調整，而將其差額，一方面列為備抵評價帳戶，另一方面則列為未實現持有損益。

9. 權益證券投資由權益法改變為公平價值法時，試略述其會計處理方法。

解：

當一項權益證券投資的會計處理，由權益法改變為公平價值法時，投資帳戶在權益法之下的帳面價值，應改按其公平價值評價，兩者之差額，應借記評價帳戶，貸記未實現持有損益；如權益證券重新分類為短線證券時，以其進出活絡，故不論為暫時性或永久性的未實現持有損益，均予以認定並列報於當期損益表內；如權益證券重新分類為備用證券時，除非為永久性的跌價，始列報於當期損益表內，否則應列報於資產負債表的股東權益項下，當為其抵減或附加項目。不論為短線證券或備用證券，收到被投資公司的股利收入時，均列為投資利益，並列報於當期損益表內。

10. 權益證券投資由公平價值法改變為權益法時，試略述其會計處理方法。

解：

當投資人原來取得被投資公司普通股持股比率少於 20%，致採用權益法以外的其他方法；一旦持股比率提高至 20% 以上，有資格採用權益法時，投資人應放棄其他方法，改採用權益法。改變之日，對於投資及保留盈餘帳戶，應予追溯調整，就如同一開始即採用權益

法一樣；此外，以前年度的營業結果，應予重新表達，以反映權益法的會計處理。

11. 投資人對於股票股利的會計處理方法為何？

解：

投資人於收到被投資公司的股票股利時，不論對投資採用何種會計處理方法，均不必作任何正式分錄，僅作成收到額外股數的備忘記錄即可；惟必須重新計算每股的投資成本，以備出售時計算損益之用。

12. 如股票股利所發放的股票種類與原始取得股票種類不同時，其會計處理方法有那三種？

解：

(1)分攤法：此法係將投資帳戶之帳面價值，按新股票與舊股票的市場價值之相對比例，予以分攤。

(2)不計成本法：此法不計新股票的成本，僅於收到股票股利時，作成收到股數的備忘記錄即可；俟出售時，將出售總收入全部認定為利益處理。

(3)市場價值法：此法係將新股票按其市場價值記帳，視同收到財產股利一樣。

13. 投資人如何分攤認股權成本？

解：

通常是按股票市場價值（不包括認股權）與認股權市場價值的相對比較計算，其公式如下：

$$認股權價值 = \frac{認股權市場價值}{認股權市場價值 + 股票市場價值} \times 投資成本$$

14. 那些權益證券投資應歸類為長期投資？這些長期債券投資應採用何種會計方法？

解：

長期權益證券投資的種類及其會計處理方法如下：

(1)對被投資公司具有控制能力 —— 採用權益法。

(2)對被投資公司具有重大影響力 —— 採用權益法。

(3)對被投資公司無重大影響力 —— 採用成本法。

15. 何謂攤銷成本法？

解：

所謂攤銷成本法，係指一項債券投資的帳面價值，應將其取得成本，採用實際利率調整其發行溢價或折價的方法。

16. 何謂特定基金投資？常見的特定基金投資有那些？

解：

所謂特定基金係指企業基於契約要求、法律規定、或企業本身的需要，而設置的一項基金，並於特定的期間內，按期提撥固定或非固定的金額，專戶儲存及孳息，俾於未來某特定日，聚集可觀的基金數額，專款作為特定之用。

一般常見的特定基金，約有下列各種：

(1)償債基金。

(2)擴充廠房基金。

(3)贖回特別股基金。

17. 何謂人壽保險解約現金價值？

解：

人壽保險解約現金價值係指一旦保險契約終止時，投保人可收回的現金價值。

18. 人壽保險理賠利益如何計算？具有何種性質？

解：

人壽保險理賠利益＝人壽保險保單金額 ＋ 退還未耗用保險費 － (人壽保險解約現金價值 ＋ 沖銷未耗用人壽保險費)

人壽保險理賠利益屬於正常損益項目，不可列為非常損益；此外，在計算所得稅費用時，人壽保險理賠利益屬於稅前財務所得與課稅所得的永久性差異項目，不列入課稅所得。

二、選擇題

下列資料用於解答第 14.1 至第 14.3 的根據：

A 公司於 1998 年 1 月 2 日支付成本$900,000，取得 X 公司 30% 普通股，使 A 公司對 X 公司的營業及財務決策，具有重大影響力；1998 年度，X 公司獲利$360,000，年終時發放現金股利$225,000；截至 1999 年 6 月 30 日止之六個月期間，X 公司獲利$450,000，截至 1999 年 12 月 31 日止之六個月期間，獲利$900,000；1999 年 7 月 1 日，A 公司出售其擁有 X 公司一半的股權，收現$675,000；X 公司於 1999 年 12 月 31 日，發放現金股利$270,000。

14.1 A 公司 1998 年度的損益表內，應列報投資 X 公司的稅前投資利益為若干？

(a)$67,500

(b)$108,000

(c)$225,000

(d)$360,000

解: (b)

A 公司取得 X 公司 30% 的股權，對 X 公司具有重大影響力，故其投資的會計處理，應採用權益法；1998 年度 X 公司獲利$360,000，A 公司應認定投資利益$108,000 ($360,000 × 30%)，並作分錄如下：

長期投資 —— X 公司普通股　　　　108,000
　　投資利益　　　　　　　　　　　　　　108,000

A 公司於取得 X 公司普通股時，如發生所支付成本超過所取得淨資產時，其溢付成本應予攤銷，並抵減其投資利益；惟本題並無溢付情形，故不必考慮。又 X 公司當年度發放現金股利$225,000，A 公司應抵減投資帳戶$67,500 ($225,000 × 30%)，與投資利益無關。

14.2　A 公司 1998 年 12 月 31 日的資產負債表內，應列報投資帳戶的帳面價值為若干？

(a)$900,000

(b)$920,000

(c)$940,500

(d)$1,008,000

解: (c)

A 公司擁有 X 公司 30% 的股權，對 X 公司的營業及財務決策，具有重大影響力，故其投資的會計處理，應採用權益法；當 X 公司 1998 年度獲利$360,000 時，A 公司的投資帳戶應增加$108,000

($360,000 × 30%)；當 X 公司 1998 年 12 月 31 日發放現金股利時，A 公司應減少投資$67,500 ($225,000 × 30%)，其分錄如下：

現金　　　　　　　　　　　　　　　67,500
　　長期投資 —— X 公司普通股　　　　　　　67,500

故 A 公司 1998 年 12 月 31 日資產負債表內，應列報投資帳戶的帳面價值為$940,500，其計算如下：

原始取得成本 (1/2/1998)	$900,000
1998 年度 X 公司獲利：$360,000 × 30%	108,000
X 公司發放現金股利：$225,000 × 30%	(67,500)
投資帳戶帳面價值（12/31/1998）	$940,500

14.3　A 公司 1999 年度的損益表內，應列報當年度出售 X 公司一半股權的利益為若干？

(a)$110,250

(b)$127,500

(c)$137,250

(d)$204,500

解：(c)

A 公司對 X 公司持股比率為 30%，對 X 公司的營業及財務決策，具有重大影響力，故其投資會計處理，應採用權益法，A 公司投資帳戶隨 X 公司的獲利及發放股利而變動如下：

長期投資 —— X 公司普通股

1/2/1998 取得成本	900,000	12/31/1998 現金股利	67,500
1998 年度 X 公司淨利	108,000		
1999 年 6 月 30 日淨利	135,000*		
6/30/1999 餘額	1,075,500		

*$450,000 × 30% = $135,000

A 公司 1999 年 7 月 1 日將持有 X 公司股權的一半出售得款 $675,000，其出售利益為$137,250，可計算如下：

投資之 50% 出售收現	$675,000
投資 50% 的帳面價值：$1,075,500 × $\frac{1}{2}$	(537,750)
出售投資利益	$137,250

14.4 B 公司擁有 Y 公司 10% 的特別股及 25% 的普通股；Y 公司 1999 年 12 月 31 日特別股及普通股餘額如下：

特別股：10% 累積非參加	$1,000,000
普通股	2,000,000

B 公司 1999 年度獲利$460,000，未發放任何股利。

B 公司 1999 年度損益表內，應列報投資 Y 公司的利益為若干？

(a)$75,000

(b)$90,000

(c)$100,000

(d)$115,000

解：(c)

投資人獲得被投資公司淨利的持分，應按被投資公司淨利扣除累積股利（不論是否已宣告發放）後之餘額計算之；故本題 B 公司 1999 年度損益表內，應列報投資 Y 公司的利益為$100,000，其計算方法如下：

Y 公司 1999 年度淨利	$460,000
減：特別股累積股利：$1,000,000 × 10%	100,000
Y 公司普通股之淨利	$360,000
B 公司對 Y 公司持股比率	25%
B 公司投資 Y 公司普通股利益	$ 90,000
B 公司投資 Y 公司特別股利益：$100,000 × 10%	10,000
B 公司投資 Y 公司利益合計	$100,000

14.5　C 公司於 1999 年 1 月 1 日購入 Z 公司 40% 股權，支付成本 $640,000，當時 Z 公司的淨資產帳面價值為$1,350,000；除存貨與機器設備之外，其他各項資產的帳面價值均與其公平價值相同；存貨及機器設備的公平價值超過帳面價值分別為$15,000 及$135,000；機器設備的使用年數為 9 年；存貨全部於 1999 年度出售；如發生商譽時，其攤銷年限為 40 年。Z 公司 1999 年度獲利$160,000，發放現金股利$60,000。

C 公司 1999 年度損益表內，應列報投資 Z 公司利益若干？

(a)$50,000

(b)$51,000

(c)$60,000

(d)$64,000

解：(b)

C 公司支付成本$640,000 取得 Z 公司淨資產$1,350,000持分之 40%，

計$540,000，溢付成本$100,000，其中包含二項因素：⑴可辨認淨資產公平價值超過帳面價值；⑵商譽價值（不可辨認無形資產價值）。茲列示其計算如下：

長期投資成本		$640,000
Z 公司淨資產帳面價值：$1,350,000 × 40%		540,000
溢付成本		$100,000
減：可辨認淨資產公平價值超過帳面價值：		
存貨：$15,000 × 40%	$ 6,000	
機器設備：$135,000 × 40%	54,000	60,000
商譽價值		$ 40,000

其次，再計算 C 公司 1999 年度投資 Z 公司之利益如下：

長期投資利益：	
1999 年度認定 Z 公司淨利：$160,000 × 40%	$64,000
可辨認資產公平價值超過帳面價值虛減成本調整：	
存貨	(6,000)
機器設備折舊：$54,000 × $\frac{1}{9}$	(6,000)
商譽攤銷：$40,000 ÷ 40	(1,000)
C 公司 1999 年度投資 Z 公司利益	$51,000

14.6　D 公司於 1998 年 1 月 2 日購入 S 公司 10% 股權；1999 年 1 月 2日，D 公司再購入 S 公司 20% 股權，俾能重大影響 S 公司的營業及財務決策；兩次購買的成本，均與所取得 S 公司淨資產帳面價值之持分相當，故無溢付成本情形；1998 年度及 1999 年度 S 公司淨利及發放現金股利如下：

	1998 年度	1999 年度
淨利	$840,000	$910,000
發放現金股利	280,000	420,000

D 公司 1999 年 1 月 2 日應追溯 1998 年度調整保留盈餘若干？又
D 公司 1999 年度應列報投資 S 公司利益若干？

	調整 1998 年度保留盈餘	1999 年度投資利益
(a)	$224,000	$273,000
(b)	$140,000	$273,000
(c)	$ 56,000	$273,000
(d)	$ 56,000	$147,000

解：(c)

當一項投資原採用其他方法，後來因足夠條件而改採用權益法時，
應予追溯既往調整，就如同一開始就採用權益法一般。D 公司 1999
年 1 月 2 日，應追溯 1998 年度調整其保留盈餘如下：

在權益法之下的投資利益：$840,000 × 10%	=	$84,000
在其他方法之下的股利收入：$280,000 × 10%	=	28,000
追溯 1998 年度調整保留盈餘		$56,000

又 D 公司自 1999 年 1 月 2 日後，改採用權益法；故 1999 年度應
認定 S 公司淨利之投資利益為$273,000 ($910,000 × 30%)。

14.7 E 公司於 1999 年 1 月 2 日，購入 T 公司在外流通普通股 100,000
股之 10%，支付成本$400,000；1999 年 12 月 31 日，E 公司另購入
20,000 股，支付成本$1,200,000；兩次購買均無商譽發生，1999 年期
間，T 公司亦未曾另發行新股。T 公司 1999 年度獲利$800,000。

E 公司 1999 年 12 月 31 日之資產負債表內，應列報對 T 公司之投資若干？

(a)$1,600,000

(b)$1,680,000

(c)$1,740,000

(d)$1,840,000

解：(b)

E 公司 1999 年 12 月 31 日投資帳戶的餘額，可用 T 字形帳戶方式，求算如下：

長期投資 —— T 公司普通股

1/2/1999 購入	400,000
12/31/1999 購入	1,200,000
1999 年度 T 公司淨利	80,000*
12/31/1999 餘額	1,680,000

*$800,000 × 10% = $80,000

14.8　F 公司擁有 U 公司在外流通累積非參加 6% 特別股 100,000 股之 10%，每股面值$50；此外，F 公司另擁有 U 公司普通股 5,000 股，持股比率 2%；U 公司 1998 年度未能獲利，故未發放股利；1999 年度發放特別股現金股利$600,000 及 5% 普通股股票股利，當時普通股每股市價$50。

F 公司 1999 年度損益表內，應列報股利收入若干？

(a)$–0–

(b)$30,000

(c)$60,000

(d)$72,500

解：(c)

U 公司 1998 年度未發放特別股股利，故積欠股利 $300,000 ($50 × 100,000 × 6%)；俟 1999 年度，發放特別股現金股利$600,000，包括 1998 年度及 1999 年度各$300,000，已無積欠股利存在；F 公司 1999 年度特別股股利收入為$60,000 ($600,000 × 10%)；至於普通股股票股利 5%，則不予認定收入，蓋 F 公司並未收到任何資產，對 U 公司仍然持有與股票股利分配前相同之持股比率2%；惟由於 F 公司持有普通股股數增加5%，原有投資成本相同，故應予重新計算普通股的每股投資成本。

14.9　G 公司於 1997 年 1 月 2 日，購入 V 公司普通股 1,000 股，支付成本$90,000；1999 年 12 月 1 日，G 公司收到 V 公司 1,000 張認股權，每張認股權可按$75 認購 V 公司普通股一股；未發行認股權之前，V 公司普通股每股公平市價$100，發行認股權之後，每股公平市價$90；G 公司於 1999 年 12 月 2 日，將全部認股權按每張$10 出售。

G 公司出售認股權利益應為若干？

(a)$–0–

(b)$500

(c)$1,000

(d)$2,000

解：(c)

G 公司 1999 年 12 月 1 日收到認股權時，應將原取得投資成本$90,000 分配如下：

	數 量	每單位公平市價	總公平市價	成本分配
普通股	1,000	$90	$ 90,000	$81,000
認股權	1,000	10	10,000	9,000
合 計			$100,000	$90,000

G 公司出售認股權利益可計算如下:

$$\$10 \times 1,000 - \$9,000 = \$1,000$$

14.10 H 公司於 1995 年為其總經理王君購買人壽保險$1,000,000,並以 H 公司為受益人;1999 年 12 月 31 日,有關資料如下:

人壽保險解約現金價值 (1/1/1999)	$42,000
人壽保險解約現金價值 (12/31/1999)	55,000
每年支付人壽保險費	25,000

H 公司 1999 年人壽保險費為若干?

(a)$25,000

(b)$13,000

(c)$12,000

(d)$–0–

解: (c)

人壽保險解約現金價值隨繳納人壽保險費時間的增加而增加,其所增加的部份,應由人壽保險費項下扣除,借記人壽保險解約現金價值帳戶。本題 H 公司 1999 年 12 月 31 日,人壽保險解約現金價值為$13,000 ($55,000 – $42,000),故於支付人壽保險費時,人壽保險解約現金價值$13,000 應自人壽保險費項下扣除,其分錄如下:

人壽保險解約現金價值	13,000	
人壽保險費	12,000	
現金		25,000

因此，H 公司 1999 年人壽保險費為$12,000。

三、綜合題

14.1 正聲公司於 1999 年 1 月 1 日，購入華友公司 25% 股權，支付成本
$420,000，對華友公司的營業及財務決策，具有重大影響力；當時華
友公司的資產負債表內容如下：

	帳面價值	公平市價	差　　異
現金及應收帳款	$ 120,000	$ 120,000	$　　–0–
存貨	480,000	488,000	8,000
廠產設備	600,000	838,000	238,000
土地	180,000	198,000	18,000
合計	$1,380,000	$1,644,000	$264,000
負債	$ 180,000	$ 180,000	$　　–0–
股東權益	1,200,000	1,464,000	264,000
合計	$1,380,000	$1,644,000	$264,000

另悉華友公司 1999 年度獲利$180,000，發放現金股利$120,000；存貨
全部於 1999 年度出售；廠產設備可使用 12 年，採用直線法計算折
舊；如有商譽時，按 40 年攤銷。
試求：
　(a)列示正聲公司 1999 年 1 月 1 日的投資分錄。
　(b)計算正聲公司所獲得華友公司各項可辦認資產公平市價超過帳

面價值的持分部份。

(c)計算正聲公司所購入的商譽價值。

(d)正聲公司 1999 年度投資於華友公司的利益應為若干？

解：

(a) 1999 年 1 月 1 日的投資分錄：

長期投資 —— 華友公司普通股	420,000	
現金		420,000

(b)各項可辨認資產公平市價超過帳面價值的持分部份：

	帳面價值	公平市價	差異	正聲公司 持股 25%
存貨	$ 480,000	$ 486,000	$ 6,000	$ 1,500
廠產設備	600,000	840,000	240,000	60,000
土地	180,000	198,000	18,000	4,500
合計	$1,260,000	$1,524,000	$264,000	$66,000

(c)正聲公司所購入的商譽價值：

長期投資成本（取得華友公司股權 25%）		$ 420,000
可辨認淨資產帳面價值：$1,200,000 × 25%		(300,000)
溢付成本		$ 120,000
減：可辨認資產公平市價超過帳面價值之 25% 持分：		
存貨	$ 1,500	
廠產設備	60,000	
土地	4,500	66,000
商譽價值		$ 54,000

(d) 1999 年度投資利益：

1999 年度認定華友公司淨利: $180,000 × 25%	$45,000
可辨認資產公平市價超過帳面價值虛減成本的調整:	
存貨增加銷貨成本	(1,500)
廠產設備折舊: $60,000 ÷ 12	(5,000)
商譽攤銷成本: $54,000 ÷ 40	(1,350)
1999 年度投資利益	$37,150

14.2 華新公司於 1998 年 1 月 1 日，購入麗美公司普通股 10,000 股，取得 20% 的股權，支付成本$1,000,000；由於未能被選為董事，故對麗美公司的營業及財務決策，並無重大影響力，乃將其歸類為備用證券投資，按公平價值法處理；俟 1999 年 1 月 1 日，華新公司的投資帳戶帳面價值為$1,200,000；當日，麗美公司贖回在外流通股票 10,000 股，使華新公司的持股比率提高為 25%，該公司乃決定改採用權益法；已知麗美公司 1998 年度淨利$250,000，未發放任何股利；1999 年 1 月 1 日淨資產公平價值為$4,200,000；1999 年度獲利$360,000，發放現金股利$200,000。

試求:

(a)記錄華新公司 1998 年 1 月 1 日購入麗美公司普通股的分錄。

(b)記錄華新公司 1998 年度在公平價值法之下普通股公平市價上升的分錄。

(c)記錄華新公司 1999 年 1 月 1 日由公平價值法改變為權益法的應有分錄。

(d)記錄華新公司 1999 年 12 月 31 日應有的會計分錄。

解:

(a) 1998 年 1 月 1 日取得投資的分錄:

備用證券投資 —— 麗美公司股票	1,000,000	
現金		1,000,000

(b) 1998 年度普通股公平市價上升的分錄：

備抵評價 —— 備用證券	200,000	
未實現持有損益*		200,000

*列入股東權益項下。

(c) 1999 年 1 月 1 日應有的分錄：

長期投資 —— 麗美公司普通股	1,050,000	
未實現持有損益	200,000	
備用證券投資		1,000,000
備抵評價 —— 備用證券		200,000
保留盈餘		50,000

$4,200,000 × 25% = $1,050,000; $250,000 × 20% = $50,000

(d)(1)認定 1999 年度麗美公司淨利的分錄：

長期投資 —— 麗美公司普通股	90,000	
投資利益		90,000

$360,000 × 25% = $90,000

(2)收到麗美公司現金股利的分錄：

現金	50,000	
長期投資 —— 麗美公司普通股		50,000

$200,000 × 25% = $50,000

14.3 正中公司於 1998 年 1 月 1 日，購入大業公司 4 年期 8% 債券面值 $1,000,000，市場利率 6%，每年付息一次；正中公司管理者有意願也有能力持有至到期日；按利息法攤銷。

試求：

(a)計算正中公司購入大業公司債券的應有價格。

(b)記錄正中公司 1998 年 1 月 1 日購入債券的分錄。

(c)記錄正中公司 1998 年 12 月 31 日應收利息的調整分錄。

(d)記錄正中公司 1999 年 1 月 1 日收到利息的分錄。

(e)記錄 2002 年 1 月 1 日債券到期收回本金的分錄。

(f)編製長期債券投資攤銷表。

解:

(a) 1998 年 1 月 1 日購入債券價格的計算:

設 P = 債券現值　f = 債券面值　m = 到期值

r = 票面利率　i = 市場利率　n = 付息次數

$P = f \cdot r \cdot P\,\overline{n}|i + m(1+i)^{-n}$

$= \$1,000,000 \times 0.08 \times P\,\overline{4}|0.06 + \$1,000,000(1+0.06)^{-4}$

$= \$80,000 \times 3.46510561 + \$1,000,000 \times 0.79209366$

$= \$277,208.45 + \$792,093.66$

$= \$1,069,302.11$

(b) 1998 年 1 月 1 日購入債券的分錄:

長期投資 —— 待到期債券	1,069,302.11	
現金		1,069,302.11

(c) 1998 年 12 月 31 日調整分錄:

應收利息	80,000.00	
長期投資 —— 待到期債券		15,841.87
投資利益（利息收入）		64,158.13

(d) 1999 年 1 月 1 日收到利息分錄:

現金	80,000.00	
應收利息		80,000.00

(e) 2002 年 1 月 1 日債券到期收回本金分錄:

現金 1,000,000.00

長期投資 —— 待到期債券 1,000,000.00

(f)編製長期債券投資攤銷表:

長期債券投資攤銷表
4 年到期; 每年付息一次
票面利率 8%; 市場利率 6%

日 期	利息收入	應收利息	債券溢價攤銷	長期投資 —— 待到期債券
1998.1.1				$1,069,302.11
1998.12.31	$ 64,158.13	$ 80,000.00	$15,841.87	1,053,460.24
1999.12.31	63,207.61	80,000.00	16,792.39	1,036,667.85
2000.12.31	62,200.07	80,000.00	17,799.93	1,018,867.92
2001.12.31	61,132.08	80,000.00	18,867.92	1,000,000.00
合 計	$250,697.89	$320,000.00	$69,302.11	

14.4 三洋公司於 1998 年 1 月 1 日, 以$200,000 購入四海公司普通股 10%; 1999 年 1 月 1 日, 三洋公司擬對四海公司的營業及財務決策具有重大影響力, 乃以$450,000 另購入其在外流通普通股之 20%; 兩次購入所支付的成本, 均與所取得淨資產帳面價值的持分相同, 並無溢付成本的情形。1998 年度及 1999 年度四海公司列報下列資料:

	1998 年度	1999 年度
淨利	$450,000	$500,000
發放股利	200,000	300,000

三洋公司於 1999 年 1 月 1 日，對於四海公司的投資，由原來的公平價值法，改採用權益法，並追溯調整 1998 年度投資與保留盈餘帳戶。

試求：

　(a)根據公平價值法記錄三洋公司 1998 年度有關投資的各項分錄。

　(b)記錄 1999 年 1 月 1 日另購入 20% 普通股的分錄。

　(c)記錄 1999 年 1 月 1 日改採用權益法的追溯既往調整分錄。

　(d)記錄 1999 年 12 月 31 日三洋公司認定四海公司淨利及發放現金股利的分錄。

解：

(a)(1) 1998 年 1 月 1 日購入普通股分錄：

備用證券 —— 四海公司普通股	200,000	
現金		200,000

　(2) 1998 年 12 月 31 日收到四海公司現金股利的分錄：

現金	20,000	
股利收入		20,000

　$200,000 \times 10\% = \$20,000$

(b) 1999 年 1 月 1 日另購入普通股的分錄：

備用證券 —— 四海公司普通股	450,000	
現金		450,000

(c) 1999 年 1 月 1 日由公平價值法改採用權益法追溯既往調整分錄：

長期投資 —— 四海公司普通股　　　675,000

　　備用證券 —— 四海公司普通股　　　　　　　650,000

　　保留盈餘　　　　　　　　　　　　　　　　　25,000

($2,000,000 +$450,000 – $200,000) × 30% = $675,000

($450,000 – $200,000) × 10% = $25,000

(d)(1) 1999 年 12 月 31 日認定四海公司淨利的分錄:

長期投資 —— 四海公司普通股　　　150,000

　　投資利益　　　　　　　　　　　　　　　　150,000

$500,000 × 30% = $150,000

(2) 1999 年 12 月 31 日收到現金股利分錄:

現金　　　　　　　　　　　　　　　90,000

　　長期投資 —— 四海公司普通股　　　　　　　90,000

$300,000 × 30% = $90,000

14.5 金門公司購入馬祖公司普通股 10,000 股,每股購價$93,持股比率 20%;事後,馬祖公司業務發達,為鼓勵原有股東之投資意願遂發行認股,規定凡持有該公司普通股 5 股者,即可獲得認股權一張,可按 $100 認購普通股一股;當時,每一除權普通股市價$120,每張認股權市價$20。金門公司行使認股權 1,800 張,剩餘 200 張按每張 $20 出售。

試求: 記錄金門公司下列各項交易的分錄:

(a)購入普通股的分錄。

(b)分攤普通股與認股權成本的分錄。

(c)行使認股權的分錄。

(d)出售認股權的分錄。

解:

(a)購入普通股的分錄:

長期投資 —— 馬祖公司普通股	930,000	
現金		930,000

$93 × 10,000 = $930,000

(b)分攤普通股與認股權成本的分錄:

認股權	30,000	
長期投資 —— 馬祖公司普通股		30,000

	數　量	每單位市價	總市價	成本分攤	單位成本
普通股	10,000	$120	$1,200,000	$900,000	$90
認股權	2,000	20	40,000	30,000	15
合計			$1,240,000	$930,000	

(c)行使認股權 1,800 張的分錄:

長期投資 —— 馬祖公司普通股	207,000	
認股權		27,000
現金		180,000

$100 × 1,800 = $180,000; $15 × 1,800 = $27,000

(d)出售 200 張認股權的分錄:

現金	4,000	
認股權		3,000
出售認股權利益		1,000

$20 × 200 = $4,000; $15 × 200 = $3,000

14.6 唐人公司於 1996 年起, 即為其總經理購買終身人壽保險$1,000,000;
　　保單前 5 年的有關資料如下:

年度	人壽保險費	人壽保險解約現金價值
1996	$25,000	$ –0–
1997	25,000	–0–
1998	25,000	5,000
1999	25,000	12,000
2000	25,000	20,000

1999 年 10 月 1 日，唐人公司總經理過世，唐人公司按照保單獲得理賠，並退還未耗用人壽保險費。

試求：

　(a)請為唐人公司記錄自 1996 年起至 1999 年止每年支付人壽保險費的分錄。

　(b)列示 1999 年 10 月 1 日保險事故發生後，唐人公司收到保單金額及退回未耗用保費的有關分錄。

解：

(a)(1) 1996 及 1997 年度支付人壽保險費分錄：

人壽保險費	25,000	
現金		25,000

　(2) 1998 年度支付人壽保險費分錄：

人壽保險解約現金價值	5,000	
人壽保險費	20,000	
現金		25,000

　(3) 1999 年度支付人壽保險費分錄：

人壽保險解約現金價值	7,000	
人壽保險費	18,000	
現金		25,000

$12,000 - $5,000 = $7,000$

(b) 1999 年 10 月 1 日獲得保單理賠及退還未耗用保費的分錄：

現金	1,006,250	
人壽保險費		4,500
人壽保險解約現金價值		12,000
人壽保險理賠利益		989,750

上列各項金額的計算方法如下：

人壽保險保單金額	$1,000,000
加：退還未耗用保險費：$25,000 \times \dfrac{3}{12}$	6,250
收到現金	$1,006,250
減：人壽保險解約現金價值	(12,000)
沖銷人壽保險費：$18,000 \times \dfrac{3}{12}$	(4,500)
人壽保險理賠利益	$ 989,750

第十五章　長期性資產㈠：
取得與處置

一、問答題

1. 長期性資產可分類為有形及無形資產，試說明兩者之差異。

解：

　　有形長期性資產，乃具有實質物體存在的長期性資產。

　　無形資產係指無實質物體存在的各項特殊權利，此項權利通常由政府或所有權人，賦予使用人在經營上、財務上或其他可創造利益的營業權。

2. 成本原則如何應用於長期性資產的取得？

解：

　　長期性資產的成本，應包括使該項資產達到可使用狀態與地點所發生的必要支出總和；如該項資產需要一段時間的準備活動才能達到使用狀態，其間所發生的利息支出，也應計入資產成本之內。

3. 試區分資本支出與收益支出的不同？

解：

　　資本支出與收益支出的劃分：

　　⑴資本支出：凡一項支出的結果，其所獲得的經濟效益超過一年或

一個正常營業週期孰長的期間以上，應將該項支出資本化，予以
列為資產者，稱為資本支出；例如取得各項資產、預付各項長期
費用或支付各項長期預付款等。

(2)收益支出：凡一項支出的結果，其所獲得的經濟效益在一年或一
個正常營業週期孰長的期間以內，應將該項支出當為費用，列入
當期的費用帳戶之內，使與當期的收入相互抵銷者，稱為收益支
出；例如支付水電費、修理費等各項支出。

4. 發行權益債券取得長期性資產時，其成本應如何決定？

解：

原則上應以權益證券與長期性資產的公平市價孰者較為客觀為評價
基礎；如無上項公平市價時，可聘獨立評估人或由公司董事會合理
認定之。

5. 交換取得一項資產時，其取得成本應如何決定？

解：

凡一項財產、廠房及設備資產的原始取得成本，原則上應以取得該
項資產所支付的現金支付為衡量基礎。如該項資產係以現金以外的
條件交換取得時，則資產應按交易成立時所約定條件之公平市價列
帳。如所約定條件缺乏確定性之公平市價時，則以取得資產之公平
市價為準。

6. 資產交換時，決定交換利益的過程，在何種情況下達到終點？

解：

資產的交換分相同與不同資產的交換；不同資產的交換，視為計算交
換損益的過程已完成，應予認定全部交換損益；相同資產的交換，僅

就現金收入的部份，視為交易已完成，按比例認定交換損益，如無現金收付或僅涉及一部份現金支出者，不予認定利益，惟有損失時，應予認定。

7. 不同資產的交換，換入資產應以何項成本為評價基礎？

解：

(1)交換不涉及現金收付時，換入資產按換出資產的公平市價列帳；(2)交換涉及一部份現金支出時，換入資產按換出資產的公平市價加現金支出之和列帳；(3)交換涉及一部份現金收入時，換入資產按換出資產的公平市價減現金收入之餘額列帳。

8. 捐贈資產是否需要列帳？如何列帳？其價值應如何決定？

解：

(1)捐贈資產需要列帳。

(2)受贈人通常均按捐贈資產的公平市價，借記資產，貸記捐贈資本，並將捐贈資本包括於資產負債表的股東權益項下；惟自從 1993 年財務會計準則聲明書第 116 號頒佈後，主張不論是限制條件或不限制條件的捐贈資產，均按其公平市價為認定準則，借記資產，貸記收入或利益帳戶；凡折舊性的捐贈資產，也應於開始使用後，依捐贈資產的公平市價提列折舊費用。

(3)捐贈資產的公平市價無法確定時，則暫不予認定，等到有確實的公平市價時，始予認定列帳。

9. 自建資產是否應分攤一般製造費用？

解：

一般製造費用應否包括於自建資產成本之內，至今仍然是一項爭論

中的問題；大體上可歸納為下列二派主張：

(1)自建資產分攤增支製造費用的方法：主張採用此法的人士認為，因自建資產而增加的變動製造費用，才是自建資產的攸關成本，自應加入自建資產成本之內；至於固定製造費用，通常在特定的營運範圍內，是固定不變的，不因自建資產而增加，故不予加入自建資產成本之內；惟如因自建資產而使原有的產能不敷應用，必須增加固定成本時，則所增加的固定製造費用，自應加入自建資產成本之內。

由上述說明可知，凡主張因自建資產而增加製造費用時，始予加入自建資產成本之內，一般又稱為製造費用增支化本法。此法不會曲解企業正常產品的營運成本，故在會計實務上，普遍被採用。

(2)自建資產與正常產品共同分攤全部製造費用的方法：此法將自建資產與正常產品一視同仁，按比率共同分攤全部製造費用，以免虛減自建資產的成本。

主張採用此法的人士認為，成本分攤的主要功能，在於將每一會計期間的全部製造費用，由當期的所有產品，共同分攤，應無例外；如將全部製造費用，僅歸由正常產品單獨負擔，而忽略自建資產的存在，必將導致低估自建資產價值的後果。

主張採用此法的人士認為，傳統會計的全部成本觀念：「任何一項產品必須包括全部成本，應無例外。」的會計觀念，迄今仍然普遍被一般所接受，亦為美國成本會計準則委員會（American Cost Accounting Standards Board，簡稱 CASB）加以認同如下：「因自用而營建之有形資本資產，必須將可辨認而歸由該自建資產負擔的製造費用，包括一般及管理費用，加以資本化，成為自建資產成本的一部份。」

10. 自建資產成本應包括那些？試述之。

解：

自建資產的成本，原則上應包括所有與自建資產有關的各項直接成本在內；稱直接成本者，乃與自建資產具有直接關係，並可明確加以辨認的各項成本，例如因自建資產而發生的直接原料、直接人工、設計費、許可費、規費、稅捐、牌照費、保險費及其他工程費等。

11. 符合利息資本化條件的資產項目有那些？那些資產項目之利息費用不得資本化？

解：

下列型態的資產（符合利息資本化條件之資產），其利息費用應予資本化：

⑴為提供企業本身使用而建造或生產的資產（包括自建或委託他人建造，並已支付定金或施工款項者）。

⑵專案建造或生產，以提供為銷售或出租的資產，例如建造船舶或開發不動產等。

惟財務會計準則第 34 號第 10 段指明下列情形之資產項目，不得將其利息費用資本化：

⑴經常性或重複性大量生產的存貨。

⑵已提供或可提供營業上使用的資產。

⑶目前並未提供營業上使用，也未進行任何必要的活動使。

12. 利息資本化的時間開始於何時？終止於何時？

解：

當下列三種情況同時具備時，利息資本化期間應即開始：

⑴購建資產的支出已發生。

(2)使資產達到可使用狀態及地點的必要活動已經開始進行。

(3)利息費用已發生。

當購建資產的活動實質上已完成，並可提供為特定用途或出售時，利息資本化應即予停止。購建資產的若干部份，如已完成，並可單獨使用時，則完成部份應即停止利息資本化。惟若干部份雖已完成，但必須等待其他部份整體完成後，才能一起使用時，則利息資本化仍應繼續進行，直至購建資產全部完成後才停止。又如購建資產本身雖已全部完成，但必須等到其他相關資產完成後，才能配合使用；遇此情形，利息資本化仍應繼續進行，直至其他相關資產完成，並可配合使用時為止。

13. 請簡略說明非貨幣性資產交換的一般會計處理原則。

解:

  (1)非貨幣性資產的交換，如換入與換出資產的公平價值，均無法確定時，則不予認定損益，換入資產應按帳面價值評價。

  (2)非貨幣性資產的交換，如可確定其公平價值時，可根據其公平價值減帳面價值，以認定其損益；其計算損益的公式如下：

$$公平價值 - 帳面價值 = 利益（損失）$$

  (3)非貨幣性資產交換的換入資產，其評價一般決定如下：

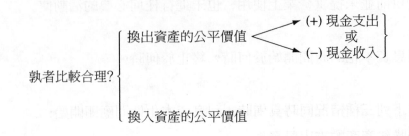

⑷不同資產的交換，視為計算交換損益的過程已完成，應予認定其
全部利益或損失；換入資產應按公平價值借記資產。

⑸相同資產的交換，可分二方面說明：a.凡交換涉及一部份現金收
入，應就現金收入比例 [現金收入 ÷（現金收入 ＋ 換入資產公平
市價)] 認定其利益；換入資產則按公平市價減遞延利益之餘額，
借記資產。b.凡交換涉及一部份現金支出或不涉及任何現金收付
時，不認定利益；換入資產則按換出資產的帳面價值，借記資產。

⑹如根據上列⑵計算資產交換損益的結果為損失時，不論為相同或
不同資產的交換，應予認定全部損失；換入資產則按公平價值，
借記資產。

14. 處置長期性資產收到現金時，發生處置資產損益的性質為何？

解：

一般均將處置（出售）長期性資產所發生的「處置資產損益」，視為
經常性損益，惟必須與營業性損益項目分開列報於發生年度的損益
表內。

15. 資本化利息費用對當年度的損益有何影響？對續後年度的損益又有
何影響？

解：

資本化利息費用將就利息費用資本化的部份，減少當年度的費用，
進而增加當年度的淨利數字（扣除所得稅後淨額）；另一方面，利
息費用資本化的部份，也將使當年度資產增加。此項資產將於續後
耐用年度內折舊，增加耐用年度內的費用並減少其淨利數字。

16. 請解釋下列各名詞：

⑴遞耗資產 (wasting assets)。

⑵資本支出 (capital expenditures) 與收益支出 (revenue expenditures)。

⑶製造費用增支化本法 (incremental-overhead capitalized approach)。

⑷潛在資本化利息 (interest potentially capitalizable)。

⑸可避免利息 (avoidable interest)。

⑹備用資產 (stand-by asset)。

解:

⑴遞耗資產: 此類資產包括所有各項經由開採而逐漸耗竭的天然資
　源, 例如礦藏、油井、天然氣及森林等。

⑵資本支出: 凡一項支出的結果, 其所獲得的經濟效益超過一年或
　一個正常營業週期孰長的期間以上, 應將該項支出資本化, 予以
　列為資產者, 稱為資本支出; 例如取得各項資產、預付各項長期
　費用, 或支付各項長期預付款等。

　收益支出: 凡一項支出的結果, 其所獲得的經濟效益在一年或一
　個正常營業週期孰長的期間以內, 應將該項支出當為費用, 列入
　當期的費用帳戶之內, 使與當期的收入相互抵銷者, 稱為收益支
　出; 例如支付水電費、修理費等各項支出。

⑶製造費用增支化本法: 凡主張因自建資產而增加製造費用時, 始
　予加入自建資產成本之內, 一般就稱為製造費用增支化本法。

⑷潛在資本化利息: 僅限於一項資產在購建期間, 為支付購建資產
　成本所必須負擔的利息費用; 亦即若不購建該項資產, 即無須負
　擔該項利息費用, 故此項利息又稱為可避免利息。

⑸可避免利息: 係指若不購建某項資產時, 即無需負擔的利息費用;
　換言之, 利息資本化的部份, 僅限於某項資產在購建期間, 為支付
　該項資產成本必須負擔的利息費用, 故又稱為潛在資本化利息。

⑹備用資產: 係指一項長期性資產暫時不用, 或不再使用時, 應予

轉入備用資產; 此時, 不予提列折舊, 直至恢復使用為止。

二、選擇題

15.1　A 公司購入機器成本$250,000, 另支付運費$40,000 及試車費$20,000
後, 即可參加生產行列。 A 公司記錄機器成本應為若干?

(a)$310,000

(b)$290,000

(c)$270,000

(d)$250,000

解: (a)

取得一項資產的成本, 應包括使該項資產達到可使用狀態與地點所
發生的必要支出總和。因此, 本題

$$機器成本 = 購價 + 運費 + 試車費$$
$$= \$250,000 + \$40,000 + \$20,000$$
$$= \$310,000$$

15.2　B 公司於 1998 年 12 月 31 日, 購入一片可興建廠房之土地成本
$1,000,000; 地上有舊廠房必須先要拆卸, 所得材料出售得款$20,000;
1998 年12 月間, B 公司發生下列成本:

拆卸成本	125,000
土地登記及代書費	25,000
整平、填土及排水成本	30,000

　　1998 年 12 月 31 日，B 公司資產負債表內土地成本應列報若干？

(a)$1,160,000

(b)$1,150,000

(c)$1,105,000

(d)$1,055,000

解：(a)

土地的成本包括購價及使土地達到可使用狀態的各項成本；如發生成本之節省，予以扣除。因此，本題提供興建廠房用的土地成本，可計算如下：

$$土地成本 = 購價 + 舊廠房拆卸成本 + 土地登記及代書費$$
$$+ 整平、填土及排水成本 - 成本節省$$
$$= \$1,000,000 + \$125,000 + \$25,000 + \$30,000 - \$20,000$$
$$= \$1,160,000$$

15.3　C 公司自建房屋一棟，俾提供營業上使用；自建工程由 1999 年 1 月初開始，至 1999 年 6 月底完成；在此一期間內，為自建房屋而專案貸款的利息支出$300,000，其他借款利息支出$120,000；此外，根據自建資產累積支出平均數計算其利息為$240,000。1999年 1 月 1 日至同年 6 月 30 日，C 公司自建房屋應予資本化的利息費用為若干？

(a)$120,000

(b)$240,000

(c)$300,000

(d)$350,000

解：(b)

自建資產應予資本化的利息金額，應以可避免利息與實際利息孰者較低為準。所謂可避免利息，係假定如不自建資產時，即無需負擔的利息；換言之，此項利息乃因自建資產而產生的利息部份，係根據自建資產累積支出平均數，乘以適當的借款利率而獲得。本題實際利息$420,000 ($300,000 + $120,000)，大於可避免利息$240,000，故應以$240,000為資本化利息的金額。

15.4　D 公司於 1998 年 1 月初起，自建辦公大樓，直至 1999 年 6 月底完成，並於同年 7 月 1 日遷入。自建資產總成本$5,000,000，其中$4,000,000 係均勻地發生於 1998 年度；已知 1998 年度的借款利率為 12%，且當年度實際利息支出為$204,000。 1998 年 12 月 31 日，D 公司應予資本化的利息費用金額，應為若干？

(a)$204,000

(b)$240,000

(c)$300,000

(d)$480,000

解: (a)

自建資產應予資本化的金額，應以可避免利息與實際利息孰者較低為根據。可避免利息係假定如不自建資產時，即無需負擔的利息，此項利息係根據自建資產累積支出平均數，乘以適當的借款利率而獲得。本題可避免利息計算如下：

$$自建資產累積支出平均數 = \$4,000,000 \times \frac{1}{2} = \$2,000,000$$

$$可避免利息 = \$2,000,000 \times 12\% = \$240,000$$

可避免利息$240,000，大於實際利息$204,000；因此，應予資本化的

利息金額，應以實際利息$204,000 為準。

15.5　E 公司於 1998 年 7 月 1 日，以機器一部換入 X 公司的普通股 1,000
　　　股，已知機器當時的帳面價值為$100,000，其公平市價為 $120,000。
　　　另悉 X 公司普通股每股帳面價值$60；1998 年 12 月 31 日，X 公
　　　司普通股在外流通股票總數為 10,000 股，每股帳面價值$50。1998
　　　年 12 月 31 日，E 公司於資產負債表內，應列報投資於 X 公司普
　　　通股為若干？

　　　(a)$120,000

　　　(b)$100,000

　　　(c)$60,000

　　　(d)$50,000

解: (a)

　　　E 公司交換取得 X 公司普通股1,000 股，應按換入或換出資產的公
　　　平市價，孰者較為客觀為評價基礎。換入 X 公司普通股因無公平
　　　市價，故應以機器的公平市價$120,000 為評價基礎；其分錄如下：

投資 —— X 公司普通股	120,000	
機器設備		100,000
機器交換利益		20,000

　　　本題 X 公司普通股的帳面價值，不影響 E 公司的帳上記錄。

15.6　F 公司於 1998 年 4 月 1 日，以一項具有帳面價值$84,000 的舊機器，
　　　換入具有現金價值$102,500 的相同新機器，另支付現金$30,000。 F
　　　公司應認定資產交換損失為若干？

　　　(a)$-0-

(b)$11,500

(c)$18,500

(d)$30,000

解: (b)

換入新機器的現金價值$102,500, 即為其公平價值; 因此, 舊機器的交換損失, 可予計算如下:

⑴舊機器公平價值 ＝ 新機器公平價值 － 現金支出

$$＝ \$102,500 － \$30,000$$

$$＝ \$72,500$$

⑵舊機器交換損失 ＝ 舊機器帳面價值 － 舊機器公平價值

$$＝ \$84,000 － \$72,500$$

$$＝ \$11,500$$

倘若上列所計算的結果為利益, 則根據會計原則委員會第 29 號意見書 (APB Opinion No. 29) 的規定, 凡相同資產的交換, 未涉及現金收付, 或僅涉及現金支出者, 不予認定利益。

15.7　G 公司以存貨帳面價值$100,000, 另支付現金$5,000, 換入同性質存貨, 其公平價值為$110,000; 另悉換出存貨的公平價值為$105,000。

　　G 公司對於上項存貨交換, 應認定多少利益（損失）?

(a)$10,000

(b)$5,000

(c)$–0–

(d)$(5,000)

解: (c)

根據一般公認的會計原則（此處係指 APB Opinion No. 29）, 相同資產的交換, 不能視為獲利程序的終點。因此, 在相同資產交換之

下，僅於交換涉及一部份現金收入時，就現金收入比例 [現金收入
÷（現金收入 + 換入資產公平市價）] 認定利息。

本題為相同資產的交換，並無現金收入，故其所發生的資產交換利
益$5,000 ($105,000 − $100,000)，不得予以認定，故答案為(c)。資產
交換的分錄，可予列示如下：

存貨（新）	110,000	
存貨（舊）		105,000
現金		5,000

15.8 M 公司與 N 公司均為傢俱經銷商，為滿足顧客的需要，兩家公司
彼此交換傢俱； M 公司另支付$180,000 給 N 公司，作為補償交換
商品的品質差異。

	M 公司	N 公司
成　　本	$600,000	$756,000
公平市價	720,000	900,000

在 N 公司的損益表內，其傢俱交換利益應列報若干？

(a)$–0–

(b)$28,800

(c)$144,000

(d)$180,000

解：(b)

根據一般公認的會計原則，當相同資產交換，並涉及一部份現金收
入時，視為部份交換與部份銷貨。在此一情況下，僅就現金收入所
佔全部交易的比例部份，認定其利益；其計算方式如下：

$$認定利益 = \frac{現金收入}{現金收入 + 換入資產公平市價} \times 全部利益$$

$$= \frac{\$180,000}{\$180,000 + \$720,000} \times \$144,000^*$$

$$= \$28,800$$

*全部利益 =（換入資產公平市價 ＋ 現金收入）－ 換出資產成本（帳面價值）

$$= (\$720,000 + \$180,000) - \$756,000$$

$$= \$144,000$$

15.9　H 公司以一部舊卡車（帳面價值$60,000, 公平市價$100,000），交換新卡車一部，其公平市價為$75,000；另收到現金$25,000, 作為交換資產公平市價的補償收入。H 公司應記錄所換入新卡車的成本為若干?

(a)$35,000

(b)$45,000

(c)$60,000

(d)$75,000

解：(b)

　　當相同資產交換，並涉及一部份現金收入時，僅就現金收入所佔全部交易的比例部份，認定其利益；至於換入資產的評價，應以換入資產的公平市價減遞延利益後淨額，作為基礎。其計算如下：

$$全部利益 =（換入資產公平市價 ＋ 現金收入）$$

$$－ 換出資產帳面價值$$

$$= (\$75,000 + \$25,000) - \$60,000$$

$$= \$40,000$$

$$認定利益 = \frac{現金收入}{現金收入 + 換入資產公平市價} \times 全部利益$$

$$= \frac{\$25,000}{\$25,000 + \$75,000} \times \$40,000$$

$$= \$10,000$$

$$遞延利益 = 全部利益 - 認定利益$$

$$= \$40,000 - \$10,000$$

$$= \$30,000$$

$$換入資產評價 = 換入資產公平市價 - 遞延利益$$

$$= \$75,000 - \$30,000$$

$$= \$45,000$$

$$或 = 換出資產公平市價 - 現金收入 - 遞延利益$$

$$= \$100,000 - \$25,000 - \$30,000$$

$$= \$45,000$$

運輸設備 —— 卡車（新）	45,000	
現金	25,000	
運輸設備 —— 卡車（舊）		60,000
資產交換利益		10,000

15.10 K 公司於 1998 年 7 月 1 日，購入倉庫一座成本$2,160,000，並含有土地在內；其他有關資料如下：

	公平市價	帳面價值
土　地	$ 800,000	$ 560,000
建築物	1,200,000	1,120,000
	$2,000,000	$1,680,000

K 公司對於土地成本應記錄若干？

(a)$560,000

(b)$720,000

(c)$800,000

(d)$864,000

解: (d)

以一筆總價購入兩種以上的資產時，應按兩種以上資產的公平市價比例，分配其成本。

$$土地成本 = \frac{土地公平市價}{公平市價總額} \times 購價總額$$

$$= \frac{\$800,000}{\$2,000,000} \times \$2,160,000$$

$$= \$864,000$$

15.11 L 公司於 1998 年度，用於廠房的各項支出如下：

繼續及經常性修理費	$60,000
廠房重新粉刷	15,000
供電系重大改良	57,000
屋頂磁磚部份換新	21,000

L 公司 1998 年度廠房的修理及維護費用應為若干？

(a)$144,000

(b)$123,000

(c)$96,000

(d)$81,000

解: (c)

一般言之，凡一項支出的結果，具有下列各項效益者，屬於資本支出，應列為資產：(1)增加資產的數量；(2)增進資產的品質；(3)提高資產的價值；(4)延長資產的使用年限。反之，如一項支出的結果，僅在於維持資產正常的使用狀態，無法達成上述四項效益者，則屬於收益支出，列為費用。本題屬於收益支出而應列為修理及維護費用者，計有下列各項：

繼續及經常性修理費	$60,000
廠房重新粉刷	15,000
屋頂磁磚部份換新	21,000
修理及維護費用合計	$96,000

供電系統重大改良$57,000，可延長資產的使用年限，並可增進資產的品質，故屬於資本支出，應列為資產。

15.12 P 公司從事印刷事業，1998 年發生於印刷機的各項支出如下：

購置校對及裝釘設備成本	$42,000
裝置校對及裝釘設備成本	18,000
重大換新的零件成本	23,000
重安裝人工及費用	24,000

重大換新及重安裝可提高工作效率，惟不會延長印刷機的使用年限。P 公司 1998 年度應予資本化的支出為若干？

(a)$–0–

(b)$60,000

(c)$83,000

(d)$107,000

解：(d)

購置校對及裝釘設備成本$42,000,及裝置校對及裝釘設備成本$18,000,可增進資產的品質（工作效率），並提高資產的價值，屬於資本支出，應列為資產。重大換新的零件成本$23,000及重安裝人工及費用$24,000,也應予資本化,借記資產。故P公司 1998 年度應予資本化的支出為$107,000,其計算如下：

$$\$42,000 + \$18,000 + \$23,000 + \$24,000 = \$107,000$$

三、綜合題

15.1 廣豐公司自建廠房一棟，業已完成，並發生下列各項費用：

支付承包商現金	$1,800,000
建地成本	900,000
舊廠房拆卸成本	360,000
舊廠房拆卸廢料出售收入	90,000
營建期間耗用電費	36,000
購買建築材料之利息支出	18,000
自建資產利息資本化金額	54,000
變造及改良費等	64,000

試求：請分別計算土地與建築物的成本各為若干？

解：

	土 地	建 築 物
支付承包商現金		$1,800,000
建地成本	$ 900,000	
舊廠房拆卸成本	360,000	
舊廠房拆卸廢料出售收入	(90,000)	
營建期間耗用電費		36,000
自建資產利息資本化金額		54,000
變造及改良費等		64,000
合　計	$1,170,000	$1,954,000

購買建築材料之利息支出$18,000，不應予以資本化，應列為期間費用。

15.2 廣達公司購入卡車一部，支付定金$50,000，餘款採用分期付款的方式，分為 20 個月，每月$10,000，於一個月後開始支付，利率 24%。
試求：

(a)請計算卡車的成本，並列示其取得時的分錄。

(b)請列示支付第一個月分期付款的分錄。

解：

(a)計算卡車的成本：

$$卡車成本 = \$50,000 + \$10,000 \times P\,\overline{20}|2\%^*$$

$$= \$50,000 + \$10,000 \times 16.3514$$

$$= \$50,000 + \$163,514$$

$$= \$213,514$$

$$^*24\% \times \frac{1}{12} = 2\%$$

卡車取得的分錄:

運輸設備	213,514	
現金		50,000
應付款項		163,514

(b)一個月以後付款分錄:

應付款項	6,730	
利息支出	3,270	
現金		10,000

$$\$163,514 \times 24\% \times \frac{1}{12} = \$3,270$$

15.3 廣仁公司從事於自建廠房資產, 於 1996 年及 1997 年期間, 共支付 $900,000; 1998 年度均勻地支付$600,000, 至於 1998 年底完成。1998 年期間各項負債如下:

應付帳款平均餘額	$　150,000
應付債券: 10%	2,500,000
自建資產貸款: 12%	1,000,000

試求: 請完成下列各項:

(a)1998 年自建資產累積支出加權平均數。

(b)1998 年度實際利息費用。

(c)1998 年應予資本化利息費用（可避免利息費用）。

(d)1998 年資本化利息費用金額, 並列示資本化利息費用的分錄。

解:

(a) 1998 年自建資產累積支出加權平均數:

$$\$900,000 + \$600,000 \times \frac{1}{2} = \$1,200,000$$

(b) 1998 年度實際利息費用：

$$\$2,500,000 \times 10\% + \$1,000,000 \times 12\% = \$370,000$$

(c) 1998 年潛在資本化利息費用（可避免利息費用）：

$\$1,000,000 \times 12\% \times 1$ =	$120,000
$(\$1,200,000 - \$1,000,000) \times 10\%$=	20.000
合　計	$140,000

(d) 1998 年資本化利息費用應為$140,000，其資本化分錄如下：

建築物	140,000	
利息費用		140,000

15.4 廣大公司以舊機器（成本$400,000，備抵折舊$160,000）換入相同性質的新機器；已知舊機器的公平市價為$320,000，廣大公司另收入現金$60,000。

試求：請列示廣大公司交換機器時之分錄，並詳細列示各項數字的計算過程。

解：

1.認定損益的計算：

根據一般公認的會計原則（此處指 APB Opinion No. 29），對於相同資產的交換，如發生損失，基於會計上的保守原則，應全部予以認定。至於相同資產的交換，不能視為獲利程序的終點；因此，如相同資產的交換，如涉及一部份現金收入時，僅就現金收

入比例 [現金收入 ÷（現金收入 ＋ 換入資產公平市價)] 認定其利益。

⑴全部利益 ＝ 換出資產公平市價 － 換出資產帳面價值

$$= \$320,000 - (\$400,000 - \$160,000)$$

$$= \$80,000$$

⑵認定利益 $= \dfrac{現金收入}{現金收入 + 換入資產公平市價} \times 全部利益$

$$= \dfrac{\$60,000}{\$60,000 + \$260,000^*} \times \$80,000$$

$$= \$15,000$$

*$320,000 － $60,000 ＝ $260,000

2.換入資產的評價:

換入資產應按公平市價減現金收入及遞延利益後之餘額，作為評價基礎; 其計算如下:

換入資產（評價）＝ $320,000 － $60,000 － ($80,000 － $15,000)

$$= \$195,000$$

上項計算亦可按換入資產公平市價減遞延利益的方式求得之。

3.資產交換分錄:

機器（新）	195,000	
備抵折舊 —— 機器	160,000	
現金	60,000	
機器（舊）		400,000
資產交換利益		15,000

15.5 廣友公司於 1998 年 1 月初起，自建辦公大樓提供自用，符合利息資本化的條件; 1998 年 1 月初，即已支出$3,600,000; 另於當年度，

均勻地支出$960,000。下列各項負債，於 1998 年度繼續存在：

 1.自建資產專案貸款$2,400,000，利率 12%。

 2.應付票據$1,800,000，利率 10%。

 3.應付公司債$1,200,000，利率 9%。

已知該項自建資產於 1998 年 12 月 31 日完工，次年元旦遷入。

試求：

　(a)請計算廣友公司 1998 年度資本化利息金額。

　(b)列示 1998 年 12 月 31 日資本化利息的分錄。

解：

(a)計算資本化利息金額：

　(1)第一步：計算實際利息如下：

$$
\begin{aligned}
\$2,400,000 \times 12\% \times 1 &= \quad \$288,000 \\
1,800,000 \times 10\% \times 1 &= \quad 180,000 \\
1,200,000 \times 9\% \times 1 &= \quad 108,000
\end{aligned}
$$

　　　　　　　　　合　計　　　　　$576,000

　(2)第二步：計算自建資產累積支出加權平均數：

$$\$3,600,000 \times 1 + \$960,000 \times \frac{1}{2} = \$4,080,000$$

或：$(\$3,600,000 + \$4,560,000) \div 2 = \$4,080,000$

　(3)第三步：計算潛在資本化利息（可避免利息）：

$$
\begin{aligned}
\$2,400,000 \times 12\% \times 1 \quad\quad\quad &= \quad \$288,000 \\
(\$4,080,000 - \$2,400,000) \times 9.6\%^* &= \quad 161,280
\end{aligned}
$$

　　　　　　　合　計　　　　　　　　$449,280

　　*$(\$180,000 + \$108,000) \div (\$1,800,000 + \$1,200,000) = 9.6\%$

(4)第四步：比較可避免利息（如不自建資產即不發生之利息）與
　　實際利息，可避免利息不得超過實際利息；本題可避免利息
　　$449,280，小於實際利息$576,000，故可按可避免利息資本化。

(b)資本化利息分錄：

建築物（辦公大樓）	449,280	
利息費用		449,280

15.6 廣隆公司於 1998 年 1 月初，自建廠房一座，提供營業上使用；有
　　關資料如下：

　1.公司債務：

　　(1)1998 年 1 月 2 日，獲准自建廠房專案貸款$3,000,000，利率
　　　10%。

　　(2)1996 年 1 月 3 日起五年期抵押貸款$2,000,000，利率 12%；此
　　　項貸款與自建廠房無關。

　2.自建廠房支出：

　　(1) 1998 年 1 月 2 日支出$2,500,000。

　　(2) 1998 年度均勻地支出$5,600,000。

　3.自建廠房於 1998 年 12 月 31 日完成，次年初開始啟用。

　試求：

　　(a)計算廣隆公司 1998 年度資本化利息費用金額。

　　(b)列示 1998 年 12 月 31 日資本化利息分錄。

　　(c)假定廣隆公司自建廠房的公平市價為$8,400,000，則該公司1998
　　　年 12 月 31 日自建廠房的評價基礎應為若干？請列示其評價的
　　　分錄。

解：

　(a)計算資本化利息費用金額：

(1)第一步：計算實際利息：

$$\$3,000,000 \times 10\% \times 1 = \$300,000$$
$$2,000,000 \times 12\% \times 1 = \underline{\quad 240,000}$$

合　計　　　　　　　　　　$\underline{\$540,000}$

(2)第二步：計算自建廠房累積支出加權平均數：

$$\$2,500,000 \times 1 + \$5,600,000 \times \frac{1}{2} = \$5,300,000$$
$$或：(\$2,500,000 + \$8,100,000) \div 2 = \$5,300,000$$

(3)第三步：計算潛在資本化利息（可避免利息）：

$$\$3,000,000 \times 10\% \qquad\qquad = \$300,000$$
$$(\$5,300,000 - \$3,000,000) \times 12\% = \underline{\quad 276,000}$$

合　計　　　　　　　　　　$\underline{\$576,000}$

(4)第四步：比較潛在資本化利息與實際利息，潛在資本化利息不得大於實際利息，否則應改按實際利息為準。本題潛在資本化利息為$576,000，大於實際利息$540,000，故應改按實際利息為資本化基礎。

(b)資本化利息分錄：

建築物（廠房）　　　　　　　　540,000
　　利息費用　　　　　　　　　　　　　　　540,000

(c)根據一般公認的會計原則，自建資產以其公平市價為評價基礎；如其總成本超過公平市價時，視為自建資產發生不經濟或因無效率而產生，應認定為損失。然而，自建資產的總成本如低於其公

平市價時，基於保守原則，仍以其較低的總成本為評價基礎，不予認定自建資產成本節省的利益。

本題自建廠房的總成本為$8,640,000 ($2,500,000 ＋ $8,600,000 ＋ $540,000)，高於其公平市價$8,400,000，故應改按公平市價評價；其評價時的分錄如下（假定包括上述資本化利息在內的成本，均先記入在建廠房科目）：

建築物（廠房）	8,400,000	
自建資產損失	240,000	
在建廠房		8,640,000

第十六章　長期性資產㈡：折舊與折耗

一、問答題

1. 解釋並比較折舊、折耗、與攤銷。

解：

折舊係指企業對於所擁有各項提供營業上長期使用的有形廠產設備成本，按有系統及合理方法，分攤於各使用期間的一種會計處理程序。折耗係指各項天然資源，因開採而使其儲藏量逐漸減少，以至於殆盡者，此項逐漸減少的部份，稱為折耗。攤銷係指各項無形資產的成本，按有系統及合理的方法，予以攤入各受益期間的一種會計程序。

2. 發生折舊的原因為何？請詳述之。

解：

(1)物質上的因素：

此乃長期性資產由於物質上原因而發生折舊的情形。又可分為：

a.因營業上使用而磨損。

b.因時間因素而自然耗損。

c.因意外事故例如水災、火災等而遭致毀損。

(2)經濟上的因素：

此乃長期性資產由於使用不經濟或功能上原因，已不值得再繼續使用，故亦稱為功能因素。復可分為：

a.不敷使用：企業所擁有的長期性資產，往往為配合某一特定的營業範圍而設置；倘由於企業的經營規模不斷成長，其營業範圍日漸擴大，致使原有的長期性資產失去效能。

b.已被取代：由於產品革新與技術改良，促使新產品取代舊產品的使用。

c.過時不適用：凡非屬於上述兩種原因所造成過時不適用的情形。

3.提列折舊何以並非資產評價的方法？

解：

折舊費用係根據成本減預計殘值後之餘額，作為計算基礎，除少數特殊情形外，否則不以重評價、市價、或現時價值為依據；因此，長期性資產的帳面價值（資產成本減備抵折舊），往往不等於其市場價值；由此可知，提列折舊並非評價的方法。

4.提列折舊對財務報表發生何種影響？試述之。

解：

⑴折舊對損益表的影響：

折舊對損益表的影響，端視買賣業與製造業而有所不同。就買賣業而言，每期的折舊費用由資產負債表轉入損益表內，直接沖抵當期的稅前淨利。

就製造業而言，每期轉入製造成本的折舊費用，如產品已製造完成並予出售時，再由製造成本轉入銷貨成本而列報於當期損益表內；其未完工或未銷售的部份，則仍留存於期末存貨的成本中，並列報於資產負債表內。

⑵折舊對股東權益變動表的影響：

企業因提列折舊而減少淨利並少繳所得稅費用，使當期的保留盈餘相對地減少，可分配給股東的股利分配數因而減少；故當一項長期性資產耗用殆盡時，已有相當於該項資產取得成本的現金被保留下來，其中涵蓋一部份未分配給股東，另外一部份少繳稅。可用符號列示如下：

c：成本；c_1：未分配給股東部份；c_2：少繳稅部份；t：稅率

$c_1 = c(1 - t)$

$c_2 = c \cdot t$

由上述可知，由於折舊之提列，使一項資產在存續期間內各期之股東權益變動表內，少列總額等於 c_1（資產取得成本減所得稅 c_2）的保留盈餘。此項保留盈餘因不存在而不分配給股東，因而增加企業的現金。

⑶折舊對現金流量表的影響：

折舊費用是一項非付現成本（取得時已一次付現），故於營業過程中所產生的現金流量，於超出營業成本後，其剩餘部份，即為來自淨利與折舊的現金流量；當企業發放現金股利後，來自淨利的現金流量，由企業轉入股東手中，來自折舊的現金流量，則被保留下來。因此，吾人於編製現金流量表時，要把折舊費用與其他同性質的遞耗資產折耗及無形資產攤銷等費用，加入淨利項下，以計算來自營業活動的現金流量。

5. 計算折舊係由那些因素決定之？

解：

(1)取得成本

(2)預計殘值

(3)預計耐用年數

(4)選擇計算折舊的適當方法

6. 提列折舊與重置新資產的關係如何？請說明之。

解：

從表面上而言，提列折舊並非提存特定金額的基金，作為重置新資產之用；惟就實質上而言，折舊是一項非現金費用，可抵減收入，減少淨利，一方面少繳稅，另一方面減少股利分配，使資金留存企業內部，補強其財力，使企業有能力重置新資產。

7. 採用直線法與產量法計算折舊時，對製造業的產品單位成本，具有何種不同的影響？

解：

在直線法之下，折舊總額是固定的，然而其單位成本將隨產量之增減變動而改變，是變動的；反之，在產量法之下，折舊總額是變動的，隨產量之變動而改變，然而其單位成本則是固定不變的。因此，上項差異對製造業產品單位成本，具有決定性的影響；故採用直線法或產量法，對製造業產品價格的釐定、成本控制及管理決策等，均具有重要的參考價值。

8. 何謂加速折舊法？在何種情況下適合採用加速折舊法？

解：

稱加速折舊法者，係指在一項長期性資產使用的期間內，愈早期提列愈多的折舊費用，愈晚期提列愈少的折舊費用，藉以加速資產使

用成本的分攤，俾能在短期間內，將資產折舊殆盡。

主張採用加速折舊法的原因很多，茲列舉如下：

⑴在一項長期性資產使用的期間內，早期所提供的效率，通常較其後期為大，故早期自應比後期負擔較多的折舊費用。

⑵一項資產早期的修護成本，一般較其後期者為小；為使成本的分攤趨於均勻起見，早期應提列較後期為多的折舊費用，故實有採用加速折舊法的必要。

⑶採用加速折舊法將使企業後期的折舊費用提前於早期提列；早期的折舊費用增加，淨利減少，則所得稅的負擔減輕；後期的折舊費用減少，淨利增加，則所得稅的負擔加重，從表面上看起來，雖然早期所得稅減輕負擔的部份，可能為後期所得稅增加負擔的部份所抵銷，其實因稅負減少在先，增加在後，由於時間價值之不同，等於使企業獲得了一筆無息的貸款一樣。

⑷在工商業高度發展的今日，由於產品的不斷創新與技術的日益改良，使一項長期性資產因經濟因素對其折舊的影響，遠超過物質因素；因此，企業如採用加速折舊法時，可儘速提早將資產成本分攤殆盡，俾能減少因汰舊換新所發生的損失。

9. 加倍定率餘額遞減法與年數合計反比法，孰者於第一年提列較多之折舊費用？

解：

在加倍定率餘額遞減法之下，第一年提存率為 $\frac{2}{N}$；在年數合計反比法之下，第一年提存率為 $\frac{N}{N/2(n+1)}$。設 $N = 5$，則前者為 0.4，後者為 0.33；如不考慮殘值時，顯然前者大於後者。

10. 不完整年度的折舊費用應如何計算？

解：

首先計算完整年度的折舊費用，然後依當年度所佔完整年度的比例，分別計算其折舊費用，歸由兩個不同會計年度負擔。

11. 何謂分類折舊？何謂綜合折舊？

解：

(1)分類折舊：凡長期性資產具有相同的性質，或其耐用年數相近者，各組成一類，並按單一分類折舊率，乘以該類資產的集合成本，即可求得應提列的折舊數額，此稱為分類折舊法。

(2)綜合折舊：所謂綜合折舊，係根據分類折舊的原理，將不同種類及不同耐用年數的長期性資產，計算其綜合折舊率，再乘以其綜合成本，即可求得其應提列的折舊數額，此稱為綜合折舊法。

12. 折舊方法的選擇對企業現金流量具有何種不同的影響？

解：

採用不同的折舊決策，可影響企業的營業淨利，進而影響所得稅、保留盈餘及現金股利等，使現金流量深受其影響。

13. 何謂資產受創損失？在何種情況下應認定資產受創損失？資產受創損失應如何計算？

解：

由於科技發展迅速，促使長期性資產的價值，可能於瞬間劇減。因此而造成的損失，稱為資產受創損失。

凡發生下列事項時，應審查資產可能發生受創情形：

(1)資產的市場價值劇烈下降。

(2)資產的使用方法或物體形態發生變化。

(3)由於政府法令或企業經營環境的變化，使資產的價值深受影響。

(4)資產的購建成本與預算成本發生重大差距。

(5)來自資產的營收或現金流量發生重大損失。

測試是否發生資產受創的方法如下：

$$可回收價值 < 帳面價值 \quad （資產受創已發生）$$

一旦發生資產受創情形，應按下列程序處理：

(1)將資產的帳面價值減低至公平價值，並認定為受創損失；其計算方式如下：

$$資產受創損失 = 帳面價值 - 公平價值$$

(2)帳面價值係指載至資產受創損失確定之日，資產成本減去備抵折舊後的餘額。

(3)公平價值係指資產受創損失確定之日，該項資產可出售的市價。

14. 折舊目錄具有何種功能？

解：

當企業所擁有每一類長期性資產的項目為數不多時，可使用折舊目錄，或稱為折舊分攤表，藉以簡化以後年度折舊額之計算，並提供各項資產成本及其相對應備抵折舊的連續記錄。

15. 何謂折耗？計算折耗的基礎為何？

解：

所謂折耗，係指各項天然資源（或稱遞耗資產），諸如礦山、油井、砂石場、森林等，因開採而使其儲藏量逐期減少，以至於殆盡者；

此項逐漸減少的部份，會計上稱為折耗或耗竭。故折耗亦如同折舊一樣，為有系統而又合理的方法以分攤遞耗資產之成本至各受益期間內。

遞耗資產之折耗基礎，通常以該項資產之取得成本減去經開採殆盡後土地的剩餘價值。

在若干情況下，發現資產的成本不足以表示該項天然資源之實際價值時，應放棄成本原則，改按公平價值評價，以作為計算折耗的基礎。

16. 計算折耗的方法有那些？試述之。

解：

　(1)成本折耗法：此法對於折耗的計算，除若干特殊的情況以外，完全以遞耗資產的取得成本為根據。

　(2)法定折耗率或百分率折耗法：此法係由稅法或有關法令規定，除森林以外之各項天然資源折耗額的計算，係按實際出售產品收入總額的百分率為標準，而不考慮其取得成本多寡或生產數量為若干，故一般又稱為收益法。

17. 解釋下列各名詞：

　(1)折舊會計 (depreciation accounting)。

　(2)過時不適用 (obsolescence)。

　(3)折舊基礎 (depreciation base)。

　(4)資產受創 (asset impairment)。

解：

　(1)折舊會計：企業取得一項長期性資產之目的，在於提供營業上長期使用，俾逐年產生收入；因此，基於費用配合收入原則，一般

公認的會計原則, 乃要求企業將長期性資產的成本, 於扣除預計殘值後, 按有系統及合理的方法, 分攤於各受益期間內, 使費用與收入達到密切配合的目標; 此種分攤成本的方法, 一般又稱為折舊會計。

⑵過時不適用: 凡一項舊資產由於新型資產的出現, 如再繼續使用時, 將發生不經濟的情形。

⑶折舊基礎: 取得成本減預計殘值後, 即為計算折舊的基礎; 在若干情況下, 當一項長期性資產廢棄時, 並無任何殘值, 則其取得成本即為折舊基礎。

⑷資產受創: 由於科技發展迅速, 促使長期性資產的價值, 可能於瞬間劇減, 此情況稱為資產受創。

二、選擇題

16.1　A 公司於 1998 年 1 月 2 日, 購入一項機器時, 支付定金$20,000, 並簽訂一項 2 年期的分期付款契約, 每月份支付現金$10,000; 該項機器如按現金購買時, 其購價為$220,000; 機器預計使用年數為 5 年, 殘值$10,000, 採用直線法提列折舊。1998 年度應提列折舊費用為若干?

(a)$42,000

(b)$44,000

(c)$50,000

(d)$52,000

解: (a)

機器應按歷史成本列帳, 所謂歷史成本乃取得機器的現金或等值現

金價值；因此，本題的機器價值應為$220,000，其取得時應分錄如下：

機器	220,000	
應付帳款折價	40,000	
分期應付帳款		240,000

1998 年度的折舊費用計算如下：

$$(\$220,000 - \$10,000) \times \frac{1}{5} = \$42,000$$

16.2　B 公司於 1996 年 1 月初，購入一項設備成本$200,000，預計可使用 5 年，按加倍定率餘額遞減法提列折舊 2 年後，又改變採用直線法。1998 年 12 月 31 日，B 公司於提列上項設備的折舊費用後，其備抵折舊帳戶餘額應為若干？

(a)$120,000

(b)$152,000

(c)$156,800

(d)$168,000

解：(b)

按加倍定率餘額遞減法提列 2 年度的備抵折舊如下：

1996 年度：	$(\$200,000 - 0) \times \dfrac{2}{5} =$	$ 80,000
1997 年度：	$(\$200,000 - \$80,000) \times \dfrac{2}{5} =$	48,000
合　計		$128,000

按直線法提列備抵折舊如下：

1998 年度：　$(\$200,000 - \$128,000) \times \dfrac{1}{3} = \underline{\underline{\$24,000}}$

因此，1998 年 12 月 31 日備抵折舊金額為$152,000 ($128,000+$24,000)。

16.3　C 公司對於長期性資產，通常於購入年度提列全年度折舊費用，惟於資產處分年度則不提列折舊費用；1998 年 12 月 31 日，有關某項設備之資料如下：

購入年度	1996 年
成本	$440,000
預計殘值	80,000
備抵折舊	288,000
預計使用年數	5 年

已知 C 公司自 1996 年起，即繼續採用相同的折舊方法。1998 年度，C 公司應提列折舊費用為若干？

(a)$48,000

(b)$72,000

(c)$88,000

(d)$96,000

解：(a)

C公司自 1996 年度起，即採用年數合計反比法，其計算如下：

$$1996 \text{ 年度}: \quad (\$440,000 - \$80,000) \times \frac{5}{15}* = \quad \$120,000$$

$$1997 \text{ 年度}: \quad (\$440,000 - \$80,000) \times \frac{4}{15} = \quad 96,000$$

$$1998 \text{ 年度}: \quad (\$440,000 - \$80,000) \times \frac{3}{15} = \quad \underline{72,000}$$

合　計　　　　　　　　　　　　　　　　　　$\underline{\$288,000}$

$*\frac{5}{2}(5+1) = 15$

1998 年度，　C 公司應提列折舊費用如下：

$$(\$440,000 - \$80,000) \times \frac{2}{15} = \underline{\$48,000}$$

16.4　D 公司於 1996 年 1 月初，購入某項機器成本$528,000，預計可使用 8 年，無殘值; 俟 1999 年 1 月初，發現該項機器自購入後，僅能使用 6 年，估計殘值為$48,000。D 公司乃於1998 年度開始，按新的預計年數計算折舊。1999 年 12 月31 日，機器的備抵折舊餘額應為若干?

(a)$352,000

(b)$320,000

(c)$308,000

(d)$292,000

解: (d)

1999 年 12 月 31 日，機器的備抵折舊餘額為$292,000，其計算如下:

1996 年度至 1998 年度，提列備抵折舊如下:

$$\$528,000 \times \frac{1}{8} \times 3 = \$198,000$$

1998 年 12 月 31 日的帳面價值:

$528,000 - $198,000 = $330,000$

1999 年度應提列折舊費用：

$($330,000 - $48,000) \times \dfrac{1}{3} = $94,000$

1999 年 12 月 31 日機器備抵折舊餘額：

$198,000 + $94,000 = $292,000$

16.5　E 公司採用直線法提列折舊費用，其有關資料如下：

	12/31/97	12/31/98
土地	$ 200,000	$ 200,000
建築物	780,000	780,000
機器設備	2,600,000	2,780,000
	$3,580,000	$3,760,000
減：備抵折舊	1,480,000	1,600,000
	$2,100,000	$2,160,000

E 公司於 1997 年度及 1998 年度，分別提列折舊費用$200,000及
$220,000。E 公司 1998 年度處分長期性資產的金額為若干？

(a)$160,000

(b)$125,000

(c)$100,000

(d)$40,000

解：(c)

　　E 公司 1998 年度處分長期性資產的金額為$100,000，其計算可採用
下列方式：

備抵折舊

	12/31/97	1,480,000
	1998 年度提列	220,000
1998 年度處分資產 $= x$		
	12/31/98	1,600,000

$$\$1,480,000 + \$220,000 - x = \$1,600,000$$
$$x = \$100,000$$

16.6　F 公司於 1996 年 8 月 31 日取得一項機器成本$640,000，可使用 5 年，預計殘值$100,000，按直線法提列折舊。1999 年 5 月 31 日，預計未來可收回價值$300,000，機器帳面價值$270,000，惟無殘值。1999 年 5 月 31 日，已確定機器受創損失。1999 年 6 月份，F 公司應提列折舊費用若干？

　　(a)$12,704

　　(b)$10,000

　　(c)$9,000

　　(d)$6,296

解：(b)

　　根據第 121 號財務會計準則聲明書第 11 段的規定：「一旦認定資產受創損失後，已降低的資產帳面價值，將作為資產的新成本」；上項新成本，應於剩餘的使用期間內，予以折舊。

　　本題 F 公司 1999 年 5 月 31 日止，已提列備抵折舊$297,000；其計算如下：

1996 年度: $(\$640,000 - \$100,000) \times \dfrac{1}{5} \times \dfrac{4}{12} =$ $36,000

1997 年度: $(\$640,000 - \$100,000) \times \dfrac{1}{5} =$ 108,000

1998 年度: $(\$640,000 - \$100,000) \times \dfrac{1}{5} =$ 108,000

1999 年度: $(\$640,000 - \$100,000) \times \dfrac{1}{5} \times \dfrac{5}{12} =$ 45,000

合 計 $297,000

1999 年 5 月 31 日機器帳面價值 $343,000 ($640,000 – $297,000),資產公平價值$270,000,應認定資產受創損失$73,000。資產公平價值將成為機器的新成本,並於剩餘期間 27 (60–33) 個月內折舊,每月提列 $10,000 ($270,000 ÷ 27);故 1999 年 6 月份應提列折舊費用 $10,000。

16.7 1998 年 12 月間, G 公司的機器設備價值突然劇減; 俟 1998 年 12 月 31 日, 其有關資料如下:

機器設備成本	$900,000
備抵折舊	540,000
預期未來現金流入量（未折現）	315,000
公平價值	225,000

G 公司於 1998 年 12 月 31 日編製損益表時, 應列報機器受創損失若干?

(a)$135,000

(b)$45,000

(c)$585,000

(d)$675,000

解: (a)

G 公司於 1998 年 12 月 31 日，機器設備的預期未來現金流入量（未折現）$315,000，低於其帳面價值 $360,000 ($900,000 – $540,000)，應認定已發生機器受創損失$135,000，其計算如下：

帳面價值	$ 360,000
公平價值	(225,000)
機器受創損失	$ 135,000

1998 年 12 月 31 日應作成分錄如下：

機器受創損失	135,000	
備抵折舊 —— 機器設備		135,000

16.8　H 公司於 1998 年 10 月 31 日，收到政府強制徵收之補償金$900,000；該公司原來擁有倉庫一座，包括土地在內的帳面價值$550,000，因拓寬道路而被政府強制徵收。H 公司於收到補償金後，另覓地並購入一片土地成本$600,000。1998 年 12 月 31 日，H 公司應列報倉庫被徵收利益為若干？

(a)$–0–

(b)$100,000

(c)$350,000

(d)$650,000

解: (c)

根據第 30 號財務會計準則說明書 (FASB Interpretation No. 30) 指出：「當一項非貨幣性資產，在非自願情況之下，被迫移轉為貨幣性資產，雖然該項貨幣性資產有義務或自願被應用於重新購入非貨幣性

資產，企業仍然應認定此項非自願資產移轉所發生的損益。」本題
倉庫被徵收損益計算如下：

徵收補償金	$ 900,000
倉庫及土地帳面價值	(550,000)
利益	$ 350,000

16.9　J 公司擁有一輛運貨卡車，於 1998 年 7 月 1 日發生車禍，受損頗
　　　鉅，當時卡車的帳面價值為$100,000；該公司於 1998 年 6 月底，
　　　剛委託某汽車修理廠換裝新引擎並完成例行性的維護工作，惟帳
　　　單於 1998 年 7 月 10 日才送來，列示引擎成本 $28,000 及修理費
　　　$8,000。1998 年 8 月初，J 公司獲得保險公司賠償金$140,000，J 公
　　　司擬將該款項用於另購入新卡車之需。J 公司於 1998 年 12 月 31
　　　日的損益表內，應列報若干此項卡車意外事件之利益（損失）？
　　　(a)$40,000
　　　(b)$12,000
　　　(c)$–0–
　　　(d)$(8,000)

解：(b)

　　　根據第 30 號財務會計準則說明書 (FASB Interpretation No. 30) 指出：
　　　「當一項非貨幣性資產，在非自願情況之下，被迫移轉為貨幣性資
　　　產，雖然該項貨幣性資產有義務或自願被應用於重新購入非貨幣性
　　　資產，企業仍應認定此項非自願資產移轉所發生的損益。」
　　　本題卡車發生車禍的損益可計算如下：

保險賠償收入		$ 140,000
減：卡車帳面價值	$100,000	
未記錄引擎成本	28,000	(128,000)
卡車非自願移轉利益		$ 12,000

例行性修理費$8,000，屬於收益支出，應列為費用，與卡車帳面價值無關，故不予加入卡車成本內。

16.10 K 公司擁有下列三種類型的長期性資產：

型式	成　本	殘　值	使用年數
A	$120,000	$3,000	10
B	150,000	6,000	8
C	60,000	9,000	6

K 公司綜合折舊率及綜合耐用年數分別為若干？

	綜合折舊率	綜合耐用年數
(a)	10　%	8.500
(b)	11.3%	8.053
(c)	12.0%	7.500
(d)	12.3%	7.053

解：(b)

綜合折舊率及綜合耐用年數可分別計算如下：

型式	成　本	殘　值	折舊基礎	耐用年數	每年折舊金額
A	$ 360,000	$30,000	$330,000	10	$ 33,000
B	450,000	50,000	400,000	8	50,000
C	190,000	10,000	180,000	6	30,000
合計	$1,000,000	$90,000	$910,000		$113,000

綜合折舊率 = $113,000 ÷ $1,000,000 = 11.3%

綜合耐用年數 = $910,000 ÷ $113,000 = 8.053 （年）

16.11 L 公司於 1996 年 7 月 1 日，取得一項機器成本$61,000，預計殘值 $1,000，可使用 3 年，如採用年數合計反比法提列折舊，則 1996 年 度及 1999 年度的折舊費用分別為若干?

	1996 年度	1999 年度
(a)	$20,000	$　–0–
(b)	15,000	5,000
(c)	10,000	10,000
(d)	5,000	15,000

解: (b)

1996 年度及 1999 年度的折舊費用分別為 $15,000 及$5,000；其計算 如下:

完整年度	年數合計反比法完整年度折舊費用
7/1/96–6/30/97	$($61,000 - $1,000) \times \dfrac{3}{6} = $30,000$
7/1/97–6/30/98	$($61,000 - $1,000) \times \dfrac{2}{6} = 20,000$
7/1/98–6/30/99	$($61,000 - $1,000) \times \dfrac{1}{6} = 10,000$

1996 年度折舊費用:

$$\$30,000 \times \frac{1}{2} = \underline{\$15,000}$$

1999 年度折舊費用：

$$\$10,000 \times \frac{1}{2} = \underline{\$5,000}$$

16.12 M公司於 1998年初購入礦山一座，成本\$5,280,000，煤儲藏量 1,200,000 噸；煤礦經過開採完了後，應予恢復原狀，另需支付成本 \$360,000，惟經過整理後，預計可出售\$600,000。1998 年度，另支付開發成本 \$720,000，產量 60,000 噸。1998 年度之損益表內，M 公司應列報折耗若干？

(a)\$270,000

(b)\$288,000

(c)\$300,000

(d)\$318,000

解：(b)

本題第一步先計算折耗基礎如下：

礦山成本	\$5,280,000
開發成本	720,000
恢復成本	360,000
殘值	(600,000)
合計	\$5,760,000

第二步再計算 1998 年度應提列折耗金額：

$$折耗 = \$5,760,000 \times \frac{60}{1,200}$$

$$= \$288,000$$

三、綜合題

16.1 東和公司於 1996 年 1 月 1 日，購入一項特殊生產設備，成本
$204,000。由於此項設備之生產技術進步迅速，預期於 4 年後予以
報廢，估計殘值$62,000，惟將發生處置費用$18,000。

有關該項設備之資料如下：

預計使用時間：

年數	4
工作時數	20,000

實際工作時數：

年　度	時　數
1996	5,500
1997	5,000
1998	4,800
1999	4,600

試求：

　㈎假定東和公司會計年度採用曆年制；請按工作時間法為該公司
　　編製折舊分錄及折舊表。

　㈏試按下列各種方法計算該公司前兩年度之折舊費用：

　　⑴直線法。

　　⑵年數合計反比法。

　　⑶定率餘額遞減法 (30%)。

(4)加倍定率餘額遞減法。

解:

(a)

折舊分錄及折舊表 —— 工作時數法

年度	工作時間	（借）折舊	（貸）備抵折舊	備抵折舊累積數	帳面價值
					$204,000
1996	5,500	$ 44,000*	$ 44,000	$ 44,000	160,000
1997	5,000	40,000	40,000	84,000	120,000
1998	4,800	38,400	38,400	122,400	81,600
1999	4,600	36,800	36,800	159,200	44,800**
合 計	19,900	$159,200	$159,200		

*每小時折舊率 $= \dfrac{\$204,000 - (\$62,000 - \$18,000)}{20,000} = \$8$

$\$8 \times 5,500 = \$44,000$

**少提折舊$800 [\$44,800 - (\$62,000 - \$18,000)]，係由於實際工作時間比
預計工作時間減少 100 小時 (20,000 - 19,900) 所致；其計算如下：
$\$8 \times 100 = \$800$

(b)(1)直線法：

第一年及第二年： [\$204,000 - (\$62,000 - \$18,000)] ÷ 4

$= \$40,000$（每年）

(2)年數合計反比法：

第一年： [\$204,000 - (\$62,000 - \$18,000)] $\times \dfrac{4}{10} = \$64,000$

第二年： [\$204,000 - (\$62,000 - \$18,000)] $\times \dfrac{3}{10} = \$48,000$

(3)定率餘額遞減法 (30%)：

第一年： $\$204,000 \times 30\% = \$61,200$

第二年：$(\$204,000 - \$61,200) \times 30\% = \$42,840$

(4)加倍定率餘額遞減法：

第一年：$\$204,000 \times 50\%^* = \$102,000$

第二年：$(\$204,000 - \$102,000) \times 50\% = \$51,000$

*加倍定率餘額遞減法折舊率 $= \dfrac{1}{n} \times 2 = \dfrac{1}{4} \times 2 = 50\%$

16.2 三和公司擁有一套廠房設備，其內容如下：

設備種類	成　　本	預計殘值	預計耐用年數
A	$149,000	$ 9,000	10
B	70,000	–0–	7
C	190,000	40,000	15
D	31,000	1,000	5
E	60,000	10,000	5

已知該公司採用綜合基礎以計算該項設備之折舊。

試求：

　(a)計算設備資產之綜合折舊率及綜合耐用年數，並列示第一年底提存折舊之分錄。

　(b)在第二年期間，由於性能上之原因，不得不將 B 設備予以換新。已知新設備成本$80,000，預計可使用 6 年，殘值$13,000；舊設備售價$40,000。請列示上列交易事項之有關分錄。

　(c)記錄第二年底提存折舊之分錄。

解：

　(a)

設備種類	成　　　本	預計殘值	可折舊成本	預計耐用年數	每年折舊額
A	$149,000	$ 9,000	$140,000	10	$14,000
B	70,000	–0–	70,000	7	10,000
C	190,000	40,000	150,000	15	10,000
D	31,000	1,000	30,000	5	6,000
E	60,000	10,000	50,000	5	10,000
	$500,000	$60,000	$440,000		$50,000

綜合折舊率$=\$50,000 \div \$500,000$

$\quad\quad\quad =10\%$

綜合折舊耐用年數$=\$440,000 \div \$50,000$

$\quad\quad\quad =8.8$ 年

第一年底提存折舊之分錄：

折舊費用	50,000	
備抵折舊 —— 設備		50,000

$\$500,000 \times 10\% = 50,000$

(b)(1)第二年出售設備之分錄：

現金	40,000	
備抵折舊 —— 設備	30,000	
設備 (B)		70,000

(2)購入新設備之分錄：

設備 (B)	80,000	
現金		80,000

(c)第二年底提存折舊之分錄：

折舊　　　　　　　　　　　　　　　　51,000

　　備抵折舊 —— 設備　　　　　　　　　　　　　51,000

($500,000 - $70,000 + $80,000) \times 10\% = $51,000

16.3 仁和公司於 1995 年 7 月 1 日，購入一項設備成本$680,000，預計可
　　　使用 4 年，殘值$40,000。

　　　試求：請分別按下列三種方法，計算 1995 年度至 1999 年度的折舊
　　　費用數額：

　　　(a)直線法

　　　(b)加倍定率餘額遞減法

　　　(c)年數合計反比法

解:

　　　(a)直線法：

$$1995 \text{ 年度:} \quad (\$680,000 - \$40,000) \times \frac{1}{4} \times \frac{1}{2} = \$\ 80,000$$

$$1996 \text{ 年度:} \quad (\$680,000 - \$40,000) \times \frac{1}{4} \qquad = \ 160,000$$

1998 年度

$$1999 \text{ 年度:} \quad (\$680,000 - \$40,000) \times \frac{1}{4} \times \frac{1}{2} = \ 80,000$$

　　　(b)加倍定率餘額遞減法：

$$7/1/95\text{--}6/30/96:\quad (\$680,000 - 0) \times \frac{2}{4} \quad = \quad \$340,000$$

$$7/1/96\text{--}6/30/97:\quad (\$680,000 - \$340,000) \times \frac{2}{4} \quad = \quad 170,000$$

$$7/1/97\text{--}6/30/98:\quad (\$680,000 - \$510,000) \times \frac{2}{4} \quad = \quad 85,000$$

$$7/1/98\text{--}6/30/99:\quad (\$680,000 - \$595 - \$40,000) \quad = \quad 45,000$$

$$1995 \text{ 年度}:\quad \$340,000 \times \frac{1}{2} \quad = \quad \$170,000$$

$$1996 \text{ 年度}:\quad \$340,000 \times \frac{1}{2} + \$170,000 \times \frac{1}{2} \quad = \quad \$255,000$$

$$1997 \text{ 年度}:\quad \$170,000 \times \frac{1}{2} + \$85,000 \times \frac{1}{2} \quad = \quad \$127,500$$

$$1998 \text{ 年度}:\quad \$85,000 \times \frac{1}{2} + \$45,000 \times \frac{1}{2} \quad = \quad \$\ 65,000$$

$$1999 \text{ 年度}:\quad \$45,000 \times \frac{1}{2} \quad = \quad \$\ 22,500$$

(c)年數合計反比法:

$$7/1/95\text{--}6/30/96:\quad (\$680,000 - \$40,000) \times \frac{4}{10} \quad = \quad \$256,000$$

$$7/1/96\text{--}6/30/97:\quad (\$680,000 - \$40,000) \times \frac{3}{10} \quad = \quad 192,000$$

$$7/1/97\text{--}6/30/98:\quad (\$680,000 - \$40,000) \times \frac{2}{10} \quad = \quad 128,000$$

$$7/1/98\text{--}6/30/99:\quad (\$680,000 - \$40,000) \times \frac{1}{10} \quad = \quad 64,000$$

$$1995 \text{ 年度}:\quad \$256,000 \times \frac{1}{2} \quad = \quad \$128,000$$

$$1996 \text{ 年度}:\quad \$256,000 \times \frac{1}{2} + \$192,000 \times \frac{1}{2} \quad = \quad \$224,000$$

$$1997 \text{ 年度}:\quad \$192,000 \times \frac{1}{2} + \$128,000 \times \frac{1}{2} \quad = \quad \$160,000$$

$$1998 \text{ 年度}:\quad \$128,000 \times \frac{1}{2} + \$64,000 \times \frac{1}{2} \quad = \quad \$\ 96,000$$

$$1999 \text{ 年度}:\quad \$64,000 \times \frac{1}{2} \quad = \quad \$\ 32,000$$

16.4 永和公司於 1997 年 1 月 2 日, 購入一項設備成本$102,000, 預計可使

用 5 年, 殘值$12,000, 採用年數合計反比法提列折舊; 俟 1999 年 1 月初, 永和公司認為此項設備的價值迅速降低, 預計未來的現金流入量, 包括殘值在內, 約為$30,000, 而當時之公平價值為$21,000。

試求: 請根據上列資料, 為永和公司完成:

　(a)計算 1999 年 1 月初設備受創損失金額。

　(b)列示認定設備受創損失的分錄。

　(c)列示 1999 年 12 月 31 日按年數合計反比法提列折舊的分錄。

解:

(a)計算設備受創損失金額:

設備成本	$102,000
減: 備抵折舊:	54,000
帳面價值: 1999 年 1 月 1 日	$ 48,000
減: 公平價值	21,000
受創損失	$ 27,000

備抵折舊:

$$1997 \text{ 年度}: \quad (\$102,000 - \$12,000) \times \frac{5}{15} = \$30,000$$

$$1998 \text{ 年度}: \quad (\$102,000 - \$12,000) \times \frac{4}{15} = \underline{\quad 24,000}$$

合　計　　　　　　　　　　　　　　　　$54,000

(b)認定設備受創損失分錄:

設備受創損失	27,000	
備抵折舊 —— 設備		27,000

(c)1999 年 12 月 31 日提列折舊分錄:

　　　折舊費用　　　　　　　　　　　　　4,500

　　　　備抵折舊 —— 設備　　　　　　　　　　　　4,500

$$(\$21,000 - \$12,000) \times \frac{3}{6} = \$4,500$$

　說明:

　　1.1999 年 1 月 1 日起, 設備的新成本為公平價值$21,000。

　　2.剩餘年數 3 年 (5–2), 其年數合計為 6 (1 + 2 + 3)。

16.5 福和公司的會計年度採用曆年制, 擬於 1998 年 12 月 31 日, 處分一項機器; 該項機器當時於提列折舊後的帳面價值為$250,000 (成本 $375,000, 備抵折舊$125,000), 其公平價值為$200,000, 預計處分資產成本$25,000。惟等待一年後, 仍未脫手, 俟 1999 年 12 月 31 日, 機器的公平價值及預計處分成本, 分別改變為$160,000 及$20,000。

試求: 請為福和公司完成下列各項:

　(a)計算 1998 年 12 月 31 日的機器受創損失金額及其認定損失的分錄。

　(b)調整 1999 年 12 月 31 日機器受創損失金額及其必要的分錄。

解:

　(a)1998 年 12 月 31 日:

機器帳面價值: ($375,000 – $125,000)		$250,000
減: 公平價值	$200,000	
預計處分成本	(25,000)	175,000
受創損失		$ 75,000

　　　機器受創損失　　　　　　75,000

　　　　備抵折舊 —— 機器　　　　　　75,000

　(b)1999 年 12 月 31 日:

機器新成本：公平價值淨額　$175,000
減：新公平價值　$160,000
　　預計處分成本　(20,000)　140,000
受創損失調整數　　　　　　$ 35,000

機器受創損失	35,000	
備抵折舊 —— 機器		35,000

16.6 人和礦業公司於 1996 年 1 月初，購入礦山一座之成本$3,600,000，預計可生產礦產 200,000 噸。礦產於全部開採完了時，礦山必須加以填平與整理，才能配合環保的要求，預計尚須耗用成本$300,000，惟經整理後之殘值為$750,000。開山築路等各項開發成本為$1,100,000；搭建礦地工房成本$150,000，預計其耐用年數足供開發此項礦產之用。1996 年開始採礦作業，共採礦 60,000 噸；1997 年度，因僱用工人不易，當年度僅開採 40,000 噸。自 1998 年開始，重新估計尚可開採 180,000 噸；1998 年度開採 58,000 噸。

試求：請為人和礦業公司記錄自 1996 年 1 月初，購入礦山、支付開發成本及各年度提列折耗的各項分錄。

解：

1996 年度購入時：

遞耗資產 —— 礦山	3,600,000	
現金（或應付帳款等）		3,600,000

1996 年度支付開發成本時：

遞耗資產 —— 礦山	1,100,000	
現金（或應付帳款等）		1,100,000

1996 年度搭建工房時：

遞耗資產 —— 礦山*	150,000	
現金（或應付帳款等）		150,000

*此項工房因耐用年數足供開發礦產之用，故逕列入遞耗資產帳戶；惟亦可另記入房屋帳戶。

1996 年底提列折耗分錄：

折耗	1,320,000	
備抵折耗 —— 遞耗資產		1,320,000

計算如下：

$$(\$3,600,000+\$300,000+\$1,100,000+\$150,000-\$750,000) \div 200,000$$

$$= \$4,400,000 \div 200,000$$

$$= \$22 \cdots\cdots\cdots\cdots\cdots\cdots 1996 \text{ 年度每噸礦產折耗費用}$$

$$\$22 \times 60,000 = \$1,320,000 \cdots\cdots\cdots 1996 \text{ 年度折耗費用}$$

1997 年底提列折耗分錄：

折耗	880,000	
備抵折耗 —— 遞耗資產		880,000

計算如下：

$$\$22 \times 40,000 = \$880,000$$

1998 年度提列折耗分錄：

折耗	797,500	
備抵折耗 —— 遞耗資產		797,500

$$[\$4,400,000 - (\$1,320,000 + \$880,000)] \div 160,000 = \$13.75$$

$$\$13.75 \times 58,000 = \$797,500$$

16.7 中和公司於民國 87 年 10 月 1 日開始營業；該公司會計部門所提供

的不完整折舊表如下：

折　舊　表

民國 88 年及 89 年 9 月 30 日（會計年度終止日）

資　產	取得日期	成　　本	殘　值	折舊方法	預計耐用年數	折舊費用：9/30 年度終了 88 年	89 年
土地#1	87年10月1日	$(a)	*	*	*	*	*
房屋#1	87年10月1日	(b)	$47,500	直　線　法	(c)	$14,000	$(d)
土地#2	87年10月2日	(e)	*	*	*	*	*
房屋#2	營建中	210,000（至當時止）	–0–	直　線　法	30	–0–	(f)
捐贈設備	87年10月2日	(g)	2,000	18.78% 定率餘額遞減法	10	(h)	(i)
機器#1	87年10月2日	(j)	5,500	年數合計反　比　法	10	(k)	(l)
機器#2	88年10月1日	(m)	–0–	直　線　法	12	–0–	(n)

*不適用

該公司會計人員因經驗不足，特敦聘　台端協助完成上項折舊表。
台端經確定上表所列資料均屬正確外，另獲得下列各項資料：

1.折舊係按取得之第 1 個月至處置之第 1 個月計算。

2.土地#1 及房屋#1 係向其他公司聯合購入。中和公司對於土地及房屋共支付$812,500。取得時，土地評估價值為$72,000，房屋評估價值為$828,000。

3.土地#2 係於 87 年 10 月 2 日以新發行普通股票 3,000 股交換取得。取得日每張股票面值$5，惟公平價值每股$25。87 年 10 月間，中和公司曾支付$10,400用於拆除土地上一座餘留之舊房屋，以便興建新房屋。

4.88 年 10 月 1 日於新取得之土地上興建房屋#2。至 89 年 9 月 30

日止中和公司共支付$210,000 於營建中之房屋，預計全部完工成本為$300,000，並預定於 90 年 7 月完工與使用。

5.若干設備係由該公司股東所捐贈。此項捐贈設備於捐贈時，其公平價值為$16,000，殘值$2,000。

6.機器#1 的全部成本為$110,000，包括安裝成本$550，及直至 89 年 1 月 31 日為止之經常修理及維持費$11,000。此項機器於 89 年 2 月 1 日予以出售。

7.88 年 10 月 1 日購入機器#2，支付定金$3,760，及自 89 年 10 月 1 日起分 10 年，每年分期付款$4,000，其通行利率為 8%。

試求：請將上列折舊表內英文字母的部份，填入適當的金額（計算至元位為止）。

解：

(a)$\$812,500 \times \dfrac{\$72,000}{\$72,000 + \$828,000} = \$65,000$

(b)$\$812,500 \times \dfrac{\$828,000}{\$72,000 + \$828,000} = \$747,500$

(c)$(\$747,500 - \$47,500) \div x = \$14,000$

  $x = 50$（年）

(d)$\$700,000 \div 50 = \$14,000$

(e)$\$25 \times 3,000 + \$10,400 = \$85,400$

(f)毋須提列任何折舊費用，蓋房屋#2 尚在營建中，必俟 90 年 7 月完工與使用後，始予提列。

(g)捐贈設備按當時之公平價值 $16,000 列帳。

(h)$\$16,000 \times 18.78\% = \$3,005$

(i)$(\$16,000 - \$3,005) \times 18.7\%^* = \$2,440$

  $^*1 - \sqrt[10]{\dfrac{2,000}{16,000}} = 18.78\%$

(j)$\$110,000 - \$11,000 = \$99,000$

(k)$(\$99,000 - \$5,500) \times \dfrac{10}{55} = \$17,000$

(l)$(\$99,000 - \$5,500) \times \dfrac{9}{55} \times \dfrac{4}{12} = \$5,100$

(m)$\$3,760 + (\$4,000 \times P\,\overline{10}|0.08)$

$\quad = \$3,760 + \$4,000 \times 6.710081$

$\quad = \$3,760 + \$26,840$

$\quad = \$30,600$

(n)$\$30,600 \div 12 = \$2,550$

第十七章　無形資產

一、問答題

1. 何謂無形資產？無形資產與有形資產有何區別？

解：

　(1)所謂無形資產，係指一企業基於法律或契約關係所賦予的各項權利，或由於經營上之優越獲益能力，所產生之各種無實體惟具有潛在無形價值存在，能使企業之實質淨資產超過有形淨資產的部份，均稱為無形資產。

　(2)無形資產與有形資產的主要分野，一般均以其是否具有實體存在為分界線，而法律上亦沿用此項區分標準。故就法律觀點言之，無形資產的範圍至為廣泛，凡任何無實體存在，惟具有實際價值的各項財產、權利及獲益能力等均屬之，除一般無實體資產外，尚包括現金、應收帳款、應收票據及各項投資等各項流動資產。然而就會計觀點言之，無形資產必須供營業上長期使用，而且非以出售或變現為目的之各項長期性無實體資產，僅包括：專利權、版權、特許權、租賃權改良、開辦費、商譽、繼續經營價值、商標權及商號等。

2. 無形資產的取得成本應如何決定？

解：

無形資產的成本，原則上應包括為取得所支付的各項現金支出；如以現金以外的他項資產交換取得時，一般均以換出與換入資產的公平價值何者較為明確擇優決定之；如以承擔負債的方式取得時，應以所承擔負債的現值決定之；如以發行股票的方式取得時，應以股票與無形資產的公平價值何者較為明確擇優決定之。

3. 決定無形資產攤銷的因素有那些？試述之。

解：

(1)有關法律、規定或契約等所訂定的最高有效年限。

(2)無形資產因更新或延伸致變更其特定受益年限的可能性。

(3)無形資產因受陳舊、需求、競爭或其他各種經濟因素的影響，致減少其有用年限的可能性。

(4)無形資產的受益年限與個別員工或全體員工的服務年限具有關聯的可能性。

(5)競爭者、管理人員或其他有關人員的預期行動。

(6)就表面上而言，雖無確定的受益年限，但實際上可能具有不確定性，或無法合理予以預計其效益者；遇有此種情形，應考慮及之。

(7)一項無形資產可能由許多具有不同有效年限的因素所綜合而成。

無形資產的攤銷期限，必須根據上列各有關因素，予以審慎評核後，始可獲得合理的預計受益年限。然而，根據會計原理委員會的意見，無形資產攤銷的期間，最長亦不得超過 40 年。

4. 何謂可辨認無形資產？包括那些項目？

解：

能加以辨認亦能單獨向外界購買者，稱可辨認有形資產。例如專利權、版權、特許權、開辦費、商標及商號等。

5. 何謂不可辨認無形資產？包括那些項目？

解：

不能辨認或向外界購買者，如商譽、繼續經營價值等。

6. 可辨認無形資產與不可辨認無形資產的會計處理原則有何不同？

解：

根據一般公認會計原則，凡向外購入的可辨認無形資產，應予資本化，列入個別無形資產帳戶，至於自行發展的可辨認無形資產，則依特定情形而定。凡向外購入的不可辨認無形資產，也如同可辨認無形資產一樣，應予資本化；惟自行發展的不可辨認無形資產，則不予資本化，於發生時逕列為費用。

7. 試解釋商譽的意義及其攤銷基礎。

解：

商譽係指企業在經營上，具有產生優越的潛在獲益能力存在之經濟價值。換言之，凡一企業能獲得超越同業的正常投資報酬率時，即具有商譽存在。商譽的形成，其範圍至為廣泛。凡能產生超額利潤者均屬之，包括企業的信譽、企業高階層管理人員的聲望、良好的主顧關係、營業地點適中、有效率的產品製造方法、良好的勞資關係、員工工作能力與合作態度、精良產品、對顧客的服務態度及健全的財務制度等，無不包括在內。

會計原則委員會主張所有無形資產，包括商譽在內，均應予攤銷，而且限定攤銷的期間，最長不得超過 40 年。商譽攤銷的三種方法：a.商譽成本攤銷於預期受益期間內。b.不確定存續期間，不予攤銷。c.直接從業主權益項下沖銷。

8. 負商譽如何發生？會計上如何處理負商譽？

解:

商譽既然是一企業的總體價值超過其淨資產公平價值的部份，在理論上，商譽也可能發生負數；申言之，當一企業的總體價值低於其淨資產公平價值時，即發生負商譽的情形。

根據一般公認的會計原則，商譽僅於企業併購時，所支付的購價大於所取得淨資產公平價值之情況下，始予列帳，此一會計原則也適用於負商譽；茲列示其計算公式如下：

$$負商譽 = 淨資產公平價值 - 總體價值$$
$$= [(有形資產^* + 可辨認無形資產^*) - 負債^*]$$
$$- 集體成本$$

　　*公平價值

9. 對於專利權、版權、特許權、及商標權或商號等，應採用何種攤銷方法？

解:

對於專利權、版權、特許權、及商標權或商號等無形資產的攤銷方法，除非另外更適當的方法外，否則應採用直線法。

10. 那些項目應包括於開辦費項下？開辦費應如何攤銷？

解:

凡企業在正式成立之前的各項費用，例如產品設計、市場調查、訂定公司章程、辦理設立登記等有關費用，以其對將來的收入有貢獻，其效益可及於整個企業的存續期間，應予資本化，列為開辦費成本，屬於無形資產。

11. 試列示預計商譽價值的各種方法。

解：

企業盤購的集體成本超過可辨認資產（包括有形資產及可辨認無形資產之和）減去所承擔負債之差額，應列為商譽。

由上述說明可知，商譽價值的計算如下：

商譽 ＝ 企業總體價值 － 淨資產公平價值

　　 ＝ 集體成本 － [（有形資產 ＋ 可辨認無形資產）－ 負債]

12. 何謂研究？何謂發展？

解：

研究係指有計劃的探索與追究，藉以發現新知識，俾用於發展新產品、新服務、新技術、新製造方法、或改進現有產品的品質及製造方法等。

發展係指將研究所獲得的新知識，轉應用於製造新產品或改進現有產品的計劃與設計；它涵蓋新觀念的建立、設計、替代產品之測試、模型建造、及實驗工場之作業等；它不包括對現有產品、生產線、製造方法、或其他現行作業之例行性或定期性改變；它也不包括市場研究與市場調查的活動。

13. 請摘要說明研究及發展成本的會計處理方法。

解：

研究及發展成本的型態	會計處理方法
(1)原料、設備、及產能的研究及發展成本。	除非用於未來不同的計劃或用途，否則應即列為費用處理。
(2)人事費用的研究及發展成本。	應即列為費用處理。
(3)向外購入無形資產的研究及發展成本。	除非具有未來不同的使用價值，否則應即列為費用處理。
(4)因契約規定為買方提供服務之研究及發展成本。	作為買方的費用處理。
(5)分攤與研究及發展活動有關的成本。	應即列為費用處理。

14. 電腦軟體成本的會計處理原則為何？試述之。

解：

(1)在建立軟體產品技術可行性之前的各項成本，例如規劃、設計、電腦語言、及程式測試成本等，視同研究及發展成本一樣，應於發生時，即予列為費用。

(2)一旦建立軟體產品技術可行性之後，應予資本化列為電腦軟體的成本，包括電腦語言、程式測試、去除蟲害、操作手冊、產品簡介、及培訓器材等各項成本。

(3)軟體產品技術可行性之建立，係指已完成程式設計的細節及產品的作業模式；完成程式設計的細節包括：a.製成產品所必備之技能、硬體設備、及軟體技術的設計；b.設計的文件記錄已完成，並已確認與原來產品的設計規格相符合；c.凡任何解決可辨認高風險問題之方法，均已透過電腦語言或符號注入程式內，並完成測試程序。完成產品的作業模式係指產品設計已透過軟體的測試獲得證實。

(4)由已完成的主體產品複製為待售之電腦軟體產品時，凡有關的生

產成本、印製操作手冊、產品簡介、培訓器材成本、及包裝成本等，均應記入存貨成本，並於出售時，轉列為銷貨成本。

(5)當軟體產品可出售時，應停止資本化，不再列為存貨成本；嗣後因維護及支援顧客的各項成本，於相關收入已認定時，或成本已發生時，孰者發生在先，即予列為費用。

15. 電腦軟體成本應如何攤銷？

解：

當電腦軟體產品打開市場，準備上市時，其成本應即開始分攤。根據第 86 號財務會計準則聲明書的規定，電腦軟體成本每年攤銷的金額，以收入法與直線法計算的結果，孰者較大為準。

(1)收入法：此法係以當期的產品收入，佔當期與預期未來各經濟年限內產品收入總額之百分率，乘以剩餘待攤銷軟體成本；以公式列示如下：

$$攤銷金額 = \frac{當期收入}{當期收入 + 預期未來經濟使用年限內之收入} \times 剩餘待攤銷軟體成本$$

(2)直線法：此法係將剩餘待攤銷軟體成本，平均分攤於預期未來各經濟使用年限內；以公式列示如下：

$$攤銷金額 = \frac{剩餘待攤銷軟體成本}{預期未來經濟使用年限}$$

16. 何謂遞延借項？遞延借項包括那些項目？

解：

遞延借項常被歸入其他資產，其與無形資產不同。遞延借項，係來自長期預付費用，此項費用對未來的收入有所貢獻。

一般常見之遞延借項，包括長期預付保險費、預付租賃款、長期預付款、及重安裝或重佈置成本等。

17. 解釋下列各名詞：

　(1)缺口填補物 (gap filler)。

　(2)負商譽 (negative goodwill)。

　(3)繼續經營價值 (going-concern value)。

　(4)無形資產受創損失 (impairment loss of intangible assets)。

解：

　(1)缺口填補物：就本質上而言，商譽實為一項主要的評價帳戶，具有調節企業總體價值與淨資產公平價值相互間差異的功能，故一般將其稱為缺口的填補物。

　(2)負商譽：企業購併所支付成本，小於所取得淨資產的公平價值。

　(3)繼續經營價值：係指企業因繼續經營而存在之價值，使企業的整體價值超過其所持有特定或可辨認資產之上，屬於一項不可辨認的無形資產。

　(4)無形資產受創損失：由於技術不斷創新，若干無形資產也如同長期性資產一樣，往往受新技術或新發明等因素之衝擊，其價值可能瞬間劇減，此損失稱為無形資產受創損失。

二、選擇題

17.1　A 公司於 1998 年 1 月 2 日，向 X 公司購入商標權成本$250,000；已知 X 公司帳上未攤銷商標權成本為 $180,000。A 公司重新申請延長 10 年，耗用法律費用$30,000。1998 年 12 月 31 日，A 公司應攤銷商標權成本為若干？

(a)$28,000

(b)$25,000

(c)$18,000

(d)$3,000

解：(a)

A 公司 1998 年 12 月 31 日，應攤銷商標權成本為$28,000，其計算方法如下：

$$(\$250,000 + \$30,000) \div 10 = \$28,000$$

X 公司帳上未攤銷商標權成本$180,000 為無關成本，不必考慮。

17.2　B 公司於 1998 年 1 月 1 日，因購併而取得一項商譽成本$100,000，預計未來受益期限為 10 年；B 公司於取得後，另支付$60,000，藉以加強及促進商譽價值，並預期可延長商譽的未來受益期限達 40 年。1998 年 12 月 31 日，B 公司資產負債表上，應列報商譽價值若干？

(a)$154,000

(b)$144,000

(c)$97,500

(d)$90,000

解：(c)

商譽以向外購入者為資本化之對象，其成本為$100,000；至於為加強及促進商譽價值之成本$60,000，不得予以資本化，列為商譽成本。此外，商譽成本的攤銷期限，應按新的預期受益期限 40 年為準；因此，B 公司 1998 年 12 月 31 日之資產負債表項下，應列報商譽價值$97,500；其計算方法如下：

$$\$100,000 - (\$100,000 \times \frac{1}{40}) = \$97,500$$

17.3　C 公司於 1994 年 1 月 1 日，向外購入一項版權成本$240,000，預計受益年限為 8 年；1998 年 1 月初，C 公司支付律師費$60,000，成功地維護該項版權不受侵害。1998 年 12 月 31 日，C 公司應攤銷版權成本為若干？

(a)$–0–

(b)$30,000

(c)$40,000

(d)$45,000

解：(d)

1998 年 12 月 31 日，C 公司應攤銷版權成本$45,000；其計算方法如下：

$$\$240,000 - (\$240,000 \times \frac{1}{8} \times 4) = \$120,000$$

$$(\$120,000 + \$60,000^*) \div (8 - 4) = \$45,000$$

*維護版權獲得勝訴之律師費$60,000，應予資本化，加入版權成本。

17.4　D 公司於 1995 年 1 月初，購入一項生產健康食品之專利權成本$360,000，當時法定有效年限為 15 年；然而，由於市場競爭劇烈，D 公司預計其有效年限僅為 8 年。俟 1998 年 12 月 31 日，政府衛生部門裁定該項產品有害人體組織功能，遂予禁止生產。1998 年 12 月 31 日，D 公司當年度損益表項下，應列報專利權受創損失若干？

(a)$45,000

(b)$192,000

(c)$225,000

(d)$240,000

解：(c)

D 公司 1998 年度損益表項下，應列報專利權受創損失$225,000；其計算如下：

$$\$360,000 - (\$360,000 \times \frac{1}{8} \times 3) = \$225,000$$

1998 年 12 月 31 日，專利權帳面價值$225,000，已因政府衛生部門之禁止，全部喪失價值，故應作成沖銷分錄，全部損失列入當年度損益表項下；其沖銷分錄如下：

專利權受創損失	225,000	
專利權		225,000

17.5　E 公司於 1995 年 1 月 2 日，取得一項專利權成本$180,000，並按 15 年期限予以攤銷；俟 1998 年間，E 公司另支付律師費$60,000，成功地維護專利權免受侵害；E 公司遂於 1998 年間，將該項專利權轉讓，獲得現金$300,000；E 公司對於處分專利權年度之攤銷，採取不予提列的政策。E 公司 1998 年度損益表項下，應列報專利權出售利益為若干？

(a)$60,000

(b)$96,000

(c)$108,000

(d)$156,000

解：(b)

E 公司 1998 年度損益表項下，應列報專利權出售利益$96,000；其計算方法如下：

$180,000 - ($180,000 \div 15 \times 3) = $144,000$（1997 年 12 月 31 日帳面價值）

$144,000 + $60,000 = $204,000$（支付維護成本之帳面價值）

$300,000 - $204,000 = $96,000$（專利權出售利益）

17.6　F 公司成立於 1999 年 1 月初，發生開辦費 $120,000；F 公司根據報稅之規定攤銷開辦費成本。F 公司 1999 年 12 月 31 日，會計年度終了日之資產負債表項下，開辦費帳面價值應為若干？

(a)$117,000

(b)$96,000

(c)$24,000

(d)$-0-

解：(b)

　　F 公司 1999 年 12 月 31 日之資產負債表項下，開辦費應列報 $96,000；其計算方法如下：

開辦費成本	$120,000
減：攤銷：$120,000 \times \dfrac{1}{5}$	24,000
1999 年 12 月 31 日帳面價值	$ 96,000

17.7　G 公司 1998 年度發生下列成本：

1.工具、模型、及鑄具等涉及新技術成本$100,000。

2.改進產品配方的設計成本$80,000。

3.生產停頓時採取權宜措施之成本$60,000。

4.使現有產品達到功能上及經濟上要求，並適合於製造需要的各

項工程活動成本$40,000。

1998 年度, G 公司應列報研究及發展成本為若干?

(a)$280,000

(b)$220,000

(c)$180,000

(d)$100,000

解: (b)

G 公司 1998 年度應列報研究及發展成本為$220,000, 其計算方法如下:

研究及發展成本:	
工具、模型、及鑄具等涉及新技術成本	$100,000
改進產品配方的設計成本	80,000
使現有產品達到功能上及經濟上要求, 並適合製 　造需要的各項工程活動成本	40,000
合　計	$220,000

生產停頓時, 採取權宜措施之成本$60,000, 不屬於研究及發展成本的範圍, 不得列入。

發生研究及發展成本時之彙總分錄如下:

研究及發展費用	220,000	
營業費用	60,000	
現金 (或應付款等)		280,000

17.8　H 公司 1998 年度發生下列各項成本:

1.委託 Y 公司代為進行之研究及發展成本$450,000。

2.生產原型及模型的設計、建造、與測試成本$250,000。

　3.新產品及改良製造方法的研究、實驗、及評估成本$180,000。

　4.提升或改良現有產品品質之例行性成本$80,000。

　H 公司 1998 年度，應列報研究及發展成本為若干？

　(a)$960,000

　(b)$880,000

　(c)$700,000

　(d)$450,000

解：(b)

　H 公司 1998 年度，應列報研究及發展成本$880,000；其計算方法列示如下：

研究及發展成本：	
委託 Y 公司代進行之研究及發展成本	$450,000
生產原型及模型的設計、建造、及測試成本	250,000
新產品及改良製造方法之研究、實驗及評估成本	180,000
合　計	$880,000

　提升或改良現有產品品質之例行性成本$80,000，不屬於研究及發展成本，應予除外。茲列示其綜合分錄如下：

研究及發展費用	880,000	
營業費用	80,000	
現金（或應付款等）		960,000

17.9　K 公司於 1998 年度，發生下列各項研發成本：

　1.根據契約代政府機關耗用的研究及發展成本$500,000，可按成本加價 40% 收回。

　2.不屬於上項契約之研究及發展成本：

折舊費用	$360,000
薪資	600,000
間接成本之分攤	240,000
原料	200,000

原料有 30% 係用於未來其他計劃。K 公司 1998 年度應列報於研究及發展成本為若干?

(a)$1,900,000

(b)$1,400,000

(c)$1,340,000

(d)$1,100,000

解: (c)

K 公司 1998 年度應列報研究及發展成本為$1,320,000; 其計算方法如下:

研究及發展成本:	
折舊費用	$ 360,000
薪資	600,000
間接成本之分攤	240,000
原料: $200,000 \times 70\%$	140,000
合　計	$1,340,000

代工之研究成本$500,000, 不得列入; 原料$60,000 ($200,000 \times 30\%$) 用於未來其他計劃, 應予除外。茲列示上列各項成本之綜合分錄如下:

應收帳款	700,000	
研究及發展費用	1,340,000	
存貨——原料	60,000	
現金（或應付款等）		1,900,000
服務收入		200,000

17.10 L 公司為生產新產品 Z，於 1998 年度發生下列成本：

1.為專用於發展 Z 產品而購置設備成本$240,000，預計可使用 4 年，無殘值。

2.製造模型之原料及人工成本$400,000。

3.模型測試成本$160,000。

4.申請專利權之律師費及規費$60,000。

L 公司 1998 年度應列報研究及發展成本為若干？

(a)$220,000

(b)$280,000

(c)$800,000

(d)$860,000

解：(c)

L 公司 1998 年度應列報研究及發展成本為$800,000；其計算方法如下：

研究及發展成本：	
專用於發展新產品之設備成本	$240,000
製造模型之原料及人工成本	400,000
模型測試成本	160,000
合　計	$800,000

專用於開發新產品的設備成本，除非尚可應用於未來之其他用途，否則應於發生時，逕列為研究及發展成本；申請專利權之律師費及規費$60,000，應予資本化，列為專利權成本。茲列示其綜合分錄如下：

研究及發展費用	800,000	
專利權	60,000	
現金（或應付款）		860,000

17.11 M 公司於 1998 年度發生下列各項成本：

1.研發電腦軟體，作為內部一般管理資訊用之開發成本 $200,000。

2.市場開發成本$150,000。

3.例行性的品質管制及產品實驗成本$50,000。

M 公司 1998 年度，應列報研究及發展成本為若干？

(a)$400,000

(b)$350,000

(c)$200,000

(d)$–0–

解：(d)

M 公司 1998 年度，應列報研究及發展成本為零；蓋第 2 號財務會計準則聲明書 (FASB Statement No. 2) 所解釋的研究及發展成本，不包括有關購買、開發或發展各項產品，以提供為銷售及管理活動用之成本；因此，本題 M 公司研發電腦軟體作為內部一般管理資訊用之開發成本$200,000，屬於管理費用；市場開發成本$150,000，屬於銷管費用；例行性的品質管制及產品實驗成本$50,000，屬於產品的製造費用；故三項成本均不屬於研究及發展成本。

17.12 N 公司 1998 年 1 月 1 日，購入一項專為發展新產品用的設備；N 公司採用直線法提列折舊，預計可使用 10 年，惟開發新產品計劃預計 5 年完成；新產品開發完成後，該項設備不再作為其他用途。

N 公司 1998 年度對於設備的研究及發展成本等於：

(a)設備成本的全部。

(b)設備成本的五分之一。

(c)設備成本的十分之一。

(d)零。

解：(a)

N 公司 1998 年度對於設備的研究及發展成本，等於設備成本的全部；蓋根據第 2 號財務會計準則聲明書 (FASB Statement No. 2) 之規定，凡符合要求之各項研究及發展成本，除固定資產、無形資產、或購入的原料等，可提供為未來其他不同用途之外，否則應於成本發生時，即予列為費用。本題 N 公司 1998 年 1 月 1 日所購入專為發展新產品的設備，於新產品開發完成後，即不再作為其他用途；因此，此項設備成本，應於購入時，即全部列為研究及發展成本，當為費用處理。

下列資料用於解答 17.13 及 17.14 之用：

P 公司於 1998 年期間，發生下列各項有關電腦軟體成本：

1.完成程式詳細內容之設計成本$26,000。

2.為建立軟體產品技術可行性之電腦語言及程式測試成本$20,000。

3.建立軟體產品技術可行性後之電腦語言設計成本$48,000。

4.建立軟體產品技術可行性後之程式設計成本$40,000。

5.建立軟體產品技術可行性後之培訓器材成本$30,000。

6.複製電腦軟體成本$50,000。

7.存貨包裝成本$18,000。

17.13 P 公司 1998 年 12 月 31 日之資產負債表，應列報電腦軟體存貨為
　　若干？

　　(a)$50,000

　　(b)$68,000

　　(c)$80,000

　　(d)$98,000

解：(b)

　　P 公司 1998 年 12 月 31 日之資產負債表，應列報電腦軟體存貨為
　　$68,000；一般言之，凡複製待售電腦軟體的成本，及產品未上市前
　　之包裝及分配成本，均屬於存貨成本。

存貨成本	
複製電腦軟體成本	$50,000
存貨包裝成本	18,000
合　計	$68,000

17.14 P 公司 1998 年 12 月 31 日，應列報待攤銷之電腦軟體成本為若
　　干？

　　(a)$108,000

　　(b)$114,000

　　(c)$118,000

　　(d)$138,000

解：(c)

　　P 公司 1998 年 12 月 31 日，應列報待攤銷之電腦軟體成本為$118,000；
　　根據第 86 號財務會計準則聲明書 (FASB Statement No.86) 的規定，

在建立軟體產品技術可行性之後，直至軟體產品開始複製時之各項研究及發展成本，應予資本化，列為電腦軟體的成本。茲將電腦軟體成本的計算方法，列示如下：

建立產品技術可行性後之語言設計成本	$ 48,000
建立產品技術可行性後之程式設計成本	40,000
建立產品技術可行性後之培訓器材成本	30,000
合　計	$118,000

三、綜合題

17.1 藍氏公司於 1998 年度，發生下列交易事項：

1.1 月 2 日，支付現金$720,000 購併福本公司，已知福本公司淨資產公平價值為$420,000；藍氏公司認為此項購併所獲得利益，具有永續存在價值。

2.2 月 1 日，支付現金$180,000 向政府取得一項礦業經營權，期限5 年，每年尚須按營業收入支付 4% 之年費；預計 1998 年度之營業收入為$400,000。

3.2 月 2 日，申請專利權之法律費用$60,000，業已獲准；1998 年 2 月期間，另支付$40,000 律師費，成功地維護專利權不受競爭者之侵害；藍氏公司預計此項專利權的受益期間為 10 年。

另悉藍氏公司對於各項無形資產之攤銷，於取得年度一律按全年度計算。

試求：

(a)列示藍氏公司 1998 年 12 月 31 日有關無形資產的攤銷。

(b)列示藍氏公司 1998 年 12 月 31 日各項無形資產的餘額。

解:

(a) 1998 年 12 月 31 日，計算各項無形資產的攤銷:

商譽:

取得成本: 1/2/98: $720,000 − $420,000 = $400,000

攤銷: 12/31/98: $400,000 × $\frac{1}{40}$　　　= $ 10,000

特許權:

取得成本: 2/1/98: $180,000

攤銷: 12/31/98: $180,000 × $\frac{1}{5}$ = $36,000

專利權:

取得成本: 2/2/98: $60,000 + $40,000 = $100,000

攤銷: 12/31/98: $100,000 × $\frac{1}{10}$　　　= $ 10,000

(b) 1998 年 12 月 31 日，計算各項無形資產的餘額:

商譽:

取得成本	$400,000	
減: 攤銷	(10,000)	$390,000

特許權:

取得成本	$180,000	
減: 攤銷	(36,000)	144,000

專利權:

取得成本	$100,000	
減：攤銷	(10,000)	90,000
無形資產合計		$624,000

17.2 藍溪公司於 1999 年 1 月 1 日，以總價$880,000 購併福興公司；未重新評估之前，福興公司的資產負債表列示如下：

福興公司

資產負債表

1999 年 1 月 1 日

資產：		負債：	
應收帳款	$ 180,000	流動負債	$ 114,000
存貨	270,000	非流動負債	240,000
財產、廠房、及設備	500,000	負債合計	$ 354,000
土地	190,000	股東權益	786,000
資產總額	$1,140,000	負債及股東權益總額	$1,140,000

1999 年 1 月 1 日，雙方重新評估各項資產之公平價值如下：

	帳面價值	公平價值
應收帳款	$ 180,000	$ 150,000
存貨	270,000	254,000
財產、廠房、及設備	500,000	500,000
土地	190,000	250,000
合　計	$1,140,000	$1,154,000

至於負債，則與帳面價值相符。

試求：

(a)請列示藍溪公司 1999 年 1 月 1 日，購併福興公司的分錄。

(b)假定藍溪公司係以$770,000 購併福興公司時，顯示被購併公司含有負商譽存在；請列示其購併分錄及分攤負商譽的分錄。

解：

(a)具有商譽的購併分錄：

應收帳款	150,000	
存貨	254,000	
財產、廠房及設備	500,000	
土地	250,000	
商譽	80,000	
流動負債		114,000
非流動負債		240,000
現金		880,000

(b)含有負商譽的購併分錄：

應收帳款	150,000	
存貨	254,000	
財產、廠房、及設備	500,000	
土地	250,000	
流動負債		114,000
非流動負債		240,000
現金		770,000
負商譽		30,000

分攤負商譽的分錄：

負商譽	30,000	
財產、廠房、及設備		20,000*
土地		10,000**

$$*\$30,000 \times \frac{\$500,000}{\$500,000 + \$250,000} = \$20,000$$

$$**\$30,000 \times \frac{\$250,000}{\$500,000 + \$250,000} = \$10,000$$

根據會計原則委員會第 16 號意見書 (FASB Statement No. 16) 指出：「在少數情況下，企業購併所取得可辨認資產之總市價或重估價值，扣除所承擔的負債後，其餘額可能超過企業所支付的成本。超過成本的數額，應按比例攤入於所取得各項非流動資產（有價證券之長期投資除外）之內，以減低其價值。」

17.3 藍鼎公司擬購併鼎康公司；為估計各項資產及商譽價值，鼎康公司提出下列有關資料：

各項資產評估價值（未包括商譽）	$1,020,000
各項負債	(384,000)
股東權益	$ 636,000

保留盈餘：

84 年	$108,000
85 年	86,400
86 年	116,400
87 年	114,000
88 年	121,200

試求: 請按照下列各項假定，計算購買商譽之價值:

(a)平均利潤按 16% 資本化，以達到鼎康公司應有之淨資產價值。

(b)將評估後淨資產乘以 12% 所求得的數額，被認為係合理之正常利潤; 商譽則按超額利潤購買 5 年份。

(c)將評估後淨資產乘以 14% 所求得之數額，被認為係合理之正常利潤; 超額利潤按 20% 予以資本化，作為商譽價值。

(d)商譽按最近 3 年淨利總額超過 3 年份評估後淨資產乘以 10% 的部份（假定每年淨資產均不變）。

(e)將評估後可辨認淨資產乘以 10% 所求得的數額，被認為係合理之正常利潤; 超額利潤預期可延續 10 年。商譽以 10 年份超額利潤按 20% 之現值計算 $(P\,\overline{10}|0.20 = 4.1925)$。

解:

(a)平均利潤按 16% 予以資本化:

84 年至 88 年平均利潤:

$(\$108,000 + \$86,400 + \$116,400 + \$114,000 + \$121,200) \div 5 = \$109,200$

$\$109,200 \div 16\%$ ·· $\$682,500$

評估後淨資產 ·· $\underline{636,000}$

商譽價值 ·· $\underline{\underline{\$\ 46,500}}$

(b)將評估後淨資產乘以 12%，求得正常利潤; 商譽按超額利 5 年份購買:

84 年至 88 年平均利潤		$109,200
評估後淨資產	$636,000	
正常利潤率	12%	76,320
超額利潤		$ 32,880
商譽: $32,880×5		$164,400

(c)將評估後淨資產乘以 10%, 求得正常利潤; 商譽按超額利潤之 20% 資本化:

84 年至 88 年平均利潤		$109,200
評估後淨資產	$636,000	
正常利潤率	14%	89,040
超額利潤		$ 20,160
商譽: $20,160 ÷ 20%		$100,800

(d)商譽按最近 3 年淨利總額超過 3 年份評估後淨資產乘以 10% 的部份:

84 年至 88 年平均利潤:

$121,200 + $114,000 + $116,400 = $351,600

評估後淨資產	$636,000	
正常利潤率	10%	
超額利潤	$ 63,600	
3 年份	3	190,800
商譽		$160,800

(e)將評估後可辨認淨資產乘以 10%, 求得正常利潤; 商譽以 10 年份超額利潤按 20% 之年金現值計算:

84 年至 88 年平均利潤		$109,200
評估後淨資產	$636,000	
正常利潤率	10%	63,600
超額利潤		$ 45,600
商譽：　$45,600 × P $\overline{10}$ 0.20*		$191,178

*P $\overline{10}$ 0.20 = 4.1925

17.4 藍星軟體公司成立於 1998 年初，並發生下列各項設計、開發、及相關成本，預期軟體產品於 1999 年初開始對外上市：

1.規劃及設計成本$250,000。

2.附加的軟體開發成本$450,000。

3.電腦語言開發成本$240,000。

4.軟體測試成本$120,000。

5.主體產品之製作成本$300,000。

6.製作主體產品簡介、操作手冊及培訓器材成本$60,000。

7.複製待售軟體產品之生產成本$420,000。

8.開始上市前之包裝成本$70,000。

已知上列：1.規劃及設計成本，3.電腦語言開發成本，4.軟體測試成本等三項，係發生於建立產品技術可行性之前。此外，藍星軟體公司預期電腦軟體之有效受益年限為 4 年，在有效受益年限內之產品收入總額為$3,600,000，1999 年度預計產品收入為$1,200,000。

試求：

(a)列示藍星軟體公司 1998 年發生各項成本的彙總分錄。

(b)列示藍星軟體公司 1999 年 12 月 31 日，攤銷電腦軟體成本的分錄，假定軟體產品收入如所預期。

解：

(a) 1998 年度發生各項成本的彙總分錄：

(1)研究及發展成本（未建立產品技術可行性之前）：

規劃及設計成本	$250,000
電腦語言開發成本	240,000
軟體測試成本	120,000
合　計	$610,000

(2)電腦軟體成本：

附加的軟體開發成本	$450,000
主體產品之製造成本	300,000
製作主體產品簡介、操作手冊、及培訓	
成本	60,000
合　計	$810,000

(3)存貨成本（複製待售之電腦軟體成本及上市前之包裝成本等）：

複製待售軟體產品之生產成本	$420,000
上市前之包裝成本	70,000
合　計	$490,000

研究及發展費用	610,000	
電腦軟體	810,000	
存貨	490,000	
現金		1,910,000

(b)1999 年 12 月 31 日攤銷電腦軟體成本之分錄：

根據一般公認會計原則，電腦軟體成本之攤銷，以收入法與直線法計算所得結果，孰者較大為準。其計算方法如下：

收入法：

$$\$810,000 \times \frac{\$1,200,000}{\$3,600,000} = \$270,000$$

直線法：

$$\$810,000 \times \frac{1}{4} = \$202,500$$

以收入法$270,000 為準。

攤銷	270,000	
電腦軟體		270,000

17.5 藍天公司於 1999 年度，發生下列各項成本：

　　1.1999 年 1 月 2 日，購入一項專用於發展新產品的設備，其成本為$210,000，預計可使用 5 年，惟開發新產品計劃為 3 年；此項設備無法作為其他用途。

　　2.研究及發展新產品的人事費用$360,000。

　　3.試驗工場（房）的設計、建造、及作業成本$100,000。

　　4.購買實驗材料成本$80,000。

　　5.分攤與研究及發展新產品有關之成本$40,000。

　　6.工具、模型、及鑄具等涉及新技術成本$90,000。

　　7.新產品的實驗及評估成本$60,000。

　　8.一般產品在生產過程中停頓時之權宜措施成本$25,000。

　　9.申請專利權的律師費及各項規費$180,000。

　　試求：請列示藍天公司 1999 年，發生上列各項成本的彙總分錄。

解：

　　研究及發展成本：

購入專用於發展新產品的設備成本	$210,000
研究及發展新產品的人事費用	360,000
實驗工場的設計、建造、及作業成本	100,000
購買實驗材料成本	80,000
分攤與研究及發展新產品有關之成本	40,000
工具、模型、及鑄具等涉及新技術成本	90,000
新產品的實驗及評估成本	60,000
合　計	$940,000

專利權成本: 申請專利權的律師費及規費 $180,000

製造費用: 一般產品在生產過程中停頓之權宜措施成本 $25,000

藍天公司 1999 年度發生上列各項成本的彙總分錄，予以列示如下:

研究及發展費用	940,000	
專利權	180,000	
製造費用	25,000	
現金		1,145,000

第十八章　短期負債

一、問答題

1. 會計觀點與法律觀點對於負債的解釋有何不同？

解：

　　法定負債乃由於契約的承諾或暗示而發生，或因不法行為而招致法律的後果；至於會計負債，乃特定營業個體，由於過去業已發生的交易或事件，而承擔目前的經濟義務，可能於未來以資產或提供勞務償還者。

2. 負債具有何種性質？試述之。

解：

　　(1)產生負債的交易事項或事件，必須業已發生，或承擔經濟義務與責任的事實，目前已經存在。

　　(2)營業個體所承擔的經濟義務或責任，必須數額已確定，或可經由合理方法加以預計者。

　　(3)已經存在的經濟義務或責任，必須於未來某特定日、可預定日、或俟特定事項發生時，提供資產或勞務償還之，或另產生他項負債，無法迴避。

3. 請列示一表以顯示負債之分類。

解：

$$
負債
\begin{cases}
短期負債\\
（流動負債）
\begin{cases}
已確定流動\\負債
\begin{cases}
短期借款\\
應付短期票券\\
應付帳款及票據\\
長期負債一年內到期部份\\
預收款項\\
應計負債\\
代扣稅款\\
其他應付款
\end{cases}
\begin{matrix}
因契約或\\
法令規定\\
而發生，\\
其金額及\\
到期日均\\
已確定。
\end{matrix}\\[2pt]
依營業結果\\決定的流動\\負債
\begin{cases}
應付所得稅\\
應付員工獎金及紅利\\
應付權利金
\end{cases}
\begin{matrix}
根據營業結果\\
決定負債存在\\
與否及其金額\\
者。
\end{matrix}\\[2pt]
估計流動負債
\begin{cases}
產品售後估計負債\\[4pt]
未兌換贈品券估計\\負債
\end{cases}
\begin{matrix}
因對外承諾\\
或過去交易\\
事項所產生\\
未來即將發\\
生之負債。
\end{matrix}
\end{cases}\\[2pt]
\left.
\begin{matrix}
遞延負債：遞延所得稅負債、遞延投資扣抵等\\
或有負債：必須同時符合二項要件始得列為負債
\end{matrix}
\right\}
\begin{matrix}
短期或長期負\\債。
\end{matrix}\\[2pt]
長期負債：應付債券、長期應付票據、應付租賃款、及應付退休\\
\quad\quad\quad\quad 金負債等。
\end{cases}
$$

4. 何謂流動負債？流動負債應如何予以評價？

解：

稱流動負債者，係指可合理預期需要用流動資產予以償還，或另產生其他流動負債者。

因此可將流動負債定義如下：凡在一年或一個正常營業週期孰長之期間內，可合理預期必須用流動資產償還，或另產生其他流動負債者。

5. 流動負債依其確定性大小加以分類時，可分為那三類？

解：

　　(1)已確定流動負債；(2)依營業結果決定的流動負債；(3)估計流動負債。

6. 在何種情況下，可將長期負債列為流動負債？是否有例外之情形？

解：

　　凡將於一年內到期之長期負債，應予列為流動負債；為下列三種情形，則為例外：

　　(1)凡長期負債之償還已設有償債基金，且該項償債基金並未列入流動資產項下者。

　　(2)擬於到期時繼續延長之長期負債，或擬以新長期負債贖回之舊長期負債。

　　(3)擬於到期時轉換為股本之長期負債。

7. 未宣佈發放之特別股積欠股利，是否為公司之債務？在資產負債表內應如何予以表達？

解：

　　未宣佈發放之特別股積欠股利，並非公司的法定負債，應於資產負債表內之特別股本項下，以附註或括弧的方式加以表達。

8. 應付財產稅應於何時記帳？財產稅費用應歸由何期負擔？試述之。

解：

　　一般言之，財產稅負債始自留置權日，通常以政府機關之會計年度（即每年 7 月 1 日起至次年 6 月 30 日止）之起始日為準。至於財產稅費用，實為企業使用財產權利的一項成本，應以企業之會計年

度為分攤基礎，而企業之會計年度一般均採用曆年制（即每年 1 月
1 日起至同年 12 月 31 日止）。

就理論上言之，對於財產稅之會計處理方法，約有下列二途：⑴按
留置權日認定應付財產稅，⑵按月認定應付財產稅。

9. 對於所得稅之會計處理方法，中美兩國各有何不同？試申述之。

解：

我國所得稅分為營利事業所得稅與綜合所得稅；營利事業所得稅為
盈餘分配項目之一，列入盈餘分配項下。美國所得稅分為公司所得稅
與個人所得稅；公司所得稅當為費用項目之一，應列入損益表內；至
於獨資及合夥企業，無需課徵所得稅，其所得加入資本主或合夥人個
人所得內，課徵個人所得稅。

10. 應付員工獎金及紅利之計算，一般常用之標準有那些？如採用淨利百
分率為計算標準時，對於淨利之認定，一般又有何種不同之情形？

解：

應付員工獎金及紅利的計算方法，各公司不盡相同，胥視有關法令、
規章、公司政策、雇用契約等各項因素而定。一般常用的計算標準有
下列三種：a.總營業收入的百分率，b.銷貨收入的百分率，c.淨利的
百分率。就實務上而言，通常以採用淨利百分率者居多。惟淨利究竟
係指扣除所得稅前及獎金前的淨利？抑或扣除所得稅後及獎金後的
淨利？應事先具有明確之規定。一般可分為下列四種情形：

⑴按所得稅前及獎金前淨利的百分率計算。

⑵按所得稅前及獎金後淨利的百分率計算。

⑶按所得稅後及獎金前淨利的百分率計算。

⑷按所得稅後及獎金後淨利的百分率計算。

11. 何謂估計負債？請列舉若干一般常見之估計負債實例。

解：

　　估計負債係指企業因契約、承諾、或過去已存在的交易事項，產生未來即將發生的債務，例如產品售後保證估計負債及贈品券估計負債等。

12. 長期負債何以又稱為資本負債？請就附息票據與不附息票據，分別說明長期應付票據之評價方法。

解：

　　長期負債的資金可提供企業長期使用，就使用的期限觀點而言，實與業主所提供的資金無異，故一般又稱為資本負債。理論上而言，應付票據的評價基礎，係以票據存續期間所支付利息之年金現值加上到期值的現值之和為準；根據此項論點，附息票據根據上項方法計算所得之結果，也等於其面值，故附息票據應以其面值為評價基礎；至於不附息票據，則仍然以上述方法所計算的結果為其評價基礎，不得按面值評價。

13. 遞延負債何以又稱為遞延收入？近代會計理論對於遞延負債比較完善之分類基礎為何？

解：

　　傳統會計將各項預收收入包括於遞延負債項下，故一般將遞延負債又稱為遞延收入；惟近代會計理論將各項預收收入歸入流動負債項下；至於應付公司債溢價或折價，則歸入長期負債項下，使遞延負債僅包括遞延所得稅、遞延投資扣抵等。

14. 何謂投資扣抵？投資扣抵之會計處理方法為何？試述之。

解：

近年來，各國政府為促進經濟之發展與增加就業機會，乃訂有投資扣抵的辦法；規定凡企業購買折舊性之資本設備（長期性資產）者，可按該項資產原始成本之某一定百分比，扣抵當年度之所得稅，以資獎勵；此項因投資而使所得稅減免的部份，一般稱為投資扣抵。

有關投資扣抵之會計處理方法，約有下列二種：

⑴遞延法：此法係將投資扣抵之數額，逐期由折舊性資產各使用年度的所得稅項下抵減，並往後遞延之，以其扣抵所得稅費用（指美國的情形），故又稱為成本抵減法。

⑵一次抵減法：此法係將投資扣抵的數額，於購入當年度悉數由所得稅項下一次抵減，故又稱為所得稅抵減法。

15. 試根據財務會計準則委員會第 5 號聲明書之意見，解釋或有事項之意義。

解：

所謂或有事項，根據財務會計準則委員會 (FASB) 第 5 號聲明書之解釋：「或有事項係一項既存的情況或事實，能使企業產生不確定之可能利益（或有利益）與可能損失（或有損失），必須俟未來事件之發生或不發生，始能決定者。當不確定之或有利益一旦解決之後，通常將取得資產或減少負債；同理，當不確定之或有損失一旦解決之後，亦將減少資產或承擔負債」。由此可知，或有事項具有下列三個要件：a.由於過去或現在之交易事項、法令、契約、承諾或慣例等所產生的一種既存事實；b.最終結果尚未能確定；c.發生已否胥視未來事件而定。

由上述說明可知，或有事項包括或有損失及或有利益；或有損失一旦發生，即產生或有負債；同理，或有利益一旦發生，即產生或有

資產。

16. 或有負債具有何種特徵？試述之。

解：

⑴或有負債係以既存的事實為基礎；⑵或有負債並非已確定的事實；
⑶或有負債並非盈餘的指定。

17. 試說明或有負債之會計處理原則。

解：

一項由或有負債項目而來的預計損失，如同時符合下列二項條件時，
必須加以應計，並列報於損益表項下：a.在財務報表發佈之前，已有
足夠的資訊顯示企業的資產甚有可能遭受損害，或企業的負債甚有
可能發生；在此一情況下，必須隱含一項或多項未來事件即將發生，
以證實此項損失的事實。b.損失的金額，可合理地予以預計。
在上述二項條件當中，第一項條件的基本涵義，在於對或有負債發
生可能性加以確認；至於第二項條件，則在於對債務金額的預計，
其重要性顯然遜於第一項條件。根據第 14 號財務會計準則說明書
(FASB Interpretation No.14) 指出：「如有關或有損失的第一項條件已
經符合，而且預計損失金額在一定的範圍內，仍然應予預計其損失；
如在一定範圍內有更適當的金額，則應採用該項更適當的金額；如在
一定範圍內缺乏適當金額時，則應採用最低基本額。」

18. 請列舉或有損失及或有利益之若干實例。

解：

根據第 5 號財務會計準則聲明書所提出的實例，或有損失包括下列
各項：

⑴收回應收帳款的可能性。

⑵產品售後保證估計負債。

⑶未兌換贈品券估計負債。

⑷企業財產遭受火災、爆炸、或其他災害的風險。

⑸資產被徵用的風險。

⑹未決訟案。

⑺實際或可能發生的索賠及課徵。

⑻已投保重大或意外災害的可能風險。

⑼債務擔保的風險。

⑽商業銀行信用狀擔保債務。

⑾重新贖回已讓售應收款項或相關財產的契約。

或有利益之實例並不多。當一企業控告他方之損害賠償請求權，即屬或有利益之性質；此外，外國政府可能沒收或徵用資產的補償收入如超過其帳面價值之利益，亦為或有利益的另一實例。

19. 解釋下列各名詞：

⑴法定負債 (legal liabilities)。

⑵估計負債 (estimated liabilities)。

⑶折現價值 (discount present value)。

⑷存入保證金 (deposits received against contract bids)。

⑸後來成本或售後成本 (after costs or postsale costs)。

⑹未攤銷應付票據折價 (unamortized discount on notes payable)。

⑺遞延收入 (deferred revenues)。

⑻促進工作機會貸項 (the job development credit)。

⑼暫時性差異 (temporary differences)。

⑽永久性差異 (permanent differences)。

⑾或有利益 (gain contingencies)。

⑿或有損失 (loss contingencies)。

解：

⑴法定負債：係指因法律責任之存在而發生的負債，一般又稱為法定債務，與會計負債所強調之經濟負擔不同。

⑵估計負債：係指企業因契約、承諾、或過去已存在的交易事項，產生未來即將發生的債務，例如產品售後保證估計負債及贈品券估計負債等。

⑶折現價值：係指將未來價值，按實際利率予以折現為現在價值，故一般簡稱為現值。

⑷存入保證金：企業常收到外界所繳來的擔保款項，藉以擔保某特定契約或責任之履行，稱為存入保證金。

⑸後來成本或售後成本：係指產品售後保證估計負債而言，亦屬營業成本之一。

⑹未攤銷應付票據折價：係指長期應付票據按實際利率，予以折現的評價帳戶。

⑺遞延收入：傳統會計將各項預收收入包括於遞延負債項下，故稱其為遞延收入。

⑻促進工作機會貸項：係指遞延投資扣抵而言，用於促進經濟發展與增加就業機會。

⑼暫時性差異：係指一項資產或負債的課稅基礎與財務報表上所列報的金額不同，致使未來於該項資產回收、或負債清償時，產生應課稅金額或可減除金額者。

⑽永久性差異：當一項所得因素（包括收入、利得、費用或損失等），由於稅法的規定，僅包括於稅前財務所得或課稅所得的一方，而非同時包含於雙方者，即產生永久性差異。

⑾⑿或有利益、或有損失：企業常因過去或現在既有事實之存在，遂
產生不確定性，必須等待未來事件的發展情形，始能確定者，其
造成損失者稱或有損失，形成利益者稱或有利益。

二、選擇題

18.1 A 公司員工薪資每二星期支付一次，如有預付員工款項者，則於
發放員工薪資時一併扣除。有關薪資資料如下：

	12/31/1997	12/31/1998
預付員工款項	$120,000	$ 180,000
應付薪資	200,000	?
當年度薪資費用		2,100,000
當年度已支付薪資（毛額）		1,950,000

A 公司 1998 年 12 月 31 日資產負債表內應付薪資要列報若干？

(a) $470,000

(b) $410,000

(c) $350,000

(d) $150,000

解：(c)

A 公司 1998 年 12 月 31 日應付薪資為 $350,000，其計算方法如下：

應付薪資

		12/31/97	200,000
1998 年度已支付	1,950,000	1998 年度薪資費用	2,100,000
		12/31/98	x

$$\$200,000 + \$2,100,000 - \$1,950,000 = x$$

$$x = \$350,000$$

本題預付員工款項及其扣回，僅與現金收付有關，與薪資費用多寡無關，故不必考慮。

18.2 B 公司訂有「員工分股計劃」，由公司捐獻員工獲得股票；此項捐獻款項，係按公司每年度稅前淨利，於扣除捐獻款項後之 10% 為計算標準；1998 年度，B 公司扣除上項捐獻款項及所得稅前之淨利為$600,000，所得稅率 30%。1998 年度，B 公司對於「員工分股計劃」的捐獻款項應為若干？

(a)$60,000

(b)$54,545

(c)$42,000

(d)$38,184

解：(b)

捐獻款項為$54,545；其計算方法如下：

設： $c = $ 捐獻款項

則： $c = 10\%(\$600,000 - c)$

$c = \$60,000 - 0.1c$

$1.1c = \$60,000$

$c = \$54,545$

18.3 C公司訂有員工獎勵辦法，在此項獎勵辦法之下，總經理的獎金，係按所得稅後及獎金後公司淨利之 10% 計算；假定稅率為 40%，扣除獎金及所得稅前之淨利為$600,000；總經理的獎金應為若干？

(a)$33,962

(b)$60,000

(c)$63,962

(d)$90,000

解: (a)

總經理的獎金為$33,962，其計算方法如下:

設: $b =$ 獎金

$b = 10\%(\$600,000 - b - t)$

$t = 40\%(\$600,000 - b)$

$b = 10\%[\$600,000 - b - 40\%(\$600,000 - b)]$

$\quad = \$33,962$

$t = 40\%(\$600,000 - \$33,962)$

$\quad = \$226,415$

上列計算可予計算如下:

所得稅及獎金前淨利		$600,000
減: 所得稅 (t)	$226,415	
獎金 (b)	33,962	260,377
所得稅及獎金後淨利		$339,623
獎金百分率		10%
獎金		$ 33,962

18.4 D公司於 1998 年度與稅捐機關涉及一項稅務爭議；1998 年 12 月 31 日，D公司的稅務顧問表示該項爭議對公司極為不利，合理預

計將增加稅款$200,000，惟最高可達$300,000。俟 1999 年 3 月初，D 公司於對外發佈 1998 年度的財務報表後，另收到上級稅捐機關裁定應繳稅款$280,000。1998 年 12 月 31 日，D 公司資產負債表內應列報或有負債為若干？

(a)$200,000

(b)$250,000

(c)$280,000

(d)$300,000

解: (a)

根據財務會計準則委員會第 5 號財務會計準則聲明書 (FASB Statement No.5) 的規定：(a)在財務報表發佈之前，已有足夠的資訊顯示企業的資產甚有可能遭受損害，或企業的負債甚有可能發生；(b)損失的金額可合理地加以預計。本題已同時符合上述兩項條件，應按公司稅務顧問的意見，列報合理預計或有負債$200,000。雖然上級稅捐機關於 1999 年 3 月初裁定稅款為$280,000，惟於 1998 年 12 月 31 日編製財務報表時，尚無從知悉，故無法作為認定或有負債的根據。

18.5　E 公司的運貨卡車於 1998 年 12 月初，與 X 公司的貨櫃車發生對撞之意外事件，並於 1999 年 1 月 10 日，收到法院的訴訟通知，對方要求賠償傷害損失$800,000；E 公司的法律顧問認為，對方獲得勝訴的機率頗大，法院很可能判決 E 公司應賠償對方損失在$300,000 至$450,000 之間，$400,000 為極有可能的最佳預計數。E 公司 1998 年度的會計年度終止日為 1998 年 12 月 31 日，惟當年度財務報表於 1999 年 3 月 1 日才對外宣佈。E 公司 1998 年度損益表內，應列報意外損失若干？

(a)$–0–

(b)$300,000

(c)$400,000

(d)$450,000

解： (c)

根據一般公認會計原則，一項或有損失如同時符合下列二項要件：(a)甚有可能發生，(b)損失金額可合理預計者，應在帳上借記或有損失，貸記或有負債，並列報於當期財務報表內。此外，財務會計準則說明書第 14 號 (FASB Interpretation No.14) 另指出：「如有關或有損失的第一項條件已經符合，而且預計損失金額在一定的範圍內，仍然應予預計其損失；如在一定範圍內有更適當的金額，則應採用該項更適當的金額；如在一定範圍內缺乏適當金額時，則應採用最低基本額。」因此，本題應按極有可能的最佳預計數$400,000為準；如缺乏上項最佳預計數時，則以最基本數 $300,000 為準，並將最高數額$450,000 在財務報表項下的附註欄內備註。

18.6 1997 年期間，F 公司涉及一項訴訟案件，基於該公司法律顧問的意見，乃於當年度列報或有負債$100,000 於資產負債表內；俟 1998 年 11 月間，法院判決一項對 F 公司有利的結果，裁定對方要賠償 F 公司$60,000；對方不服上項判決，並決定提出上訴。1998 年 12 月 31 日，F 公司應列報上項或有資產及或有負債為若干？

	或有資產	或有負債
(a)	$60,000	$100,000
(b)	$60,000	$ –0–
(c)	$ –0–	$ 40,000
(d)	$ –0–	$ –0–

解: (d)

F 公司於 1998 年 12 月 31 日，因法院已裁定對其有利之判決，故原來預計或有負債已無存在的必要，將或有負債沖銷為零。此外，法院雖判決對方要賠償$60,000，對方不服，再提出上訴，後果如何，尚在未定之數；根據第 5 號財務會計準則聲明書第 17 段 (FASB Statement No.5, par.17) 的規定：「或有事項可能獲得的利益，非等到收入實現時，不予列帳，以免違背於收入未實現之前，即予認定收入的會計原則。」因此，法院所判決對方應賠償 F 公司的$60,000，既然並未實現，不予列帳；故答案為(d)。

18.7 G 公司於 1996 年向法院提出訴訟，控告 Y 公司侵害專利權，要求賠償$1,200,000；法院於 1998 年判決 Y 公司應賠償 G 公司$1,000,000 的損失，然而 Y 公司表示不服，當即提出上訴；G 公司的法律顧問認為該公司獲得勝訴的可能性相當大，並預計可獲得賠償款項在 $700,000 至 $900,000 之間，最大可能性為$800,000；惟最後結果至少要等到1999 年以後。G 公司 1998 年 12 月 31 日，應列報或有利益為若干？

(a)$–0–

(b)$700,000

(c)$800,000

(d)$1,000,000

解: (a)

根據第 5 號財務會計準則聲明書 (FASB Statement No.5, par.17) 指出：「或有事項可能獲得的利益，非等到收入實現時，不予列帳，以免違背於收入未實現之前，即予列帳的會計原則。」本題 G 公司 1998 年 12 月 31 日，要求賠償損失的最後結果，正在上訴之中，

雖然獲勝的可能性相當大，惟尚無定論，遑論收入已實現！因此，不得列為利益，只能於財務報表的備註欄內，予以附註；惟於作成此項揭露時，應避免發生曲解，勿被誤認為收入已實現；故答案為(a)。

18.8　H 公司 1998 年度的損益表內，含有下列三項：

罰款支出	$40,000
商譽攤銷費用（商譽係向外購入取得）	80,000
公債利息收入	5,000

H 公司 1998 年度的暫時性差異應為若干？

(a)$–0–

(b)$40,000

(c)$120,000

(d)$125,000

解：(a)

H 公司 1998 年度的暫時性差異為零；蓋暫時性差異乃由於若干收入或費用項目，就課稅的立場而言，應認定於某年度，惟就會計的立場而言，則應列於其他年度；影響所及，使某年度的課稅所得與會計所得不同。此項差異只是時間差異而已，於續後年度再於回轉，並將遞延所得稅逐期分攤於受差異影響的年度，則此項差異即自動消失，就總體而言，並無差異，故稱為暫時性差異。

本題罰款支出、商譽攤銷費用（商譽係向外購入取得）、及公債利息收入，在稅法上不予認定支出或豁免其列為收入，僅列入會計所得，不予列入課稅所得，故均屬於永久性差異。因此，本題暫時性

差異為零。

18.9 K 公司 1998 年 12 月 31 日，帳列稅前財務所得與課稅所得有下列
各項差異：

	稅前財務所得	課稅所得	差 異
設備之折舊費用	$100,000	$120,000	$20,000
產品售後保證費用	20,000	–0–	20,000
各項預付費用		10,000	10,000
公債利息收入	15,000	–0–	15,000

K 公司 1998 年 12 月 31 日，稅前財務所得大於課稅所得應為若
干?

(a)$25,000

(b)$20,000

(c)$15,000

(d)$10,000

解: (d)

K 公司 1998 年 12 月 31 日，稅前財務所得大於課稅所得為$25,000，
其計算方法如下：

	稅前財務所得	課稅所得	稅前財務所得大（小）於課稅所得
設備之折舊費用	$100,000	$120,000	$ 20,000
產品售後保證費用	20,000	–0–	(20,000)
各項預付費用	–0–	10,000	10,000
公債利息收入	15,000	–0–	15,000
合　計			$ 25,000

上列設備之折舊費用、產品售後保證費用、及各項預付費用，屬於暫時性差異，將於以後年度回轉之；至於公債利息收入，則屬於永久性差異，永久不必列入課稅所得。

18.10 L 公司 1998 年度損益表內列報稅前淨利$270,000；為計算當年度課稅所得，另悉下列各項資料：

預收租金	$48,000
政府公債利息收入	60,000
課稅所得的折舊費用超過會計所得的部份	30,000
依稅法規定可按毛利百分比法計算屬於以後年度的分期付款	
銷貨毛利	20,000

假定適用的所得稅率為 30%，並且不考慮最低稅額的規定，則 L 公司 1998 年度的遞延所得稅應為若干？

(a)$–0–

(b)$600

(c)$6,000

(d)$18,600

解：(b)

　　L 公司 1998 年度遞延所得稅負債為$600，其計算方法如下：

	1998 年度	回轉年度── 1999 年度以後
稅前財務所得	$270,000	
預收租金	48,000 (1)	(48,000)
政府公債利息收入	(60,000)(2)	−0−
課稅所得的折舊費用超過稅前財務所得部份	(30,000)(3)	30,000
分期付款銷貨毛利	(20,000)(4)	20,000
課稅所得	$208,000	$ 2,000

1998 年度:

所得稅費用	63,000	
應付所得稅		62,400
遞延所得稅負債		600

所得稅費用＝（稅前財務所得 − 永久性差異）× 稅率

$\qquad = (\$270,000 - \$60,000) \times 30\%$

$\qquad = \$63,000$

應付所得稅＝課稅所得 × 稅率

$\qquad = \$208,000 \times 30\%$

$\qquad = \$62,400$

遞延所得稅負債＝所得稅費用 − 應付所得稅

$\qquad = \$63,000 - \$62,400$

$\qquad = \$600$

說明:

1.在一般公認會計原則之下，租金認定於實現之際；惟稅法則認定於收到期間；故應予加入。

2.政府公債收入在稅法上可予免稅，故應予扣除。

3.課稅所得的折舊費用超過稅前財務所得的部份，故應予扣除。

4.稅法允許分期付款銷貨採用毛利百分比法，予以遞延至實現之年度，故應予扣除。

以上除第 2.項屬永久性差異無須作跨年度所得稅分攤外，其他三項均屬暫時性差異，應予遞延，並作成跨年度之所得稅分攤。

三、綜合題

18.1 利信公司 1998 年 12 月 31 日，承擔下列各項負債：

應付帳款	$210,000
應付票據：8%，1999 年 7 月 1 日到期	400,000
應付薪資	70,000
或有負債	250,000
遞延所得稅負債	50,000
將於一年內到期之長期公司債	800,000
公司債折價	4,000

對於或有負債乃由於利信公司涉及一項專利權訴訟，根據利信公司法律顧問的意見，對方獲得勝訴的可能性很大，可合理預計損失賠償金額為$250,000，惟法院必須拖延至 2000 年以後，始能判決。應付票據發票日為 1998 年 1 月 1 日，期間 18 個月，本金及利息於到期日，一併支付。又遞延所得稅$50,000，預期於 1999 年度自動回轉（因遞延所得稅跨年度分攤而回轉）。

試求：請列示 1998 年 12 月 31 日，利信公司在資產負債表內流動負債項下的內容及金額。

解:

資產負債表

負債:

　流動負債:

應付帳款	$ 210,000
應付票據	400,000
應付利息	32,000(1)
應付薪資	70,000
將於一年內到期之長期負債	796,000(2)
遞延所得稅負債	50,000(3)
流動負債合計	$1,558,000

說明:

1. 應付利息 $= \$400,000 \times 8\% \times 1 = \$32,000$

2. 公司債折價應與應付公司債抵銷; 故其餘額為$796,000 ($800,000 − $4,000)。

3. 遞延所得稅負債將於 1 年內分攤跨年度所得稅而沖銷, 故屬於流動負債。

4. 或有負債 $250,000 發生的可能性甚大, 並可合理預計其金額, 雖符合列帳標準, 但法院必將拖延至 2000 年以後始能確定, 故屬於長期負債。

18.2 利人公司的產品隨可再使用的容器, 出售給配銷商, 由配銷商於收到貨品時, 即繳付特定的押金, 約定配銷商最遲應於 2 年內退回, 並取回容器押金; 凡逾期不退回容器時, 即喪失收回押金的權利。

1998 年 12 月 31 日, 有關容器的資料如下:

1. 1997 年 12 月 31 日, 客戶繳來的容器押金餘額包括:

1996 年度	$300,000	
1997 年度	880,000	$1,180,000

2.1998 年度送貨繳來容器押金: $1,200,000

3.1998 年度退回容器押金包括:

1996 年度	$180,000	
1997 年度	500,000	
1998 年度	440,000	1,120,000

試求:

(a)請為利人公司列示 1998 年度收到及退還容器押金的分錄。

(b)請計算利人公司 1998 年 12 月 31 日應付容器押金的數額。

解:

(a)1998 年度收到及退回容器押金分錄:

現金	1,200,000	
應付容器押金		1,200,000
應付容器押金	1,120,000	
現金		1,120,000

(b)計算 1998 年 12 月 31 日應付容器押金的數額:

設: 應付容器押金 $= x$, 則:

應付容器押金

1998 年度退還	1,120,000	12/31/97 餘額	1,180,000
1996 年度逾期未退回	120,000	1998 年度繳來	1,200,000
		12/31/98 餘額	x

$$\$1,180,000 + \$1,200,000 - \$1,120,000 - \$120,000^* = x$$

　　　$x = \$1,140,000$

　　*1996 年度逾期未退回容器押金$120,000 ($300,000 − $180,000)，因超過
　　期限，已無退還容器押金的義務，故應予扣除。

18.3 利眾公司於 1998 年 9 月 1 日，購入某項財產，1998 年 7 月 1 日起至
　　 1999 年 6 月 30 日止的政府會計年度中，應課繳財產稅$48,000；假
　　 定每年稅款繳納日期訂於當年度的 10 月 1 日及次年 4 月 1 日，惟
　　 遇有財產移轉時，應於移轉日由原所有權人繳納之。已知利眾公司
　　 按月認定財產稅費用，不採用一次認定全年度應付財產稅的方法。
　　 試求：請為利眾公司記錄 1998 年 7 月 1 日起至 1999 年 6 月 30 日
　　 止，有關財產稅的會計分錄。

解：

　　1998 年 9 月 30 日：

財產稅費用	4,000	
應付財產稅		4,000

　　1998 年 10 月 1 日：

應付財產稅 (9/98)	4,000	
遞延財產稅 (10/98–12/98)	12,000	
現金		16,000

　　1998 年 9 月份已過期一個月部份，採用「應付財產稅」帳戶；1998
　　年 10 月1 日至 12 月 31 日未到期部份，採用「遞延財產稅」帳戶。
　　1998 年 10 月、11 月底、及 12 月底（3 次）：

財產稅費用	4,000	
遞延財產稅		4,000

　　1999 年 1 月底、2 月底、及 3 月底（3 次）：

| 財產稅費用 | 4,000 | |
| 應付財產稅 | | 4,000 |

1999 年 4 月 1 日：

應付財產稅 (1/99–3/99)	12,000	
遞延財產稅 (4/99–6/99)	12,000	
現金		24,000

1999 年 4 月底、5 月底、及 6 月底（3 次）：

| 財產稅費用 | 4,000 | |
| 遞延財產稅 | | 4,000 |

18.4 利廣公司成立於 1998 年初，當年度的稅前會計所得為$450,000，其中包括：(1)分期付款銷貨毛利$120,000，根據稅法規定，此項分期付款銷貨，可按毛利百分比法申報納稅，屬於 1999 年度及 2000 年度的分期付款銷貨毛利，分別為 $72,000 及$24,000；(2)屬於 1999 年度應付產品售後保證費用$24,000，依稅法規定應於實際發生時，始得申報為扣除費用；(3)企業創立期間之開辦費$50,000，悉數於當年度認列為費用，惟稅法規定此項費用應分 5 年均攤。

試求：假定利眾公司 1998 年度及續後年度的適用所得稅率，平均為 25%，請為該公司計算 1998 年度的課稅所得，並列示 1998 年 12 月 31 日跨年度所得稅分攤分錄。

解：

(a)計算 1998 年度的課稅所得如下：

	1998 年度	預期回轉年度			
		1999	2000	2001	2002
稅前會計所得	$450,000				
暫時性差異:					
⑴分期付款銷貨毛利	(96,000)	$ 72,000	$ 24,000		
⑵產品售後保證費用	24,000	(24,000)			
⑶開辦費	40,000	(10,000)	(10,000)	($10,000)	($10,000)
課稅所得	$418,000	$ 14,000	$ 38,000	($10,000)	($10,000)

(b)1998 年 12 月 31 日跨年度所得稅分攤分錄:

所得稅費用	112,500	
應付所得稅		104,500
遞延所得稅負債		8,000

所得稅費用=稅前財務所得 × 利率

　　　　=$450,000 × 25\%

　　　　=$112,500

應付所得稅=課稅所得 × 利率

　　　　=$418,000 × 25\%

　　　　=$104,500

跨年度所得稅分攤:　1999 年度　　$38,000　×25\% = $9,500

　　　　　　　　　2000 年度　　 14,000　×25\% = 　3,500

　　　　　　　　　2001 年度　　(10,000) ×25\% = (2,500)

　　　　　　　　　2002 年度　　(10,000) ×25\% = (2,500)

　　　　　　　　　合　　計　　 $32,000　　　　　 $8,000

遞延所得稅負債=$32,000 × 25\%

　　　　　　=$8,000

上項遞延所得稅負債$8,000，將於 1999 年度至 2002 年度之間逐年
予以回轉。

18.5 利仁公司成立於 1998 年初，當年度稅前財務所得為$380,000，其
中包含下列各項：(1)按財務會計方法計算 1998 年度的折舊費用
為$40,000，惟申報所得稅時，採用加速折舊方法計算折舊費用為
$60,000；(2)按財務會計方法認定某項應付費用$12,000，惟申報所得
稅時，因未予支付而延至次年度；(3)未實現外幣兌換利益$8,000，
惟稅法規定此項兌換利益於實現時，始予申報納稅；(4)取得政府公
債利息收入$10,000，稅法上准予免稅；(5)企業違規受懲罰之罰款支
出$6,000，稅法上不予認定為可減除的費用。

試求：假定利仁公司 1998 年度及續後年度的所得稅率均為 25%；
請為該公司計算 1998 年度的課稅所得，及 1998 年 12 月 31 日跨
年度所得稅的分攤分錄。

解：

首先計算 1998 年度的課稅所得如下：

	1998 年度	1999 年及續後年度
稅前財務所得	$380,000	
永久性差異：		
政府公債利息收入	(10,000)	
罰款支出	6,000	
暫時性差異：		
折舊費用認定差異	(20,000)	$ 20,000
應付費用認定差異	12,000	(12,000)
未實現外幣兌換利益認定差異	(8,000)	8,000
課稅所得	$360,000	$ 16,000

其次作成 1998 年 12 月 31 日跨年度所得稅分攤分錄：

所得稅費用	94,000	
應付所得稅		90,000
遞延所得稅負債		4,000

所得稅費用=（稅前財務所得 ± 永久性差異）× 稅率

$$=(\$380,000 - \$10,000 + \$6,000) \times 25\%$$

$$=\$94,000$$

應付所得稅=課稅所得 × 稅率

$$=\$360,000 \times 25\%$$

$$=\$90,000$$

遞延所得稅負債=遞延 1999 年及續後年度淨額 × 稅率

$$=\$16,000 \times 25\%$$

$$=\$4,000$$

上項遞延所得稅$4,000 乃因暫時性差異 $16,000 而產生，將於 1999 年及續後年度內，逐年回轉。至於永久性差異，因無須作跨年度所得稅分攤，僅於稅前會計所得項下，加以調整即可。

18.6 利民公司於 1998 年 8 月 1 日，購入機器一部，支付現金 $180,000，另簽發 2 年期票據面值$900,000，其到期日為 2000 年 7 月 31 日。此項票據雖未附息，惟市場上同類型票據的通行利率為 8%。利民公司對於機器折舊採用直線法，預計耐用年數 5 年，無殘值；另悉該公司會計年度採曆年制。

試求：

　(a)請列示購入機器的分錄。

　(b)1998 年 12 月 31 日提列機器折舊及分攤利息折價的分錄。

(c)1998 年 12 月 31 日損益表及資產負債表內，應列示上項機器及應付票據之有關科目及金額。

(d)對於應付票據折價，如採用利息攤銷法時，請編製應付票據攤銷表。

（註：請計算至元為止，元以下四捨五入）

解:

(a)購入機器分錄：

機器	951,605	
應付票據折價	128,395	
現金		180,000
應付票據		900,000

$$P=\$900,000 \times (1+0.08)^{-8}$$
$$=\$900,000 \times 0.857339$$
$$=\$771,605$$

(b)1998 年 12 月 31 日：

折舊	79,300	
備抵折價 —— 機器		79,300

$$\$951,605 \div 5 \times \frac{5}{12} = \$79,300$$

利息費用	26,749	
應付票據折價		26,749

$$\$128,395 \div 24 \times 5 = \$26,749$$

(c)(1)損益表：

利息費用	$26,749	
折舊	79,300	$106,049

(2)資產負債表:

機器	$951,605	
減: 備抵折舊	79,300	$872,305
應付票據	$900,000	
減: 應付票據折價	101,646*	$798,354

$*\$128,395 - \$26,749 = \$101,646$

(d)應付票據折價攤銷表:

應付票據折價攤銷表 —— 利息法

日期	利息費用	應付票據折價攤銷	餘額
1998.8.1			$771,605
1999.8.1	$61,728	$61,728	833,333
2000.8.1	66,667	66,667	900,000

$\$771,605 \times 8\% = \$61,728$

$\$833,333 \times 8\% = \$66,667$

18.7 利臺公司同意支付獎金給銷貨部經理及二個銷貨代理商。1998 年度該公司所得稅及獎金前淨利為$900,000; 平均所得稅率為 30%; 獎金列為所得稅之減項。

　　試求: 請按下列各項假定計算獎金數額:

　　(a)銷貨部經理獲得 6% 之獎金, 另二個銷貨代理商各獲得 5% 之獎金; 惟獎金之計算係以所得稅前及獎金前淨利為準。

　　(b)二者之獎金均以所得稅後及獎金前淨利之 9% 為準。

　　(c)二者之獎金均以所得稅後及獎金後淨利之 10% 為準。

　　(d)銷貨部經理之獎金為 12%, 二個銷貨代理商之獎金為 10%, 而

　　獎金之計算係以所得稅前及獎金後之淨利為準。

（元位以下四捨五入）

解：

(a)銷貨部經理：$\$900,000 \times 6\% = \$54,000$

　　銷貨代理商：$\$900,000 \times 5\% \times 2 = \$90,000$

(b)$b = (\$900,000 - t) \times 9\%$ ···(1)

　$t = (\$900,000 - b) \times 30\%$ ··(2)

　將(2)代入(1)：

　$b = [\$900,000 - (\$900,000 - b) \times 30\%] \times 9\%$

　　$= [\$900,000 - (\$270,000 - 0.3b)] \times 9\%$

　　$= [\$630,000 + 0.3b] \times 9\%$

　　$= \$56,700 + 0.027b$

　$0.973b = \$56,700$

　$b = \$58,273$

　銷貨部經理及銷貨代理商獎金總額 $= \$58,273 \times 3$

　　　　　　　　　　　　　　　　　$= \$174,819$

(c)$b = (\$900,000 - t - b) \times 10\%$ ·····································(3)

　$t = (\$900,000 - b) \times 30\%$ ··(4)

　將(4)代入(3)：

　$b = [\$900,000 - (\$900,000 - b) \times 30\% - b] \times 10\%$

　　$= [\$900,000 - \$270,000 + 0.3b - b] \times 10\%$

　　$= [\$630,000 - 0.7b] \times 10\%$

　$b = \$63,000 - 0.07b$

　$1.07b = \$63,000$

　$b = \$58,879$

　銷貨部經理及銷貨代理商獎金總額 $= \$58,879 \times 3 = \$176,637$

(d)$b = (\$900,000 - b) \times 12\% + (\$900,000 - b) \times 10\% \times 2$

$\quad = \$108,000 - 0.12b + \$180,000 - 0.2b$

$1.32b = \$288,000$

$b = \$240,000$

$\quad = \$218,182$

18.8 利華客運公司於 1998 年度，以預售方式發行下列每張 $2 之車票：

月　份	預售車票
1	10,000
2	11,000
3	11,500
4	12,500
5	15,000
6	18,500
7	19,000
8	19,500
9	13,000
10	12,500
11	10,500
12	9,000

該公司根據過去之經驗，所預售之車票於當月份使用者計 60%，次月份使用者 30%，再次月份使用者5%，其餘 5% 均超過六個月以上，按照規定逾期無效。

試求：請按下列假定，列示該公司 1998 年度有關預售車票之分錄：

　(a)假定負債帳戶於預售車票時即予認定（記入貸方）。

　(b)假定收入帳戶於預售車票時即予認定（記入貸方）。

解:

各月份已使用、未使用、及過期無效車票的計算:

月份	預售車票	已使用車票	未使用車票	過期無效
1	10,000	9,500		500
2	11,000	10,450		550
3	11,500	10,925		575
4	12,500	11,875		625
5	15,000	14,250		750
6	18,500	17,575		925
7	19,000	18,050		950
8	19,500	18,525		975
9	13,000	12,350		650
10	12,500	11,875		625
11	10,500	9,450	525	525
12	9,000	5,400	3,150	450
合計	162,000	150,225	3,675	8,100

(a)預售車票時即予認定負債:

現金	324,000	
未實現業務收入		324,000

$$\$2 \times 162,000 = \$324,000$$

未實現業務收入	316,650	
業務收入		300,450
未提供服務收入		16,200

$$\$2 \times 150,225 = \$300,450$$
$$\$2 \times 8,100 = \$16,200$$

(b)預售車票時即予認定收入:

現金	324,000	
業務收入		324,000
業務收入	7,350	
未實現業務收入		7,350

$2 \times 3,675 = \$7,350$

未實現業務收入在資產負債表內列為流動負債。

第十九章　長期負債

一、問答題

1. 何謂債券？債券具有那些特性？

解：

　(1)債券一詞，就廣義而言，泛指所有各項涉及債權債務關係的證券；
　　惟就狹義而言，僅指一般企業所發行的公司債及政府公債而言。

　(2)債券的特性 $\left\{ \begin{array}{l} \text{債券之發行，法律限制綦嚴。} \\ \text{債券為要式證券。} \\ \text{債券可自由轉帳與設質。} \end{array} \right.$

2. 債券發行價格應如何決定？試述之。

解：

　理論上而言，債券的發行價格，應等於債券存續期間所支付利息的
　年金現值，加上債券到期值（即面值）的折現價值（現值）之和。

3. 債券利率與發行價格具有何種關係？

解：

　債券的實際利息，應以市場利率為準，不能以名義利率為計算的根
　據。市場利率係表示債券實際價格與其實際利息的比率關係，而名
　義利率係表示債券票面價值與其約定利率的比率關係。因此，凡平

價發行的債券，因實際價格等於票面價值，則市場利率等於名義利率；凡折價發行的債券，因實際價格小於票面價值，則市場利率必大於名義利率；凡溢價發行的債券，因實際價格大於票面價值，則市場利率必小於名義利率。從另一方面來說，凡市場利率等於名義利率時，債券應按平價發行；凡市場利率大於名義利率時，債券應按折價發行；凡市場利率小於名義利率時，債券應按溢價發行。

4. 分攤債券折價或溢價的方法有那些？一般公認會計原則主張採用何種方法？

解：

有直線法和利息法。採用利息法攤銷債券折價或溢價，能符合一般公認的會計原則；但如果採用平均法或其他方法所計算的結果，與利息法的計算結果相差不大時，仍然可被接受。

5. 傳統會計與現代會計對債券發行成本的處理方法，有何不同？試述之。

解：

過去對於債券發行成本，均認為是一項遞延資產，應按合理的方法，攤銷於債券的存續期間內，逐期攤轉為費用；至於未攤銷的部份，則列為遞延借項（資產）。

然而，自從財務會計準則委員會於 1985 年 12 月，頒佈第 6 號財務會計觀念聲明書 25 段 (SFAC Statement No.6, par.25) 指出：「資產乃某特定營業個體所取得或控制之未來可能經濟效益，此等經濟效益乃過去業已發生之交易或事項所產生。」該項聲明書 237 段 (SFAC Statement No.6, par.237) 又指出：「債券發行成本因未能提供未來的經濟效益，故不屬於資產的範疇，可作為費用項目或抵減相關的負

債；事實上，債券發行成本已減少債券的現金收入，並已提交債券的實際利率，可視同債券折價處理。然而，債券發行成本也可視為債券發行期間的費用項目。」

6. 何謂附認股證債券？附認股證債券可分為那二種？試述之。

解：

債券發行公司為吸引投資人，常於債券發行時，即附有認股證，賦予持有人於特定期間內，得按一定價格認購發行公司普通股的權利，可分為 a.附可分離認股證債券，b.附不可分離認股證債券兩種。

7. 附可分離認股證債券與附不可分離認股證債券，在會計處理上有何重大區別？

解：

根據一般公認會計原則，凡發行附可分離認股證債券的發行價格，應按發行時債券與認股證的相對公平市價比例，分攤至二種證券成本之內；債券發行價格攤入債券的部份，與債券面額的差異，應列為債券折價或溢價，並攤銷於債券發行日至到期日之各個期間內；凡認股證逾期未行使而失效的部份，應轉入「資本公積 —— 捐贈盈餘」科目。至於附不可分離認股證債券，因債券與認股權具有不可分割性，致無法分攤其價值，故債券發行公司應將全部發行價格，當作負債處理。

8. 附可分離認股證債券應如何分攤債券與認股證成本？

解：

應將債券發行的全部價格，按發行時債券與認股證的相對公平價值比例分攤，並分別記入「應付債券」與「認股證」帳戶；認股證帳戶

屬於股東權益帳戶。

9. 何謂可轉換債券？何以可轉換債券為一項混合信用工具？

解：

可轉換債券係指債券發行條款內，賦予債券持有人享有可轉換為發行公司普通股的選擇權，自發行屆滿一定日期後，得於特定期間內按約定的轉換價格，將債券轉換為普通股。

可轉換債券的負債與轉換權利之間，因具有不可分割性，故為一項兼具債務與權益證券的混合信用工具；換言之，債券持有人如選擇將債券轉換為普通股，則必須放棄其債權；反之，債券持有人如選擇其債權，必須放棄請求轉換為普通股的權利，才能請求清償債權；一旦必須作成抉擇時，兩者只選其一，魚與熊掌不可同時兼得。

10. 一般公認會計原則規定可轉換債券應如何處理？

解：

會計原則委員會第 14 號意見書 (APB Opinion No.14, par.12) 指出：「本委員會的結論認為，由於可轉換債券的負債與轉換權利，兩者具有不可分割性，故發行公司不得將發行所獲得款項的一部份，列為轉換權利，應全部列為負債；在達成此項結論之際，本委員會偏重負債的考量，而比較不重視實務上的困難。」

11. 可轉換債券的會計處理方法有那二種？試示之。

解：

(1)帳面價值法：在此法之下，發行公司於債券持有人行使債券轉換權利時，應將債券於轉換日未攤折價、溢價、發行成本、應付利息、已認列利息補償金、及可轉換債券面值等，一併轉銷，以其

帳面價值淨額，列為轉換普通股的入帳基礎；因此，在帳面價值法之下，不認定任何債券轉換損益。

(2)市價法：在此法之下，發行公司於債券持有人行使債券轉換權利時，係按可轉換債券與普通股兩者之公平市價，孰者較為明確作為轉換普通股的入帳基礎；因此，在市價法之下，公平市價與可轉換債券淨額之差異，應予認定為損益，但不作為非常損益。

12. 何謂債券吸引轉換計劃？根據債券吸引轉換計劃額外支付的款項，應如何計算與認定？

解：

係指發行公司依可轉換債券原發行條款，另提出具有吸引債券持有人加速轉換的計劃，例如降低轉換價格、發給額外認股權、發放現金或其他資產等方式。根據債券吸引轉換計劃額外支付的款項，超過依原有轉換條款應給予之公平價值合計數部份，應認列為費用，此項費用並非「非常損益」項目。

13. 債券償還損益應如何計算？根據一般公認會計原則，此項損益應如何處理？

解：

凡由於債券償還所發生的損益，如其金額鉅大者，應歸類為非常損益項目，並列報於當年度的損益表項下，按全數列示後，再扣除或加計所得影響數。

14. 解釋下列各名詞：

(1)名義利率與實際利率 (nominal interest rate & effective interest rate)。

(2)相對公平價值 (relative fair value)。

(3)轉換價格 (conversion price)。

(4)轉換比率 (conversion ratio)。

(5)贖回價格 (call price)。

解:

(1) a.名義利率: 係指債券票面所載明的約定利率, 一般又稱為契約
   利率或票面利率。

   b.實際利率: 對於實際利率通常有二種不同的解釋; 其一認為債券
   的實際利率, 乃表示債券的實際價格與實際利息之間的比率關
   係; 根據此一觀點的實際利率, 又稱為實質利率或孳生利率;
   其二認為債券的實際利率, 係指發行債券時, 由債券市場上供
   需雙方所決定的通行利率; 根據此一觀點之實際利率, 又稱為
   市場利率。

(2)相對公平價值: 係指債券與認股證在發行日兩種證券公平價值的
   相對比率。

(3)轉換價格: 所謂轉換價格, 係指債券轉換為普通股的換算金額,
   此項價格通常高於發行日普通股的公平市價。

(4)轉換比率: 係指每張債券可轉換為普通股數的比率。

(5)贖回價格: 債券於發行時, 常另訂有債券贖回條款, 約定可於債
   券到期前由發行公司按一定價格提早贖回, 即稱為贖回價格。

二、選擇題

19.1 A 公司於 1999 年 1 月 1 日發行 10 年期 9% 應付債券 $2,000,000,
    按 $1,878,000 折價發行, 每年於 12 月 31 日付息一次; 已知市場利
    率 10%, 採用利息法分攤債券折價。1999 年 12 月 31 日, A 公司

資產負債表內之應付債券帳面價值應付若干？

(a)$2,000,000

(b)$1,885,800

(c)$1,878,000

(d)$1,800,000

解：(b)

資產負債表（1999 年12 月 31 日）：

　　　　　長期負債：
　　　　　　應付債券　　　　$2,000,000
　　　　　　減：債券折價　　　114,200*　$1,885,800

　　　*$2,000,000 − $1,878,000 = $122,000; $122,000 − $7,800 = $114,200

1999 年 12 月 31 日的攤銷分錄如下：

利息費用	187,800	
應付利息		180,000
債券折價		7,800

$1,878,000 × 10% = $187,800

$2,000,000 × 9% = $180,000

19.2　B 公司於 1998 年 1 月 2 日發行 5 年期 10% 債券 1,000 張，每張面值$1,000，按 102% 發行；此項債券於發行時，曾發生下列各項費用：

承銷人佣金及保證費用	$100,000
廣告費	20,000
印刷費	10,000
律師及法律費用	30,000

已知 B 公司對於債券發行成本之攤銷，係採用直線法；B 公司 1998 年度之損益表內，應列報債券發行費用若干？

(a)$20,000

(b)$24,000

(c)$26,000

(d)$32,000

解：(d)

1998 年度之損益表內，應列報債券發行費用$32,000；其計算如下：

債券發行成本：

承銷人佣金及保證費用	$100,000
廣告費	20,000
印刷費	10,000
律師及法律費用	30,000
合　計	$160,000

每年度攤銷： $160,000 \div 5 = $32,000

根據第 6 號財務會計觀念聲明書指出：「債券發行成本因未能提供未來的經濟效益，故不屬於資產的範疇，可作為費用項目或抵減相關的負債；事實上，債券發行成本已減少債券的現金收入，並已提高其實際利率，可視同債券折價處理。」

19.3　C 公司原擬定於 1998 年 4 月 1 日，發行 5 年期債券$1,000,000，惟後來卻遲延至同年 8 月 31 日才發行，並發生發行成本$99,000；假定 C 公司對於債券發行成本採用直線法攤銷，則 1998 年 12 月 31 日之損益表內，應列報債券發行費用若干？

　　(a)$6,600

　　(b)$7,200

　　(c)$14,850

　　(d)$99,000

解：(b)

根據現代的會計理論，債券發行成本並非資產，故應作為費用項目或視同債券折價一般，於債券存續期間內，逐期攤銷為費用；其計算方法如下：

債券發行成本	$99,000
攤銷期間：　9/1/98–4/1/3 = (60 − 5)個月	÷55
每個月攤銷金額	$ 1,800
1998 年度攤銷費用：　9/1–12/31	4
合　　計	$ 7,200

1998 年 12 月 31 日的攤銷分錄：

債券發行費用	7,200	
債券發行成本		7,200

19.4　D 公司於 1998 年 1 月 1 日發行 4 年期 8% 債券$1,000,000，每半年付息一次，市場利率 6%。D 公司 1998 年 1 月 1 日債券發行價格應為若干？（請計算至元為止）

　　(a)$1,000,000

(b)$1,060,302

(c)$1,069,302

(d)$1,080,000

解: (c)

就理論上言之，債券的發行價格，應等於債券存續期間所支付利息的年金現值，加上債券到期值（即面值）的折現價值（現值）之和；以公式列示如下：

$$P = f \cdot r \cdot P\,\overline{n}|i + m(1+i)^{-n}$$
$$= \$1,000,000 \times 8\% \times P\,\overline{4}|6\% + \$1,000,000(1+6\%)^{-4}$$
$$= \$80,000 \times 3.46510561 + \$1,000,000 \times 0.79209366$$
$$= \$277,208.45 + \$792,093.66$$
$$= \$1,069,302$$

19.5 E 公司於 1998 年 12 月 31 日，按面值發行 10 年期 8% 附可分離認股證之債券 1,000 張，每張面值$1,000，規定附認股權一單位，可按每股 $25 認購該公司普通股一股；發行時債券公平價值$1,080,000，認股證公平價值$120,000。E 公司 1998 年 12 月 31 日的資產負債表內，應付債券應列報若干?

(a)$880,000

(b)$900,000

(c)$975,000

(d)$1,000,000

解: (b)

根據一般公認會計原則，凡發行附可分離認股證債券時，應將其發行價格，按債券與認股證的相對公平價值比例，分攤一部份為認股

證價值。

本題 E 公司發行附可分離認股證債券的發行價格$1,000,000，應分攤如下：

$$攤入債券 = \$1,000,000 \times \frac{\$1,080,000}{\$1,080,000 + \$120,000}$$

$$= \$900,000$$

$$攤入認股證 = \$1,000,000 \times \frac{\$120,000}{\$1,080,000 + \$120,000}$$

$$= \$100,000$$

1998 年 12 月 31 日發行分錄：

現金	1,000,000	
應付債券		900,000
認股證		100,000

19.6　F 公司於 1998 年 3 月 1 日，發行 10 年期 10% 不可轉換債券 1,000 張，每張面值$1,000，按面值之 103% 發行，每張債券另附 30 單位可分離認股證，每單位可按每股 $50 認購該公司面值 $25 之普通股；債券發行日，每單位認股證公平市價為$4；此項發行價格應攤入認股證的部份為若干？

(a)$–0–

(b)$30,000

(c)$90,000

(d)$120,000

解： (d)

凡發行附可分離認股證債券時，根據一般公認會計原則，應將發行價格的一部份，按債券與認股證在發行時公平市價比例，攤入認股

證; 本題認股證具有公平價值, 至於債券的公平價值, 雖未明確指出, 應推定全部發行價格, 於扣除認股證公平價值的剩餘部份, 即屬於債券的公平價值; 其計算如下:

攤入認股證: $\$4 \times 30 \times 1,000 = \$120,000$

攤入債券: $\$1,030 \times 1,000 - \$120,000 = \$910,000$

1998 年 3 月 1 日債券發行分錄:

現金	1,030,000	
認股證		120,000
應付債券		910,000

19.7 G 公司於 1998 年 6 月 30 日之在外流通 9% 債券尚有$1,000,000, 將於 2003 年 6 月 30 日到期, 每年利息分二次於 6 月 30 日及 12 月 31 日支付; 1998 年 6 月 30 日於作成當期應有之攤銷分錄後, 債券發行溢價及債券發行成本各剩餘 $6,000 及$10,000。G 公司於當日隨即以債券面值之 98%, 贖回全部在外流通的債券。G 公司 1998 年 6 月 30 日之損益表內, 應認定若干贖回債券利益?

(a)$4,000

(b)$16,000

(c)$24,000

(d)$36,000

解: (b)

債券贖回損益, 乃債券贖回價格（市場價值）與其帳面價值之差額; 其計算如下:

債券贖回價格:

$\$1,000,000 \times 98\% = \$980,000$

債券帳面價值:

$$\$1,000,000 + \$6,000 - \$10,000 = \$996,000$$

債券贖回損益:

$$\$996,000 - \$980,000 = \$16,000$$

應付債券	1,000,000	
債券溢價	6,000	
債券發行成本		10,000
債券贖回利益		16,000
現金		980,000

19.8　H 公司於 1994 年 1 月 1 日發行 10 年期 10% 債券 1,000 張, 每張
　　面值$1,000, 按 104% 之價格發行, 並約定於 1997 年 12 月 31 日以
　　後, 可按每張 $1,010 贖回; H 公司於 1999 年 7 月 1 日, 將債券全
　　部贖回; 已知債券溢價係按直線法攤銷, 則 1999 年度損益表內應
　　列報稅前債券贖回損益為若干?

　　(a)利益$30,000。

　　(b)利益$12,000。

　　(c)利益$8,000。

　　(d)損失$10,000。

解: (c)

　　債券贖回損益乃債券贖回價格與其帳面價值之差額; 其計算如下:

　　債券贖回價格:

$$\$1,010 \times 1,000 = \$1,010,000$$

　　債券帳面價值:

面值: $1,000 × 1,000	$1,000,000
加: 未攤銷溢價: $40,000 × $\frac{4.5}{10}$	18,000
合計	$1,018,000

債券贖回利益:

$$\$1,018,000 - \$1,010,000 = \$8,000$$

19.9 J 公司於 1999 年 1 月 1 日, 按 102% 贖回其發行在外之 10 年期 8% 債券$1,000,000, 該項債券係於 1993 年 1 月 1 日按 98% 發行, 並發生債券發行成本$40,000; 已知 J 公司對於債券折價及發行成本之攤銷, 均採用直線法。J 公司 1999 年度損益表內, 應列報債券贖回之非常損益為若干?

(a)$44,000

(b)$40,000

(c)$20,000

(d)$–0–

解: (a)

債券贖回損益乃債券贖回價格與其帳面價值之差額, 其計算如下:

債券贖回價格:

$$\$1,000,000 × 102\% = \$1,020,000$$

債券帳面價值:

面值：$1,000 × 1,000 $1,000,000

減：未攤銷折價：$20,000 × $\frac{4}{10}$ (8,000)

未攤銷債券發行成本：$40,000 × $\frac{4}{10}$ (16,000)

合計 $ 976,000

債券贖回損失 $=\$1,020,000 - \$976,000$

$=\$44,000$

19.10 K 公司於 1999 年 1 月 1 日，購入一項新機器，惟並無現成之新機器公平價值；K 公司乃徵得賣方同意，開具 4 年期附息 5% 之應付票據 $200,000 支付，每年於 12 月 31 日付息一次；假定市場利率為8%，則 K 公司 1999 年 1 月 1 日機器帳面價值應列報若干？（請計算至元為止）

(a)$200,000

(b)$190,127

(c)$180,127

(d)$170,127

解：(c)

長期應付票據的帳面價值，與應付債券一樣，應等於票據存續期間內所支付利息之年金現值，加上應付票據到期值（即面值）的現值之和；其計算方法如下：

$P = f \cdot r \cdot P\,\overline{n|}\,i + m(1+i)^{-n}$

$= \$200,000 \times 5\% \times P\,\overline{4|}8\% + \$200,000(1+8\%)^{-4}$

$= \$10,000 \times 3.312127 + \$200,000 \times 0.735030$

$= \$33,121.27 + \$147,006$

$= \$180,127$

1999 年 1 月 1 日購入機器之分錄：

機器	180,127	
應付票據折價	19,873	
應付票據		200,000

三、綜合題

19.1 昌華公司於 1998 年 7 月 1 日，發行 5 年期 10% 債券1,000 張，每張$1,000，每年分二次於 6 月 30 日及 12 月 31 日付息，市場利率為12%，另悉該公司的會計年度終了日為 6 月 30 日。

試求：請為昌華公司作成下列各項：

(a)計算 1998 年 7 月 1 日債券的發行價格（請計算至元為止）。

(b)列示債券發行分錄。

(c)分別依直線法與利息法，列示 1998 年 12 月 31 日及 1999 年 6 月 30 日的債券折價攤銷分錄。

(d)列示 1999 年 6 月 30 日在直線法與利息法之下，資產負債表內應付債券的列報金額。

解：

(a)債券的發行價格，應等於債券存續期間所支付利息之年金現值，加上債券到期值（即面值）的現值之和；茲列示其計算公式如下：

$$P = f \cdot r \cdot p\,\overline{n}|i + m(1+i)^{-n}$$
$$= \$1,000,000 \times 0.05 \times P\,\overline{10}|0.06 + \$1,000,000(1+0.06)^{-10}$$
$$= \$50,000 \times 7.366087 + \$1,000,000 \times 0.558395$$

$$=\$368,304.35+\$558,395$$

$$=\$926,699$$

(b)1998 年 7 月 1 日發行分錄:

現金	926,699	
債券折價	73,301	
應付債券		1,000,000

(c)1998 年 12 月 31 日債券折價攤銷分錄:

	直線法	利息法
利息費用	57,330	55,602
債券折價	7,330	5,602
現金	50,000	50,000

$\$73,301 \div 10 = \$7,330; \$926,699 \times 0.06 = \$55,602$

1999 年 6 月 30 日債券折價攤銷分錄:

	直線法	利息法
利息費用	57,330	55,938
債券折價	7,330	5,938
現金	50,000	50,000

$(\$926,699 + \$5,602) \times 0.06 = \$55,938$

(d)1999 年 6 月 30 日資產負債表內之應付債券列報金額:

	直線法	利息法
應付債券	$1,000,000	$1,000,000
減: 債券折價	(58,641)	(61,761)
應付債券淨額	$ 941,359	$ 938,239

$\$73,301 - \$7,330 \times 2 = \$58,641$

$\$73,301 - \$5,602 - \$5,938 = \$61,761$

19.2 昌來公司採用曆年制，於 1999 年 10 月 1 日發行 6% 10 年期債券 $2,000,000；此項債券票面已載明起息日為 1999 年 1 月 1 日，每年分別於 6 月 30 日及 12 月 31 日各付息一次，市場利率為 4%；另發生債券發行成本$80,000。

試求：請為昌來公司完成下列各項：

(a)計算 1999 年 10 月 1 日債券遲延發行的價格（計算至元為止）。

(b)列示 1999 年 10 月 1 日債券發行分錄。

(c)列示 1999 年 12 月 31 日分別在直線法與利息法之下，債券溢價的攤銷分錄。

解：

(a)1999 年 10 月 1 日債券遲延發行價格：

1999 年 7 月 1 日：

$$P = f \cdot r \cdot P\overline{n}|i + m(1+i)^{-n}$$

$$= \$2,000,000 \times 0.03 \times P\,\overline{19}|0.02 + \$2,000,000(1+0.02)^{-19}$$

$$= \$60,000 \times 15.678462 + \$2,000,000 \times 0.686431$$

$$= \$940,708 + \$1,372,862$$

$$= \$2,313,570$$

1999 年 7 月 1 日至 10 月 1 日債券價值增加數：

$$\$2,313,570 \times 0.04 \times \frac{3}{12} = \$23,136$$

1999 年 7 月 1 日至 10 月 1 日債券利息：

$$\$2,000,000 \times 6\% \times \frac{3}{12} = \$30,000$$

1999 年 10 月 1 日債券發行價格：

$$\$2,313,570 + \$23,136 - \$30,000 = \$2,306,706$$

(b)1999 年 10 月 1 日債券發行分錄:

現金	2,336,706	
應付利息		30,000
債券溢價		306,706
應付債券		2,000,000

$$\$2,000,000 \times 6\% \times \frac{3}{12} = \$30,000$$

債券發行成本	80,000	
現金		80,000

(c)1999 年 12 月 31 日債券溢價攤銷分錄:

	直線法		利息法	
利息費用	21,721		23,136	
債券溢價	8,289		6,864	
現金		30,000		30,000

$$\$306,706 \times \frac{3}{111} = \$8,289; \quad 12 \times 9 + 3 = 111$$

$$\$2,313,570 \times 0.04 \times \frac{3}{12} = \$23,136$$

債券發行費用	2,162		2,162	
債券發行成本		2,162		2,162

$$\$80,000 \times \frac{3}{111} = \$2,162$$

19.3 昌平公司於 1996 年 1 月 1 日,發行 5 年期 6% 附可分離認股證債券 1,000 張,每張面值$1,000,按面值十足發行,每張債券附 10 單位認股證,約定於 1999 年 1 月 1 日後,每單位認股權可按每股 $20 認購昌平公司普通股一股,其面值每股$10。發行之日債券公平價值$960,000,認股證每單位公平價值$4;此外,債券發行時另發生債券發行成本$80,000。

試求: 請列示昌平公司 1996 年 1 月 1 日發行債券的有關分錄。

解: 1996 年 1 月 1 日債券發行的有關分錄:

現金	1,000,000	
債券折價	40,000	
應付債券		1,000,000
認股證		40,000

$$攤入債券: \$1,000,000 \times \frac{\$960,000}{\$960,000 + \$40,000} = \$960,000$$

$$攤入認股證: \$1,000,000 \times \frac{\$40,000}{\$960,000 + \$40,000} = \$40,000$$

債券發行成本	76,800	
認股證	3,200	
現金		80,000

$$攤入債券: \$80,000 \times \frac{\$960,000}{\$960,000 + \$40,000} = \$76,800$$

$$攤入認股證: \$80,000 \times \frac{\$40,000}{\$960,000 + \$40,000} = \$3,200$$

19.4 昌文公司獲准發行 8 年期 9% 債券$1,000,000, 每年於 1 月 1 日及 7 月 1 日各付息一次, 惟該公司使用郵寄方式支付利息, 於 12 月 31 日及 6 月 30 日即將付息支票寄出; 債券預定發行日為 1998 年 1 月 1 日, 但實際出售情形如下:

出售日期	債券面額	出　售　價　格
1998.4.1	$500,000	96.28% 加應計利息
1999.7.1	500,000	101.56%

試求:

　(a)請列示 1998 年度及 1999 年度有關昌文公司出售、付息、及攤

銷折價或溢價的分錄; 假定攤銷係採用直線法。

(b)請列示 1998 年 12 月 31 日應付債券在資產負債表內的表達方式。

解:

(a)1998 年 4 月 1 日:

現金	492,650	
債券折價	18,600	
利息費用（或應付利息）		11,250
應付債券		500,000

$$\$500,000 \times 9\% \times \frac{3}{12} = \$11,250$$

$$\$500,000 \times 96.28\% + \$11,250 = \$492,650$$

1998 年 6 月 30 日:

利息費用	23,100	
債券折價		600
現金		22,500

$$\$500,000 \times 9\% \times \frac{1}{2} = \$22,500$$

$$\$18,600 \times \frac{3}{93^*} = \$600$$

*$12 \times 8 - 3 = 93$

1998 年 12 月 31 日:

利息費用	23,700	
債券折價		1,200
現金		22,500

$$\$18,600 \times \frac{6}{93} = \$1,200$$

1999 年 6 月 30 日:

利息費用	23,700	
債券折價		1,200
現金		22,500

1999 年 7 月 1 日：

現金	507,800	
應付債券		500,000
債券溢價		7,800

$500,000 \times 101.56\% = \$507,800$

1999 年 12 月 31 日：

利息費用	45,600	
債券溢價	600	
現金		45,000
債券折價		1,200

$\$1,000,000 \times 9\% \times \dfrac{1}{2} = \$45,000$

$\$7,800 \times \dfrac{6}{78^*} = \$600$

$^*8 \times 12 - 18 = 78$

(b)1999 年 12 月 31 日應付債券在資產負債表內的表達方式：

應付債券	$1,000,000
加：債券溢價	7,200
減：債券折價	(14,400)
	$ 992,800

19.5 昌鑫公司於 1993 年 1 月 1 日發行 10 年期 8% 可轉換債券$1,000,000，
　　每年於 1 月 1 日及 7 月 1 日分二次付息，全部債券均於 1993 年 4
　　月 1 日按 102.34% 加應計利息出售。俟 1998 年 4 月 1 日，公司方

面乃按票面之 102% 加應計利息贖回 50% 在外流通債券，隨即予以
註銷。1998 年 6 月 30 日，公司方面又按 102% 贖回剩餘債券，另
按面值發行新債券$1,000,000。

試求：

(a)設昌鑫公司會計年度採用曆年制，對於債券溢價採用直線法攤
銷；請列示 1993 年度及 1998 年度債券發行、付息、贖回、及
換新的有關分錄。

(b)請列示債券溢價帳戶的詳細內容。

解：(a) 1993 年 4 月 1 日：

現金	1,043,400	
應付債券		1,000,000
利息費用（或應付利息）		20,000
債券溢價		23,400

$$\$1,000,000 \times 8\% \times \frac{3}{12} = \$20,000$$

$$\$1,000,000 \times 102.34\% + \$20,000 = \$1,043,400$$

1993 年 7 月 1 日：

利息費用	39,400	
債券溢價	600	
現金		40,000

$$\$1,000,000 \times 8\% \times \frac{6}{12} = \$40,000$$

$$\$23,400 \times \frac{3}{117^*} = \$600$$

$$^*12 \times 10 - 3 = 117$$

1993 年 12 月 31 日：

利息費用	38,800
債券溢價	1,200
應付利息	40,000

$$\$23,400 \times \frac{6}{117} = \$1,200$$

1998 年 4 月 1 日:

利息費用	9,700
債券溢價	300
應付利息	10,000

$$\$500,000 \times 8\% \times \frac{3}{12} = \$10,000$$

$$\$23,400 \times \frac{1}{2} \times \frac{3}{117} = \$300$$

應付債券	500,000
應付利息	10,000
債券溢價	5,700
贖回債券損失	4,300
現金	520,000

$$\$500,000 \times 102\% + \$10,000 = \$520,000$$

未攤銷債券溢價之計算:

1998 年 4 月 1 日至 2003 年 1 月 1 日 = 57 個月

$$\$23,400 \times \frac{57}{117} \times \frac{1}{2} = \$5,700$$

1998 年 6 月 30 日:

利息費用	19,400	
債券溢價	600	
應付利息		20,000

$$\$500,000 \times 8\% \times \frac{6}{12} = \$20,000$$

$$\$23,400 \times \frac{1}{2} \times \frac{6}{117} = \$600$$

應付債券	500,000	
應付利息	20,000	
債券溢價	5,400	
贖回債券損失	4,600	
現金		530,000

$$\$500,000 \times 102\% + \$20,000 = \$530,000$$

未攤銷債券溢價之計算：

1998 年 7 月 1 日至 2003 年 1 月 1 日 ＝ 54 個月

$$\$23,400 \times \frac{1}{2} \times \frac{54}{117} = \$5,400$$

1998 年 6 月 30 日：

現金	1,000,000	
應付債券		1,000,000

(b)債券溢價帳戶的詳細內容：

債券溢價

1993.7.1	600	1993.4.1	23,400
1993.12.31	1,200		
1994～1997	9,600		
1998.4.1	300		
1998.4.1	5,700		
1998.6.30	600		
1998.6.30	5,400		
合　計	23,400	合　計	23,400

19.6 昌盛公司於 1996 年 1 月 1 日，按溢價發行 5 年期 6% 債券 10,000
　　張，每張面值$1,000，於每年 6 月 30 日及 12 月 31 日給付利息，
　　並規定於發行 2 年後，公司方面得以每張 $1,040 之價格贖回。1998
　　年7 月 1 日該公司贖回債券時，共發生債券贖回損失$181,200；另悉
　　該公司對債券溢價之攤銷，係採用直線法。

　　試求：

　　　(a)請計算昌盛公司 6% 債券的發行價格，並列示債券贖回損失的
　　　　形成。

　　　(b)請作成債券贖回的分錄。　　　　　　　　（會計師考試試題）

解： (a)債券發行價格的計算：

　　　按債券贖回損失乃債券贖回價格（市場價值）與債券帳面價值之
　　　差額；因此，債券帳面價值可確定如下：

　　　　債券贖回損失 ＝ 債券贖回價格 – 債券帳面價值

　　　　$181,200 ＝ $10,400,000 – 債券帳面價值

　　　　債券帳面價值 ＝ $10,218,800

　　　　另設 x ＝ 債券溢價

則 $x - \frac{1}{10}x \times 5 = \$218,800$

$x = \$437,600$

債券發行價格 $= \$1,000 \times 10,000 + \$437,600$

$\qquad\qquad\qquad = \$10,437,600$

債券贖回損失的形成:

債券收回價格			$10,400,000
減: 債券帳面價值:			
債券面值		$10,000,000	
加: 未攤銷溢價:			
溢價總額	$437,600		
減: 已攤銷部份	218,800*	218,800	10,218,800
債券贖回損失			$ 181,200

*$\$437,600 \times \frac{5}{10} = \$218,800$

(b)債券贖回分錄:

應付債券	10,000,000	
債券溢價	218,800	
債券贖回損失	181,200	
現金		10,400,000

19.7 昌利公司於 1998 年 1 月 1 日, 獲准發行 10 年期 12% 債券 $10,000,000, 並發生債券發行成本$100,000, 當即按面值出售$2,000,000, 另$8,000,000 遲延至 1998 年 3 月 1 日才脫售, 包括應計利息在內, 得款$8,514,000。此項債券分別於每年 1 月 1 日及 7 月 1 日分二期付息; 債券溢價採用直線法攤銷。

1999 年 6 月 1 日以 108.4% 之價格贖回面值$900,000 的債券, 當即

予以註銷；已知該公司會計年度採用曆年制。

試求：

　(a)請作成昌利公司 1998 年度有關債券事項的分錄。

　(b)請列示 1999 年 6 月 1 日贖回債券及其註銷分錄。

（會計師考試試題）

解：(a) 1998 年 1 月 1 日：

債券發行成本	100,000	
現金		100,000
現金	2,000,000	
應付債券（或應付公司債）		2,000,000

1998 年 3 月 1 日：

現金	8,514,000	
利息費用		160,000
債券溢價		354,000
應付債券		8,000,000

$$\$8,000,000 \times 12\% \times \frac{2}{12} = \$160,000$$

1998 年 7 月 1 日：

利息費用	588,000	
債券溢價	12,000	
現金		600,000

$$\$10,000,000 \times 12\% \times \frac{6}{12} = \$600,000$$

$$\$354,000 \times \frac{4}{118^*} = \$12,000$$

$$^*12 \times 10 - 2 = 118$$

1998 年 12 月 31 日：

利息費用	582,000	
債券溢價	18,000	
應付利息		600,000

$$\$354,000 \times \frac{6}{118} = \$18,000$$

債券發行費用	10,000	
債券發行成本		10,000

$$\$100,000 \times \frac{1}{10} = \$10,000$$

(b) 1999 年 6 月 1 日債券贖回及註銷分錄:

利息費用	43,312.50	
債券溢價	1,687.50	
應付利息		45,000.00

$$\$900,000 \times 12\% \times \frac{5}{12} = \$45,000$$

$$\$354,000 \times \frac{5}{118} \times \frac{\$900,000}{\$8,000,000} = \$1,687.50$$

債券發行費用	375.00	
債券發行成本		375.00

$$\$10,000 \times \frac{5}{12} \times \frac{\$900,000}{\$10,000,000} = \$375.00$$

應付債券	900,000.00	
應付利息	45,000.00	
債券溢價	34,762.50	
贖回債券損失	3,562.50	
債券發行成本		7,725.00
現金		975,600.00

$$\$900,000 \times 108.4\% = \$975,600$$

未攤銷債券溢價之計算:

債券溢價總額	$354,000.00
贖回債券所佔比率 ($900,000 ÷ $8,000,000)	11.25%
贖回債券之溢價	$ 39,825.00
減: 已攤銷溢價: ($12,000 + $18,000)×	
11.25% + $1,687.50	5,062.50
未攤銷債券溢價（贖回部份）	$ 34,762.50

未攤銷債券發行成本之計算:

債券發行成本總額	$100,000
贖回債券所佔比率 ($900,000 ÷ $10,000,000)	9%
贖回債券應負擔之發行成本	$ 9,000
減: 已攤銷債券發行成本: $10,000 × 9% + $375	1,275
未攤銷債券發行成本（贖回部份）	$ 7,725

註: 上列贖回債券$900,000 之分錄，係假定屬於第二批所出售者，含有溢價之部份; 倘若屬於第一批所出售之無溢價部份，其贖回分錄將有所不同。

第二十章　租賃會計

一、問答題

1. 試述租賃的意義為何?

解:

凡賃人以物而收取報酬曰租;凡租用他人之物而使用之曰賃;合言之,稱租賃者,謂當事人相互約定,一方以物租與他方使用收益,他方則支付租費以為回報。由此可知,租賃是一種契約行為,由出租人與承租人雙方共同約定,一方授權他方,允其於特定期間內使用或享有租賃物的經濟效益,並以收付租金為報償的契約。

2. 美國會計師公會財務會計準則委員會第 13 號聲明書將租賃如何予以分類?

解:

美國會計師公會財務會計準則委員會於 1976 年頒佈第 13 號聲明書,將租賃按承租人與出資人的立場作為區分標準如下:就承租人的立場而言,租賃分為資本租賃與營業租賃;就出租人的立場而言,租賃分為直接融資租賃、銷售型租賃、售後租回及營業租賃等。

3. 租賃具有何種功能?試述之。

解:

(1)承租人可保留自有營運資金，使其靈活運用：承租人如向租賃公司租用所需機器設備，而不必自行購置，可保留營運資金，以便運用於更有利的途徑。換言之，承租人可利用租賃制度，獲得營業上所需之機器設備，能節省營運資金的耗用，實具有將固定資產予以現金化的功能。

(2)承租人對租賃資產的利用，具有彈性：租約期限如不長，遇有租賃資產使用不滿意或有新式機器推出時，承租人可於租期屆滿後不再續租，免除遭受長期持有舊機器之累。

(3)具有逐案融資的功能：企業在發展過程中，常分期逐案擴充生產設備；如每次購置設備所需資金均仰賴對外分項發行債券取得，則其資金成本必定很高；如改採用租賃方式取得時，既經濟又方便。

(4)租賃資產可十足融資：企業如採用租賃方式租用資產，不須支付定金，即可取得租賃資產的使用權，實等於十足獲得租賃資產的融資。

(5)租賃以融物代替融資：租賃事業乃工商業發達後所衍生的新興行業，以融物代替融資，由專業租賃公司提供企業所需的設備，直接了當，成為最新穎與最簡捷的理財方式。

(6)租期屆滿時，租約賦予承租人享有優惠承購權或優惠續租權，依低於公平市價承購租賃資產，或以低於公平租金繼續承租。

(7)承租人與出租人可分享投資抵減的利益：政府為獎勵企業購買新式資產，以促進產業升級，乃訂有投資抵減辦法，此項辦法賦予出租人（購置資產者）得按購買資產的百分率，用以抵減其應納所得稅，使出租人能有餘力降低租金，與承租人分享投資抵減的優惠。

(8)可增加承租人的現金流量：蓋租賃資產租金可列為費用，當為課

稅所得的減項，使承租人獲得現金流量增加的利益。

⑼可避免通貨膨脹的不利影響：在通貨膨脹時期，企業如採用租賃方式獲得所需機器設備，可避免自購機器所承受通貨膨脹的影響。

⑽承租人採用租賃方式獲得需要之機器設備，不必自購機器，免除支付利息的好處，而且使自用資產充足，具有積極穩定財務結構的作用。

4. 租賃會計的理論發軔於何時？其演變如何？

解：

對於租賃會計的研究，首先發軔於 1949 年美國會計師公會所頒佈的會計研究公報第 38 號 (ARB No.38)，隨後經過會計原則委員會第 5、7、27、及 31 號意見書 (APB Opinion No.5,7,27 & 31) 先後加以修正；然而，由於租賃事業之迅速發展，上列各項意見書所揭示的會計方法仍無法處理日漸複雜的租賃交易，財務會計準則委員會乃於 1973 年 10 月，敦聘工商業、政府主管機關、執業會計師、財務團體、及會計學術界人士等，草擬租賃會計草案；經過長期間的研究與對外發表言論，舉行聽證會，並廣納各方建議，最後於 1976 年 11 月正式頒佈第 13 號聲明書 (FASB No.13)，成為承租人與出租人處理租賃交易的一般公認會計原則；財務會計準則委員會隨後又於 1978 年、1986 年、及 1988 年分別頒佈第 23、91、及 98 號聲明書，陸續加以補充，使租賃會計的理論更臻於完整境地。

5. 反對租賃資本化人士所持的理由為何？

解：

⑴租賃契約之權利與義務並非資產與負債。

⑵租賃契約具有無條件之抵銷權。

(3)對於未來租金之現值無法精確計算。

6. 未將租賃資本化的結果，在會計上引起何種問題？

解：

未將租賃資本化的結果，使承租人的租賃負債與出租人的租賃資產未列報於財務報表內，導致財務報表無法公正表達營業個體的真實財務狀況。

7. 租賃資本化具有何種理論根據？

解：

(1)就租賃契約的性質而言：租賃契約乃簽約當事人相互約定，於未來某特定期間內，由出租人將租賃資產的使用權移轉給承租人，並由承租人支付租金以為報償；此項長期性契約通常不可撤銷，故本質上與分期付款方式購買資產相似；第 5 號意見書指出，凡租賃契約符合下列二種情況之一者，實質上應同資產的買賣方式：

　a.根據租約規定，在租賃期間屆滿時，承租人即享有低於公平租金的優惠續租權。

　b.當租賃契約屆滿時，承租人即享有低於公平市價認購租賃資產的優惠承購權。

基於會計上繼續經營的假定，企業終將履行其租約承諾；因此，一項不可撤銷的長期性租賃契約，實具有分期付款購買資產的特性，理論上應予資本化，按未來支付租金的折現價值，一方面列報為資產，另一方面又將其承擔的相對責任，列報為負債，並分別表達於資產負債表內。

(2)就資產的性質而言：根據財務會計準則委員會於 1985 年頒佈第 6 號財務會計觀念聲明書(SFAC No.6) 指出：「資產乃某特定營業

個體所取得或控制的未來可能經濟效益；此項經濟效益乃過去業已發生的交易或事項所產生。」因此，一項不可撤銷的長期租賃契約，於當事人雙方協議簽訂後，簽約人雙方均不得任意撤銷；故出租人對租賃資產雖具有法律上的所有權，然而已不具控制權；承租人對租賃資產則已取得使用權及收益權，具有相當的控制權，此項權利可產生未來的經濟效益。就此而言，承租人對於一項不可撤銷的長期性租賃契約，自應予以資本化，認定為資產及其相對應的負債，並依一般資產的方式，按有系統的合理方法，提列必要的折舊費用。

8. 承租人的資本租賃，應符合那四項認定標準之一？

解：

凡於租賃開始日，某項租賃即符合下列四項認定標準的任何一項者，即屬於承租人的資本租賃之範疇，應按資本租賃的會計方法處理：

⑴租賃期間屆滿時，租賃資產的所有權即移轉為承租人所有。

⑵租約內約定承租人享有優惠承購權。

⑶租賃期間達在租賃開始日資產剩餘耐用年數之 75% 或以上者。

⑷在租賃開始日，最低租賃支付款之現值，等於當時租賃資產公平價值之 90% 或以上者。

9. 試分別就營業租賃與資本租賃，說明承租人對於租賃交易的會計處理方法。

解：

⑴營業租賃：在營業租賃之下，承租人因使用租賃資產所發生的租金支出及其他各項補償支出，均列入租金費用帳戶。承租人應就使用租賃資產的各受益期間，作為負擔租金費用的根據；在會計

處理上，不必考慮租約對未來租金支付數額之約定。惟會計期間終了日如介於兩期租金支付日之間，則必須以應計方法予以列報為應付租金。

(2)資本租賃：在資本租賃之下，承租人將租賃交易視同購買交易一樣；換言之，當承租人與出租人簽訂一項不可撤銷的租約，並符合上述四項標準之一時，資本租賃的型態於焉形成（就出租人而言，則為融資租賃），承租人取得租賃資產並承擔租賃負債。此時，承租人對於資本租賃契約，應將其記錄為資產與負債，其所列記的金額應等於租約期間最低租賃支付款之現值。

10. 出租人的直接融資租賃與銷售型租賃，應符合那些認定標準之一？

解：

凡製造商或經銷商之出租人，以租賃作為銷售產品的方法，並於租賃開始日，即可產生利益或損失者，則屬於銷售型租賃。凡製造商或經銷商之出租人，對於某項租賃雖能完全符合銷售型租賃的認定標準，但於租賃開始日並未產生租賃利益或損失，而且出租人所收取者，只是投資於租賃資產所提供資金的利息收入而已；此項租賃乃屬於直接融資租賃的範疇。直接融資租賃通常係由從事於融資業務的租賃公司、銀行、保險公司或信託公司等，與出租人事先妥為安排，以直接融資的方式協助承租人取得租賃資產。

凡出租人之租賃交易，不能符合如同上述銷售型租賃或直接融資租賃的認定標準時，則應歸類為營業租賃。

惟就承租人的立場而言，凡一項租賃能符合資本租賃的認定標準，不論其為出租人的直接融資租賃，抑或為銷售型租賃，均屬於承租人的資本租賃。

11. 應如何區分出租人的直接融資租賃與銷售型租賃？

解：

銷售型租賃與直接融資租賃的主要區別，在於製造商或經銷商之出租人，於租賃開始日即可根據租賃資產的市場價值（公平價值）與其成本（或帳面價值）之差額，認定利益或損失。

12. 售後租回交易具有何種優點？試述之。

解：

售後租回的租賃交易方式，具有多方面的優點。蓋資金不甚寬裕的資產所有權人，經出售其資產後再予租回使用，能獲得所需要之資金，故毋庸投資鉅額的營運資金於財產、廠房及設備上面，仍能繼續使用業務上所不可缺少的營業資產。

此外，美國自 1962 年起，實施投資稅扣抵法案 (The Act of Investment Tax Credit) 以後，更促進售後租回交易的發展；蓋根據該項法案的規定，凡企業購買折舊性之資本設備，可減免購買資產年度之所得稅，最高達該項資產原始成本之 10%（視資產耐用年數之長短而不同），對於獲利性較高的企業，可充分發揮鼓勵投資的效果。

13. 售後租回交易的會計處理方法為何？

解：

就承租人而言，售後租回交易實涉及資產之銷售與租賃兩種行為在內。如售後再租回之租約，符合承租人資本性租賃的認定標準時，則承租人（財產銷售者）應按資本性租賃的會計方法處理；如售後租回之租約，不能符合資本性租賃的認定標準時，則承租人應按營業性租賃的會計方法處理。在資本性租賃之下，承租人在售後租回交易過程中，其所發生的任何利益或損失，應予遞延，並按租賃資

產攤銷的同一比例攤銷之。在營業性租賃之下，則此項遞延之利益或損失，應改按所支付租金的比例攤銷之；如租賃資產僅涉及土地一項，則對於售後租回交易過程中所發生的利益或損失之攤銷，應按直線法於租賃期間內予以認定。然而，在租賃交易發生時，如租賃資產的公平價值低於其未折舊成本時，則此兩者之差額，應立即認定為一項損失。

關於承租人對於售後租回交易之會計處理，亦有一部份人士認為資產銷售與資產租賃係屬二項各自獨立的交易行為，因此對於資產銷售交易過程中所發生的任何利益或損失，應予全部認定於資產銷售交易完成時，不必遞延。關於此一問題，美國財務會計準則委員會指出，絕大部份售後租回交易之發生，均由於融資之目的，或為獲得所得稅減免之利益，或者兩者兼而有之；因此，售後租回交易，實質上滙合資產銷售與資產租賃於一體，兩者相互依存，不能單獨存在。故財務會計準則委員會主張對於資產銷售過程中所發生的任何利益或損失，應予遞延，比較合理。

就出租人（財產購買者）而言，如承租人之售後租回的租賃交易，符合出租人的直接融資租賃之認定標準時，則應按購買與直接融資租賃處理之；否則，應按購買與營業性租賃處理之。售後租回交易，就出租人的立場而言，因無銷售型租賃之情況發生，故不必按銷售型租賃的會計方法加以處理。

14. 出租人與承租人租賃解約損益應如何計算？請分別以公式列示之。

解：

$$出租人租賃解約損益 = \left[\begin{array}{c} 應收租賃款淨額 \\ （每期應收租賃款 \times 期數） \\ - 未實現利息收入 \end{array}\right] - （收回租賃$$

資產價值*）

*以租賃資產原始成本、公平價值、及帳面價值孰低為準。

$$承租人租賃解約損益 = \begin{pmatrix} 租賃資產 \\ (-) \\ 備抵折舊 \end{pmatrix} - $$

$$\left[\begin{array}{c} 應付租賃款淨額 \\ （每期應付租賃款 × 期數）- 未分攤利息費用 \end{array} \right]$$

15. 解釋下列各名詞：

(1)優惠承購權 (bargain purchase option)。

(2)承租人最低租賃支付款 (minimum lease payments-lessee)。

(3)出租人最低租賃收入款 (minimum lease payments-lessor)。

(4)履約成本 (executory costs)。

(5)租賃隱含利率 (interest rate implicit in the lease)。

(6)承租人增支借款利率 (lessee's incremental borrowing rate)。

(7)直接融資租賃 (direct financing lease)。

(8)銷售型租賃 (sales-type lease)。

(9)售後租回交易 (sale and leaseback)。

解：

(1)優惠承購權：指租賃開始日，雙方即約定於租期屆滿日或某特定日，承租人得以低於當時公平市價的價格，此項優惠價格相當低，甚至在租賃開始日幾乎可確定承租人一定會照價承購。

(2)承租人最低租賃支付款：指承租人租用資產應支付的租金及依租約應負擔的履約成本（包括保險費、維護費、及稅捐等）。

(3)出租人最低租賃收入款：此項金額除與上述(2)所述承租人最低租賃支付款外，尚包括第三者（承租人與出租人以外）保證之租賃

資產殘值。

(4)履約成本：指履行租約應支付的保險費、維護費、及稅捐等；這些擁有或使用租賃資產的成本，不論出租人或承租人支付，均不得予以資本化。

(5)租賃隱含利率：指將每期最低租金支付數及租期屆滿時的租賃資產估計殘值，予以折現後的現值總和，適等於租賃開始日之租賃資產公平價值時，所採用的折現率。

(6)承租人增支借款利率：指承租人於租賃開始日，如向外借款購入租賃資產時應支付的利率。

(7)直接融資租賃：出租人有足夠的資金，將資金投資於租賃財產，透過租金以獲得投資報酬，使租賃業務成為其主要營業活動。

(8)銷售型租賃：銷售型租賃與直接融資租賃的主要區別，在於製造商或經銷商之出租人，於租賃開始日即可根據租賃資產的市場價值（公平價值）與其成本（或帳面價值）之差額，認定利益或損失。

(9)售後租回交易：係指原資產所有權人（出售者—承租人），將一項資產於售出後隨即向買方租回該項資產。

二、選擇題

20.1 A 公司於 1999 年 1 月 1 日將一部機器出租，租期 10 年，每年租金$50,000，於每年底支付，A 公司之增支借款利率為 10%，並已知悉出租人對於此項租賃的投資報酬率為 12%；租賃資產預計使用年限 10 年，預計殘值$25,000。此外，收取租金可合理預計，且負擔未來成本無重大不確定性；租賃開始日，A 公司應記錄應收租賃款為若干？

(a)$316,870

(b)$307,228

(c)$290,560

(d)$282,510

解：(b)

應收租賃款為$307,228，其計算如下：

本題租賃期間 10 年，超過租賃資產耐用年數 75% 以上 (10 年 ÷ 10 年 ＝100%)，收取租金可合理預計，且負擔未來成本並無重大不確定性，故為承租人的資本租賃；租賃開始日，承租人之應收租賃款的年金現值應計算如下：

$$\$50,000 \times P\,\overline{10}|0.10^* = \$50,000 \times 6.144567 = \$307.228$$

*應收租賃款現值之折現率，應以承租人增支借款利率 10% 與出租人投資報酬率 12% 孰低為準。

20.2 B 公司於 1999 年 1 月 1 日，承租一部機器，此項租賃符合資本租賃的認定標準，每年初支付租金$20,000，租期 10 年，預計殘值 $40,000，租約賦予 B 公司享有優惠承購權，可按 $20,000 購入；出租人的租賃隱含利率為 12% 並已為承租人知悉，惟承租人之增支借款利率為 14%。租賃開始日，B 公司應記錄之應付租賃款為若干？

(a)$109,717

(b)$129,640

(c)$133,004

(d)$139,443

解：(c)

應付租賃款為$133,004, 其計算如下:

應付租賃款為最低租賃支付款之年金現值及優惠承購權之現值。

$$\$20,000(P\overline{10-1}|0.10 + 1) + \$20,000(1 + 0.10)^{-10}$$

$$= \$20,000 \times (5.328250 + 1) + \$20,000 \times 0.321973$$

$$= \$126,565 + \$6,439$$

$$= \$133,004$$

根據一般公認會計原則之規定,承租人計算現值時,應以其增支借款利率為準,除非承租人已知悉出租人之租賃隱含利率,而且較其增支借款利率為低。因此,本題出租人之租賃隱含利率 12%, 已為承租人所知悉,並且低於其增支借款利率 14%, 故應以 12% 為計算現值的基礎。

20.3 C 公司於 1998 年 1 月 1 日,承租倉庫一座,租期 9 年,每年租金 $104,000 (其中 $4,000 為地價稅), 於每年底支付; C 公司的增支借款利率 10%, 惟無法知悉出租人的租賃隱含利率。租賃開始日, C 公司應記錄應付租賃款為若干?

(a)$575,900

(b)$598,936

(c)$633,490

(d)$900,000

解: (a)

應付租賃款為$575,900, 其計算如下:

每年所支付的地價稅 $4,000 屬於履約成本,應逐列為承租人之營業費用,不應包括在計算應付租賃款的年金現值之內; 故 $104,000 應扣除$4,000。

$$\$100,000 \times P\overline{9}|0.10 = \$100,000 \times 5.7590$$

$$= \$575,900$$

20.4 D 公司於 1998 年 5 月 1 日承租一部新機器, 有關資料如下:

租賃期間	10 年
每年 5 月 1 日支付租金	$80,000
機器耐用年數	12 年
租賃隱含利率	14%

D 公司可於 2008 年 5 月 1 日租期屆滿日, 按相當於當時公平價值 $100,000 承購; 租賃開始日, D 公司應記錄租賃資產為若干?

(a)$503,000

(b)$475,710

(c)$449,710

(d)$396,710

解: (b)

本題租賃期間 10 年, 超過租賃資產耐用年數 75% 以上 (10 年 ÷ 12 年 = 83.34%), 故屬於承租人的資本租賃。在資本租賃之下, 承租人應按每年最低租賃支付款的年金現值 (除非此項現值超過租賃資產的公平價值時, 應改按租賃資產的公平價值記帳) 列帳。又承租人並未享有優惠承購權; 蓋於租期屆滿日, 承租人僅能按相當於公平價值 $100,000 購買, 故不能包括於計算租賃資產價值之內。

$$租賃資產公平價值 = \$80,000 \times (P\overline{10-1}|0.14 + 1)$$

$$= \$80,000 \times (4.946372 + 1)$$

$$= \$475,710$$

20.5 E 公司於 1998 年 12 月 31 日，承租一項設備，每年租賃款$100,000，
於租賃開始日即按年支付，租期 10 年，適等於租賃資產的耐用年
數；租賃隱含利率為 10%。已知此項租賃符合承租人的資本租賃，
故於租賃開始日，E 公司即按 $675,000 記入應付租賃款，第一次
租賃款已付訖。1998 年 12 月 31 日之資產負債表內，應列報於流
動負債項下之應付租賃款為若干?

(a)$32,500

(b)$42,500

(c)$57,500

(d)$100,000

解: (b)

應列報於 1998 年 12 月 31 日資產負債表內流動負債之應付租賃
款，為 1999 年 12 月 31 日第 2 次應付租賃款不包括利息的部份，
為$42,500 ($100,000 − $575,000 × 10%)，其攤銷情形列示如下:

日期	每期應付租賃款	利息費用	應付租賃款減少	應付租賃款
1998.12.31				$675,000
1998.12.31	$100,000	$ −0−	$100,000	575,000
1999.12.31	100,000	57,500	42,500	532,500

20.6 F 公司於 1998 年 12 月 31 日租入一項設備資產，租賃期間 9 年，
適等於租賃資產的耐用年數，每年租賃款$100,000，於簽約後即按
每年一次支付，第一次已於 1998 年 12 月 31 日付訖。租賃開始
日，按隱含利率 10% 計算應付租賃款之現值為$633,000，如按 F 公
司的增支借款利率 12% 計算其應付租賃款現值為$597,000；已知 F
公司第二次租賃款準時支付。1999 年 12 月 31 日，F 公司應於資

產負債表內列報應付租賃款若干?

(a)$700,000

(b)$486,300

(c)$456,640

(d)$433,000

解: (b)

本題租賃期間 9 年超過租賃資產預計耐用年數 75% (9 年 ÷ 9 年 = 100%) 以上, 故屬承租人之資本租賃。在資本租賃之下, 計算應付租賃款之現值, 應以已知悉出納人之隱含利率 10% 與承租人增支借款利率 12%, 兩者孰低為準; 故租賃開始日承租人之應付租賃款現值, 應以 $633,000 為準, 於扣除已付訖之第一次應付租賃款 $100,000 及第二次$46,700 ($100,000 − $533,000 × 10%) 後, 其餘額為 $486,300。

20.7 G 公司於 1998 年 12 月 31 日承租一部機器, 租期 5 年, 每年支付 $210,000, 其中包括履約成本$10,000, 於每年 12 月 31 日支付, 第一次及第二次款已分別於 1998 年 12 月 31 日及 1999 年 12 月 31 日付訖; 應付租賃款現值係按 10% 計算, 其計算結果為$834,000, 並已知悉此項租賃符合承租人的資本租賃。1999 年 12 月 31 日, G 公司應列報應付租賃款為若干?

(a)$634,000

(b)$630,000

(c)$570,600

(d)$497,400

解: (d)

1998 年 12 月 31 日, 應付租賃款現值為$834,000, 扣除第一次應付租

賃款$200,000（履約成本除外）後，剩餘$634,000；1999 年 12 月 31 日，再扣除第二次應付租賃款減少款$136,600 ($210,000 − $10,000 − $634,000 × 10\%)後，尚餘$497,400，即為 G 公司應列報的應付租賃款負債。

20.8　H 公司於 1998 年 1 月 1 日，簽訂一項 8 年期不可撤銷租約，承租一部新機器，每年初應支付租賃款$60,000；機器預計可使用 12 年，無殘值；租期屆滿時，所有權即移轉為 H 公司所有；根據適當的折現率計算應付租賃款之現值為$432,000；假定 H 公司採用直線法提列折舊，則 1998 年度 H 公司應提列折舊費用若干？

(a)$–0–

(b)$36,000

(c)$54,000

(d)$60,000

解： (b)

租期屆滿時，機器所有權即移轉為承租人所有，故此項租賃屬於承租人的資本租賃；租賃開始日，應付租賃款現值為$432,000，一方面應借記租賃資產，另一方面貸記應付租賃款；蓋機器所有權於租期屆滿時，即移轉為 H 公司（承租人）所有，故提列折舊應以機器預計使用年數為準，而不採用租賃期間為根據；其計算如下：

$$折舊費用 = \$432,000 \div 12$$
$$= \$36,000$$

20.9　K 公司於 1999 年 1 月 1 日承租一項設備，簽訂 5 年期不可撤銷租約，每年於 12 月 31 日支付租賃款$100,000，符合資本租賃

的條件，乃於租賃開始日，按 10% 予以計算應付租賃款的現值為
$379,000。K 公司於 1999 年 12 月 31 日，應列報利息費用為若干？

(a)$37,900

(b)$27,900

(c)$24,200

(d)$-0-

解: (a)

K 公司於 1999 年 12 月 31 日，應列報利息收入$37,900，其計算方
法如下：

日期	每期應付租賃款	利息費用	應付租賃款減少	應付租賃款淨額
1999. 1. 1				$379,000
1999. 12. 31	$100,000	$37,900	$62,100	316,900
1999. 12. 31	100,000	31,690	68,310	285,210

1999 年 12 月 31 日：

應付租賃款	62,100	
利息費用	37,900	
現金		100,000

$379,000 \times 10\% = \$37,900$

20.10 L 公司於 1998 年 1 月 1 日，將一項設備出租，租期 8 年，每年於
年初時支付$150,000，第一年份已於租賃開始日付訖；已知設備的
售價為$880,000，帳列成本$700,000。此項租賃符合 L 公司的銷售
型租賃；應收租賃款現值為$825,000。1999 年 12 月 31 日，L 公司
應列報銷貨毛利為若干？

(a)$180,000

(b)$125,000

(c)$22,500

(d)$–0–

解: (a)

在銷售型租賃之下，於租賃開始日，出租人應根據租賃資產的市場
價值與其成本（或帳面價值）之差額，認定其銷貨毛利；其計算方
法如下：

銷貨毛利＝租賃資產正常售價（市場價值）－租賃資產成本
（或帳面價值）

＝$880,000 – $700,000

＝$180,000

本題應收租賃款現值 $825,000 並非為租賃資產的售價；租賃資產通
常可按市場價值 $880,000 出售，故應以市場價值作為計算銷貨毛利
的根據。

20.11 M 公司於 1998 年 12 月 31 日，出售一項設備給 X 公司，並隨即
予以租回，租賃期間 12 年；租賃開始日，有關資料如下：

銷貨價格	$720,000
帳面價值	540,000
預計剩餘耐用年數	15年
租期屆滿租賃資產所有權移轉給承租人	

1998 年 12 月 31 日，M 公司應列報售後租回遞延利益為若干？

(a)$–0–

(b)$165,000

(c)$168,000

(d)$180,000

解：(d)

在售後租回交易之下，銷售者（承租人）在交易過程中所發生的利益或損失，應予遞延，並攤銷至租賃期間內（假定租期屆滿租賃資產所有權歸屬出租人）或租賃資產耐用年限內（假定租期屆滿租賃資產所有權移轉承租人）。本題租期屆滿時，所有權移轉給承租人，故利益或損失應攤銷至資產耐用年限內。

$$售後租回遞延利益 = \$720,000 - \$540,000$$
$$= \$180,000$$

由於 1998 年 12 月 31 日售後租回剛發生，尚未攤銷，故 M 公司應列報售後租回遞延利益$180,000。

20.12 N 公司於 1998 年 1 月 1 日將一項設備出售給 Y 公司，隨即予以租回；已知設備之帳面價值$200,000，剩餘耐用年限 10 年，售價$300,000。雙方簽訂售後租回之期間為 10 年，符合資本租賃之條件，並按直線法提列折舊。銷售者（承租人）第一次租賃款$48,824 已於 1998 年 12 月 31 日支付。N 公司 1998 年 12 月 31 日應列報售後租回遞延利益為若干？

(a)$100,000

(b)$90,000

(c)$51,176

(d)$-0-

解：(b)

根據財務會計準則第 13 號聲明書的意見，售後租回符合資本租賃的條件時，應視為兩項單獨的交易事項；銷售者（承租人）在交易過程中所發生的損益，應予遞延至租賃期間內（假定租期屆滿租賃所有權仍歸屬出租人）或資產耐用年限內（假定租期屆滿所有權移轉給承租人）；本題兩者均為 10 年，故在計算上沒有差別。

售後租回遞延利益 $= \$300,000 - \$200,000$

$\qquad\qquad\qquad\quad = \$100,000$

1998 年 1 月 1 日：

現金	300,000	
設備		200,000
售後租回遞延利益		100,000

1998 年 12 月 31 日：

售後租回遞延利益	10,000	
折舊費用		10,000

$\$100,000 \div 10 = \$10,000$

因此，1998 年 12 月 31 日 N 公司（承租人）應列報售後租回遞延利益 $\$90,000$。

三、綜合題

20.1 中華租賃公司與立群公司於 1998 年 1 月 1 日簽訂一項租約，有關資料如下：

　　1. 自 1998 年 1 月 1 日起，租期 3 年；當時租賃資產成本與公平價值約等於 $\$527,422$，預計耐用年數 5 年。

2.每年租賃款於 12 月 31 日支付；租期屆滿時，由承租人支付保證
殘值後，所有權即移轉承租人。

3.租期屆滿時，租賃資產的保證殘值$40,000。

4.出租人隱含利率為 10%，此亦為承租人所知悉。

5.出租人收取租金可獲得合理預計，且對負擔未來成本並無重大不
確定性。

試求：請就承租人立群公司的立場，作成下列各項：

  (a)辨別此項租賃分類的方法。

  (b)計算每年應付租賃款金額。

  (c)作成租賃成立時及支付第一年租賃款的分錄。

  (d)作成應付租賃款的攤銷表。

解：

(a)辨別租賃分類的方法：

本題承租人於租賃期間開始日，最低租賃支付款現值亦即租賃資
產公平價值$527,422，其中包括每期租金之現值及保證殘值 $40,000
之現值在內；因此，每期租金現值為$497,380；其計算如下：

$$\$527,422 - \$40,000 \times (1 + 0.10)^{-3} = \$527,432 - \$40,000 \times 0.7513 = \$497,370$$

根據承租人認定資本租賃第 4 項標準：租賃開始日最低租賃支付
款（各期租金及優惠承購價格或保證殘值）的現值，應達當時資
產公平價值 90% 或以上者；其計算如下：

$$\$497,370 + \$40,000 \geq 90\% \times \$527,422$$

因此，此項租賃符合承租人的資本租賃。

(b)每年應付租賃款 (x)

$$x \cdot P\,\overline{3|}\,0.10 = \$497,370$$

$$x \cdot 2.486852 = \$497,370$$

$$x = \$200,000$$

(c)1998 年 1 月 1 日（租賃開始日）：

租賃資產	497,370	
應付租賃款		497,370

1998 年 12 月 31 日（第一次付款日）：

應付租賃款	150,263	
利息費用	49,737	
現金		200,000

$$\$497,370 \times 10\% = \$49,737$$

(d)

應付租賃款攤銷表
租期 3 年；利率 10%

日　　期	每年應付租賃款	利息費用	應付租賃款減少	應付租賃款淨額
1998.1.1				$497,370
1998.12.31	$200,000	$ 49,737	$150,263	347,107
1999.12.31	200,000	34,711	165,289	181,818
2000.12.31	200,000	18,182	181,818	–0–
合　計	$600,000	$102,630	$497,370	

20.2 沿用綜合題 20.1，另按出租人 —— 中華租賃公司的立場，並假定一切條件均無任何改變。

試求：請為出租人作成下列各項：

(a)租賃開始日的分錄。

(b)第一年收到應收租賃款的分錄。

(c)第三年租期屆滿時，如數收回租賃資產保證殘值 $40,000 之分
錄。

(d)請編製應收租賃款攤銷表。

解：

(a)1998 年 1 月 1 日（租賃開始日）：

應收租賃款	640,000	
出租資產（設備）		527,422
未實現利息收入		112,578

(b)1998 年 12 月 31 日（收到第一次租賃款）：

現金	200,000	
應收租賃款		200,000
未實現利息收入	52,742	
利息收入		52,742

(c)2001 年 1 月 1 日（收回保證殘值）：

現金	40,000	
應收租賃款		40,000

(d)

應收租賃款攤銷表
租期 3 年；利率 10%

日　期	每年應收租賃款	利息收入	收回應收租賃款	未實現利息收入	應收租賃款淨額
1998.1.1				$112,578	$527,422
1998.12.31	$200,000	$ 52,742	$147,258	59,836	380,164
1999.12.31	200,000	38,016	161,984	21,818	218,180
2000.12.31	200,000	21,818	178,180*	–0–	40,000
2001.1.1	40,000	–	40,000		–0–
合　　計	$640,000	$112,576	$527,422		

*尾差$2

20.3 中興租賃公司與華強公司於 1999 年 1 月 1 日，經雙方同意訂定 3
年期不可撤銷租約條款如下：

1.每年租賃款$109,668，於每年 1 月 1 日支付。

2.在租賃開始日，租賃資產公平價值$300,000，此亦等於出租人之帳
面價值。

3.租約未附有優惠承購權，租期屆滿時，所有權歸出租人所有。

4.承租人增支借款利率為 10%。

5.出租人與承租人均採用直線法提列折舊，已知其預計殘值為零。

6.出租人的租賃隱含利率為10%。

假定出租人對於收取租金可合理預計，而且對負擔未來成本無重大
不確定性；雙方會計年度均採曆年制。

試求：請就承租人華強公司的立場，作成下列各項：

(a)說明何以此項租賃符合承租人的資本租賃？

(b)列示租賃開始日的分錄。

(c)列示第一年支付租賃款的分錄。

(d)1999 年 12 月 31 日會計年度終了之攤銷應付租賃款及提列折
舊分錄。

(e)請編製承租人應付租賃款攤銷表。

解：

(a)此項租賃符合承租人認定資本租賃的第 4 項條件：在租賃開始
日，最低租賃款的現值至少應等於當時租賃資產公平價值 90%
或以上者。其計算如下：

$$\$109,668 \times (P\overline{3-1}|0.10 + 1) = \$109,668 \times (1 + 1.735537)$$

$$= \$109,668 \times 2.735537$$

$$= \$300,000$$

∴ $\$300,000 \geq 90\% \times \$300,000$

(b) 1999 年 1 月 1 日（租賃開始日）：

租賃資產	300,000	
應付租賃款		300,000

(c) 1999 年 1 月 1 日（支付第一次租賃款）：

應付租賃款	109,668	
現金		109,668

(d) 1999 年 12 月 31 日：

利息費用	19,033	
應付租賃款		19,033

$(\$300,000 - \$109,668) \times 10\% = 19,033$

折舊費用	100,000	
備抵折舊 —— 租賃資產		100,000

$\$300,000 \div 3 = \$100,000$

(e)

應付租賃款攤銷表
租期 3 年；利率 10%

日　　期	每年應付租賃款	利息費用	應付租賃 款 減 少	應付租賃 款 淨 額
1999.1.1				$300,000
1999.1.1	$109,668	–	$109,668	190,332
1999.12.31	–	$19,034	(19,034)	209,366
2000.1.1	109,668	–	109,668	99,698
2000.12.31	–	9,970	(9,970)	109,668
2001.1.1	109,668	–	109,668	–0–
合　　計	$329,004	$29,004	$300,000	

20.4 沿用綜合題 20.3，另按出租人中興租賃公司的立場，並假定一切條
件均無任何改變。

試求：請為出租人作成下列各項：

(a)租賃開始日的分錄。

(b)第一年收到應收租賃款的分錄。

(c)第一年底攤銷應收租賃款的分錄。

(d)請編製應收租賃款及未實現利息收入攤銷表。

解：

(a)1999 年 1 月 1 日（租賃開始日）：

應收租賃款	329,004	
出租資產		300,000
未實現利息收入		29,004

(b)1999 年 1 月 1 日（收到第一年應收租賃款）：

現金	109,668	
應收租賃款		109,668

(c)1999 年 12 月 31 日（攤銷應收租賃款）：

應收租賃款	19,034	
利息收入		19,034

(d)

應收租賃款及未實現利息收入攤銷表
租期 3 年; 利率 10%

日　　期	每年應收租賃款	利息收入	未　實　現 利息收入	應收租賃 款淨額*
1999.1.1			$29,004	$300,000
1999.1.1	$109,668	–	–	190,332
1999.12.31	–	$19,034	9,970	209,366
2000.1.1	109,668	–	–	99,698
2000.12.31	–	9,970	–0–	109,668
2001.1.1	109,668	–		–0–
合　　計	$329,004	$29,004		

*應收租賃款減未實現利息收入

20.5 大華公司於 1999 年 12 月 31 日，將一項設備資產出租給天一公司，其多項有關資料如下：

1. 租賃開始日，租賃資產的公平價值為$400,000，惟其帳面價值為$320,000。

2. 租賃期間 4 年，每年 12 月 31 日支付租賃款$114,717。

3. 出租人之租賃隱含利率為10%，此亦為承租人所知悉；惟承租人的增支借款利率為 12%。

4. 租期屆滿時，所有權無條件移轉為承租人所有。

5. 租賃資產預計耐用年數為 5 年，無殘值，採用直線法提列折舊。

6. 出租人收取租金可獲得合理預計，且對負擔未來成本並無重大不確定性。

　　試求：請就出租人大華公司的立場，列示其處理銷售型租賃的有關會計方法，並編製應收租賃款及未實現利息收入攤銷表。

解：

　　出租人大華公司處理銷售型租賃的會計方法：

1999 年 12 月 31 日（租賃開始日／第一次應收租賃款）：

應收租賃款	458,868	
銷貨收入		400,000
未實現利息收入		58,868
銷貨成本	320,000	
存貨（出租資產）		320,000
現金	114,717	
應收租賃款		114,717

2000 年 12 月 31 日（收到第二次租賃款）：

現金	114,717	
應收租賃款		114,717
未實現利息收入	28,529	
利息收入		28,529

$$(\$458,868 - \$114,717 - \$58,868) \times 10\% = \$28,529$$

茲列示出租人應收租賃款及未實現利息攤銷表如下：

出租人應收租賃款及未實現利息攤銷表
租期 4 年；利率 10%

日　期	每年應收租賃款	利息收入	收回成本	未實現利息收入	應收租賃款
1999.12.31					$458,868
1999.12.31	$114,717	$　–0–	$114,717	$58,868	344,151
2000.12.31	114,717	28,529*	86,188	30,339	229,434
2001.12.31	114,717	19,910	94,807	10,429	114,717
2002.12.31	114,717	10,429	104,288	–0–	–0–
合　計	$458,868	$58,868	$400,000		

$*(\$344,151 - \$58,868) \times 10\% = \$28,529$

20.6 沿用綜合題 20.5，另按承租人天一公司的立場，並假定一切條件均無任何改變。

試求：請為承租人天一公司作成下列各項：

　　(a)區分承租人的租賃類別。

　　(b)作成承租人租賃開始日的有關分錄。

　　(c)第一年度終了攤銷應付租賃款的分錄。

　　(d)承租人支付第二次應付租賃款的分錄。

　　(e)編製承租人應付租賃款及未實現利息費用攤銷表。

解：

　　(a)一般言之，凡承租人之租賃符合認定資本租賃四項條件之一者，即可認定為資本租賃；本題承租人天一公司之租賃，符合下列三項認定條件：

　　　　(1)租期屆滿時，租賃資產所有權即移轉為承租人所有。

　　　　(2)租賃期間達在租賃開始日資產剩餘耐用年數之 75% 或以上者；本題租賃期間 4 年達資產剩餘耐用年數 5 年之 80%。

　　　　(3)在租賃開始日，最低租賃款之現值，等於當時租賃資產公平價值之 90% 或以上者；本題最低租賃款之現值 $400,000 ($114,717 × $P\overline{4-1}|0.10 + 1$) 等於租賃資產公平價值$400,000 之100%。

　　　　因此，此項租賃符合承租人的資本租賃。

　　(b)1999 年 12 月 31 日：

租賃資產 —— 資本租賃	400,000	
應付租賃款		400,000
應付租賃款	114,717	
現金		114,717

　　(c)2000 年 12 月 31 日（攤銷應付租賃款）：

　　利息費用　　　　　　　　　　　28,529

　　　應付租賃款　　　　　　　　　　　　　　　28,529

　　($400,000 − $114,717) × 10% = $28,529

(d)2000 年 12 月 31 日（支付第二次應付租賃款）：

　　應付租賃款　　　　　　　　　114,717

　　　現金　　　　　　　　　　　　　　　　114,717

(e)

承租人應付租賃款攤銷表
租期 4 年；利率 10%

日　期	每期應付租賃款	利息費用	應付租賃款減少	應付租賃款淨額
1999.12.31				$400,000
1999.12.31	$114,717	–	$114,717	285,283
2000.12.31	–	$28,529	(28,529)	313,812
2000.12.31	114,717	–	114,717	199,095
2001.12.31	–	19,910	(19,910)	219,005
2001.12.31	114,717	–	114,717	104,288
2002.12.31	–	10,429	(10,429)	114,717
2002.12.31	114,717	–	114,717	–0–
合　計	$458,868	$58,868	$400,000	

第二十一章　退休金會計

一、問答題

1. 退休金計劃的型式可分為那二種？試說明二者的差異。

解：

　　⑴確定提存退休金計劃：雇主按退休金計劃，每期提存一定數額的退休基金，交給退休基金信託人管理與運用，孳生利息或投資獲利，使基金數額日益增多，俾於員工退休時，一次或分次付給員工。在此種退休金計劃之下，員工退休時所能領取的退休金數額，決定於雇主每期提存基金的累積數，加上退休基金孳息之和；雇主每期提存基金數額，即認定為當期的退休金成本。

　　⑵確定給付退休金計劃：在此種退休金計劃之下，雇主同意員工退休金給付金額，係按退休金給付公式計算而求得，是確定的；惟雇主每期所提存的退休基金，則以預期未來給付金額為準，是不確定的；因此，雇主有責任補足其差額。

2. 退休金計劃的精算假設，包括那些重要因素？

解：

　　精算假設：係指預期以未來事件發生的頻率，例如死亡率、離職率、殘廢率、退休率、薪資水準增加率、退休基金資產投資報酬率、及影響貨幣的時間價值之折現率等諸因素為假設條件，用於計算退休金

成本。

3. 會計人員對於退休金計劃, 將面臨那些會計問題?

解:

一般言之, 會計人員對於退休金會計, 不論是確定提存退休金計劃或確定給付退休金計劃, 均將面臨下列三大問題:

(1)退休金成本（費用）的衡量與認定。

(2)退休金資產與負債的衡量與認定。

(3)退休金計劃各項重要資訊在財務報表內的表達方法。

4. 淨退休金成本的構成因素有那些? 如何計算淨退休金成本?

解:

淨退休金成本係指雇主於財務報表內認定某特定期間之退休金成本金額, 包括服務成本、利息成本、退休基金資產預期利益、未認列前期服務成本之攤銷、未認列退休金損益之攤銷及未認列過渡性淨資產或淨給付義務之攤銷; 淨退休金成本已認定為當期費用者, 則列為退休金費用。

5. 何謂服務成本? 何謂利息成本?

解:

服務成本係指根據退休金給付公式, 將員工在某特定期間提供服務所能獲得的未來退休金給付, 折算至該特定期間的精算現值; 服務成本為淨退休金成本因素之一。

利息成本係指預計給付義務隨時間經過而增加的部份, 為淨退休金成本因素之一。

6. 退休基金資產損益如何計算？

解：

退休基金資產損益 ＝ 退休基金資產實際利益 － 退休基金資產預期
利益*

*退休基金資產預期利益＝ 退休基金資產（公平價值）× 預期長期投資報酬率

7. 何謂前期服務成本？

解：

前期服務成本係指一項退休金計劃生效日或修正日前，由於員工過
去服務年資而增加未來預計給付義務之追溯既往成本；未認列前期
服務成本之攤銷，屬於淨退休金成本因素之一。

8. 未認列前期服務成本有那二種攤銷方法？

解：

(1)直線攤銷法；(2)服務年限攤銷法。

9. 退休金損益包括那二種損益？

解：

退休金損益包括：(1)精算損益（精算假設變更而引起預計給付義務
之增減，故又稱預計給付義務損益）；(2)退休金資產損益（退休金
資產實際與預計投資報酬之差異）。

10. 未認列退休金損益應如何攤銷？

解：

退休基金資產實際利益乃期初與期末退休基金資產公平價值之差額，
經調整當期提存及支付退休金後的餘額；以公式表示如下：

實際利益 = 期末退休基金資產公平價值 − 期初退休基金資產

公平價值 + 支付退休金 − 退休基金提存金額

理論上雖以實際利益為淨退休金成本的因素之一，惟實務上均按預期利益先計入淨退休金成本之內；俟事後求得實際利益後，再將實際與預期利益差額，列為未認列退休金損益內（屬退休基金損益），再按有系統的方法，逐期攤銷轉列為淨退休金成本。

11. 過渡性淨資產或淨給付義務如何求得？

解：

過渡性淨資產或淨給付義務，係指原採用會計原則第 8 號意見書所規定的會計方法，於 1986 年 12 月 15 日起，改採用第 87 號財務準則聲明書的會計方法，使當時退休基金資產公平價值加應計退休金成本或減預付退休金成本的金額，與預計給付義務比較後的差額；如上項差額為正數，稱為過渡性淨資產；如上項差額為負債，稱為過渡性淨負債；茲以公式列示如下：

$$\left(退休基金資產公平價值 {+應計退休金成本 \atop -預付退休金成本}\right) - \left(預付給付義務\right)$$
$$= \left({過渡性淨資產或 \atop 過渡性淨給付義務}\right)$$

12. 最低退休金負債如何計算？

解：

最低退休金負債 = 累積給付義務 − 退休基金資產（公平價值）

a. 當：最低退休金負債 > 應計退休金成本：應認定補列退休金負債

如補列退休金負債 = 最低退休金負債 − 應計退休金成本

b. 當：最低退休金負債 ≤ 應計退休金成本：不認定補列退休金負債

13. 補列退休金負債如何認定？

解：

當累積給付義務超過退休基金資產的公平價值，且具有下列情形之
一者，認定「補列退休金負債」是必要的：a.帳上列有預付退休金
成本（資產）；b.帳列應計退休金成本金額小於累積給付義務未提
存退休基金的部份。

14. 何謂遞延退休金成本？

解：

遞延退休金成本係指企業於認定補列退休金負債時，應就「未認列
前期服務成本」與「未認列過渡性損益淨額」之和為最高限額，認
列為遞延退休金成本，屬於無形資產的性質；超過部份，則列為未
實現退休金成本，屬於業主權益的抵銷帳戶。

15. 解釋下列名詞：

(1)臨界金額 (corridor amount)。

(2)未實現退休金成本 (unrealized pension cost)。

(3)精算損益 (actuarial gain or loss)。

(4)最低退休金負債 (minimum pension liability)。

(5)補列退休金負債 (additional pension liability)。

解：

(1)臨界金額：係指期初預計給付義務與退休基金資產公平價值，兩
者取其大，再乘 10% 所得之積使與未認列退休金損益比較，以決
定是否需要攤銷。

(2)未實現退休金成本：遞延退休金成本最高限額不得超過「未認列
前期服務成本」與「未認列過渡性淨給付義務」之和；如遇有超

過之情形，應將超過部份列入「未實現退休金成本」帳戶，屬於業主權益的抵銷帳戶。

(3)精算損益：係指精算假設變更而引起預計給付義務之增減，故又稱預計給付義務損益。

(4)最低退休金負債：係指累積給付義務超過退休基金資產公平價值的部份。

(5)補列退休金負債：當累積給付義務超過退休基金資產的公平價值，且具有下列情形之一者，認定「補列退休金負債」是必要的：a.帳上列有預付退休金成本（資產）帳戶；b.帳列應計退休金成本（負債）金額小於累計給付義務未提存退休基金的部份。在前項情形下，補列退休金負債為最低退休金負債與預付退休金成本之和；在後項情形下，補列退休金負債為最低退休金負債與應計退休金成本之差額。

二、選擇題

21.1 A 公司採用確定給付退休金計劃，1998 年度有關資料如下：

服務成本	$352,000
退休基金資產實際及預計利益	77,000
處分附屬公司廠產設備之未預計損失	88,000
未認列前期服務成本之攤銷	11,000
預計給付義務的全年度利息	110,000

A 公司 1998 年度應列報淨退休金成本為若干？

(a)$550,000

(b)$484,000

(c)$462,000

(d)$396,000

解：(d)

淨退休金成本（退休金費用）包括服務成本、利息成本、退休基金資產實際損益、未認列前期服務成本之攤銷、未認列退休金損益之攤銷及未認列淨資產或淨給付義務之攤銷等六項因素；因此，本題淨退休金成本計算如下：

服務成本	$352,000
利息成本	110,000
退休基金資產實際及預計利益	(77,000)
未認列前期服務成本之攤銷	11,000
淨退休金成本	$396,000

21.2　B 公司 1998 年 1 月 1 日退休金計劃有關資料如下：

預計給付義務	$306,000
退休基金資產市價相關價值	330,000
未認列退休金淨損	47,000
平均剩餘服務年限	7 年

B 公司 1998 年度淨退休金成本應包括若干未認列退休金淨額之攤銷？

(a)$14,000

(b)$8,400

(c)$3,000

(d)$2,000

解：(d)

B 公司 1998 年度淨退休金成本應包括未認列退休金淨損之攤銷為 $2,000，其計算如下：

未認列退休金淨損		$ 47,000
期初退休基金資產市價相關價值	$330,000	
期初預計給付義務	$306,000	
（取較大者$330,000 × 10%）		(33,000)
可攤銷退休金損失		$ 14,000
平均剩餘服務年限		÷7
未認列退休金淨損之攤銷		$ 2,000

21.3 C 公司於 1998 年 1 月 1 日修正其退休金計劃，當時有關資料如下：

	修正前	修正後
累積給付義務	$1,140,000	$1,710,000
預計給付義務	1,560,000	2,280,000

C 公司未認列前期服務成本而應於未來攤銷的總額為若干？

(a)$1,140,000

(b)$720,000

(c)$570,000

(d)$150,000

解：(b)

未認列前期服務成本乃由於修正退休金計劃而追溯既往之前期服務成本，通常係以修正後所增加的預計給付義務為衡量的根據；

因此，C 公司 1998 年 1 月 1 日修正後之未認列前期服務成本為
$720,000，其計算方法如下：

$$\$2,280,000 - \$1,560,000 = \$720,000$$

21.4　D 公司 1998 年 1 月 1 日設立確定給付退休金計劃，並即提存退休
　　　基金資產$400,000；當年度之服務及利息成本為$248,000，退休基金
　　　資產預期與實際報酬率為 10%；無其他項目之退休金費用。
　　　D 公司 1998 年 12 月 31 日應列報預付退休金成本為若干？
　　　(a)$112,000
　　　(b)$152,000
　　　(c)$192,000
　　　(d)$248,000

解：(c)
　　　預付退休金成本乃退休基金資產超過淨退休金成本的部份；1998 年
　　　12 月 31 日之預付退休金成本為$192,000，其計算如下：

提存退休基金資產		$ 400,000
服務及利息成本	$248,000	
退休基金資產預期與實際利益：		
$400,000 × 10%	(40,000)	
淨退休金成本		(208,000)
預付退休金成本		$ 192,000

21.5　E 公司於 1997 年 1 月 1 日實施確定給付退休金計劃；已知 1997
　　　年度及 1998 年度均十足提存退休基金；1999 年度及 2000 年度有
　　　關資料如下：

	1999 年度 (實際)	2000 年度 (預計)
預計給付義務 (12 月 31 日)	$420,000	$450,000
累積給付義務 (12 月 31 日)	300,000	312,000
退休基金資產公平價值 (12 月 31 日)	360,000	405,000
預計給付義務超過退休基金資產	60,000	45,000
淨退休金成本	45,000	54,000
雇主提存退休基金	30,000	?

E 公司應提存退休基金若干，才能使 2000 年 12 月 31 日在資產負債表內的應計退休金成本為 $9,000？

(a) $30,000

(b) $36,000

(c) $45,000

(d) $60,000

解：(d)

E 公司 2000 年 12 月 31 日應提存退休基金 $60,000，才能使應計退休金成本餘額為 $9,000；吾人可用 T 字形法計算如下：

預付／應計退休金成本

		1/1/1999	–0–
1999 年度提存退休基金	30,000	1999 年度淨退休金成本	45,000
2000 年度提存退休基金	x	2000 年度淨退休金成本	54,000
		12/31/2000 餘額	9,000

$$\$45,000 + \$54,000 - \$30,000 - x = \$9,000$$

$$x = \$60,000$$

21.6 F 公司 1999 年度退休金計劃的有關資料如下：

預計給付義務 (1/1/1999)　$576,000
服務成本　　　　　　　　144,000
支付退休金　　　　　　　120,000
折現率　　　　　　　　　　10%

假定 1999 年度精算假設均無任何變更，也未提存退休基金。

F 公司 1999 年 12 月 31 日預計給付義務應為若干？

(a)$513,600

(b)$600,000

(c)$633,600

(d)$657,600

解： (d)

F 公司 1999 年 12 月 31 日預計給付義務應為 $657,600，其計算如下：

預計給付義務 (1/1/1999)		$ 576,000
1999 年度淨退休金成本：		
服務成本	$144,000	
利息成本：$576,000 × 10%	57,600	201,600
		$ 777,600
支付退休金		(120,000)
預計給付義務 (12/31/1999)		$ 657,600

21.7　G 公司 1999 年 12 月31 日收到退休基金管理人之資料如下：

退休基金資產公平價值	$1,380,000
累積給付義務	1,720,000
預計給付義務	2,280,000

G 公司 1999 年 12 月 31 日資產負債表應列報退休金負債為若干?

(a)$2,280,000

(b)$900,000

(c)$560,000

(d)$340,000

解: (d)

$$最低退休金負債 = 累積給付義務 - 退休基金資產(公平價值)$$
$$= \$1,720,000 - \$1,380,000$$
$$= \$340,000$$

當最低退休金負債大於應計退休金成本時, 應就超過的部份認定為補列退休金負債; 因此, 列報於資產負債表內的金額為$340,000。

(1)假設一: 應計退休金成本$240,000, 認定補列退休金負債$100,000; 資產負債表內列報負債$340,000 ($240,000 + $100,000)。

(2)假設二: 應計退休金成本$340,000, 不認定補列退休金負債; 資產負債表內列報負債$340,000。

(3)假設三: 應計退休金成本$-0-, 預付退休金成本$30,000, 認定補列退休金負債$370,000 ($340,000 + $30,000); 資產負債表內資產項下列報$30,000, 負債項下列報 $370,000, 借貸差異$340,000。

21.8 H 公司 1999 年 12 月 31 日有關退休金計劃之資料如下:

累積給付義務	$760,000
退休基金資產公平價值	580,000
預付退休金成本	40,000

H 公司 1999 年 12 月 31 日資產負債表內，應列示補報退休金負債
若干？

(a)$220,000

(b)$200,000

(c)$240,000

(d)$760,000

解：(a)

H 公司 1999 年 12 月 31 日資產負債表內，應列示補報退休金負債
$220,000 於負債項下，另列示預付退休金成本 $40,000 於資產項下，
借貸差額為$180,000；其計算如下：

$$最低退休金負債＝累積給付義務 － 退休基金資產（公平價值）$$
$$＝\$760,000 － \$580,000$$
$$＝\$180,000$$
$$補列退休金負債＝最低退休金負債 ＋ 預付退休金成本$$
$$＝\$180,000 ＋ \$40,000$$
$$＝\$220,000$$

21.9　I 公司於 1999 年 1 月 1 日設立確定給付退休金計劃；1999 年 12
月 31 日有關退休金計劃的資料如下：

累積給付義務	$412,000
退休基金資產公平價值	312,000
淨退休金成本	360,000
雇主提存退休基金	280,000

I 公司 1999 年 12 月 31 日，應認定補列退休金負債為若干？

  (a)$–0–

  (b)$20,000

  (c)$80,000

  (d)$180,000

解：(b)

  I 公司 1999 年 12 月 31 日，應認定補列退休金負債$20,000；其計算如下：

$$最低退休金負債 = 累積給付義務 - 退休基金資產（公平價值）$$
$$= \$412,000 - \$312,000$$
$$= \$100,000$$

$$應計退休金成本 = 淨退休金成本 - 雇主提存退休基金$$
$$= \$360,000 - \$280,000$$
$$= \$80,000$$

$$補列退休金負債 = 最低退休金負債 - 應計退休金成本$$
$$= \$100,000 - \$80,000$$
$$= \$20,000$$

21.10 J 公司實施確定給付退休金計劃；1999 年 12 月 31 日有關資料如下：

未提存累積給付義務	$200,000
未認列前期服務成本	96,000
淨退休金成本	64,000

  另悉 J 公司 1999 年度未提存退休基金。

J 公司 1999 年 12 月 31 日之資產負債表內，應列報若干未實現退休金成本作為股東權益的抵減項目？

(a)$40,000

(b)$104,000

(c)$136,000

(d)$200,000

解：(a)

J 公司 1999 年 12 月 31 日之資產負債表內，應列報未實現退休金成本$40,000；其計算如下：

$$最低退休金負債＝未提存累積給付義務$$
$$＝\$200,000$$
$$應計退休金成本＝淨退休金成本－雇主提存退休基金$$
$$＝\$64,000－0$$
$$＝\$64,000$$
$$補列退休金負債＝最低退休金負債－應計退休金成本$$
$$＝\$200,000－\$64,000$$
$$＝\$136,000$$

企業於貸記補列退休金負債$136,000，借方應按不超過「未認列前期服務成本」及「未認列過渡性淨資產或淨給付義務」之和，記入遞延退休金成本；如遇有超過上列二者之和情形，應將超過部份借記「未實現退休金成本」，並列為股東權益的抵銷帳戶；遞延退休金成本以$96,000 為最高限，其餘$40,000 屬未實現退休金成本。

遞延退休金成本	96,000	
未實現退休金成本	40,000	
補列退休金負債		136,000

三、綜合題

21.1 建文公司實施確定給付退休金計劃；1999 年度有關資料如下：

1.1999 年 1 月 1 日：

預計給付義務	$640,000
退休基金資產公平價值	480,000
應計退休金成本	160,000

2.1999 年度各項資料：

服務成本	$64,000
支付退休金	56,000
退休基金資產實際利益（與預期利益相同）	48,000
雇主提存退休基金	80,000
折現率	8%

試求：

(a)記錄 1999 年度淨退休金成本（退休金費用）的分錄。

(b)編製 1999 年 12 月 31 日退休金計劃彙總表。

解：

(a)(1) 1999 年度淨退休金成本的計算：

a.服務成本	$ 64,000
b.利息成本：$640,000 × 8%	51,200
c.退休基金實際及預計利益	(48,000)
淨退休金成本	$ 67,200

(2)記錄淨退休金成本的分錄：

退休金費用	67,200	
應計退休金成本	12,800	
現金		80,000

(b)

建文公司
退休金計劃彙總表
1999 年 12 月 31 日

淨退休金成本因素	1999 年度	(1)預計給付義務	(2)退休基金資產	(3)退休金成本（大）小於基金提存累積數
(1)服務成本	$ 64,000	$ (64,000)		
(2)利息成本	51,200	(51,200)		
(3)退休基金實際利益	(48,000)		$ 48,000	
淨退休金成本	$ 67,200		80,000	(12,800)
支付退休金		56,000	(56,000)	
本年度變動借（貸）金額		$ (59,200)	$ 72,000	$(12,800)
期初餘額		(640,000)	480,000	160,000
期末餘額		(699,200)	$552,000	$147,200

21.2 建國公司實施確定給付退休金計劃，採用曆年制；1999 年有關資料
　　如下：

預計給付義務 (12/31/1998)	$1,400,000
退休基金資產公平價值 (12/31/1998)	1,000,000
預期長期投資報酬率	10%
折現率	8%
未認列前期服務成本於 1997 年 1 月 1 日核定現值	240,000
平均剩餘服務年限	10 年
服務成本（1999 年度）	120,000
未認列退休金利益 (12/31/1998)	320,000
精算損失 (12/31/1999)	80,000
退休基金資產實際利益（1999 年度）	110,000
退休基金提存金額（1999 年年度終了）	176,000

另悉建國公司對於未認列前期服務成本及未認列退休金損失，均採用直線法攤銷。

試求：

(a)編製 1998 年 12 月 31 日退休基金提存現況狀況表。

(b)記錄 1999 年度退休金費用。

(c)編製 1999 年 12 月 31 日之退休金計劃彙總表。

解：

(a)

建國公司
退休基金提存狀況表
1998 年 12 月 31 日

預計給付義務 (12/31/1998)	$(1,400,000)
退休基金資產公平價值 (12/31/1998)	1,000,000
預計給付義務未提存退休基金	$ (400,000)
未認列前期服務成本：$240,000 \times \dfrac{8}{10}$	192,000
未認列退休金利益	(320,000)
應計退休金成本	$ (528,000)

(b)

服務成本	$ 120,000
利息成本: $1,400,000 × 8%	112,000
退休基金資產預期利益: $1,000,000 × 10%	(100,000)
未認列前期服務成本之攤銷: $240,000 × 1/10	24,000
未認列退休基金利益之攤銷（註）	(18,000)
淨退休金成本	$ 138,000

註:

未認列退休金利益		$ 320,000
期初預計給付義務 (1/1/1999)	$1,400,000	
期初退休基金資產公平價值 (1/1/1999)	1,000,000	
（取其大者$1,400,000 × 10%）		(140,000)
可攤銷退休金利益		$ 180,000
除: 平均剩餘服務年限		÷10
未認列退休金利益攤銷數		$ 18,000

1999 年度記錄退休金費用的分錄:

退休金費用	138,000	
應計退休金費用	38,000	
現金		176,000

(c)

建國公司
退休金計劃彙總表
1999 年 12 月 31 日

單位：新臺幣元

退休金費用的因素	1999 年度	(1)預計給付義務	(2)退休基金資產	(3)未認列前期服務成本	(4)未認列退休金利益	(5)退休金成本（大）小於基金提存累積數
(1)服務成本	120,000	(120,000)				
(2)利息成本	112,000	(112,000)				
(3)退休基金資產預期利益	(100,000)		100,000			
(4)未認列前期服務成本之攤銷	24,000			(24,000)		
(5)未認列退休金利益之攤銷	(18,000)				18,000	
(a)退休基金資產利益			10,000		(10,000)	
(b)精算損失		(80,000)			80,000	
(6)未認列過渡性淨資產或淨給付義務之攤銷	-0-					
退休金費用	138,000					(38,000)
本年度變動借（貸）金額		(312,000)	176,000	(24,000)	88,000	(38,000)
期初餘額 (1/1/1999)		(1,400,000)	1,000,000	192,000	(320,000)	528,000
期末餘額 (12/31/1999)		(1,712,000)	1,286,000	168,000	(232,000)	490,000

21.3 建華公司實施確定給付退休金計劃；張君受聘為該公司助理工程
師，加入退休金計劃；有關資料如下：

1.退休金計劃生效日：1/1/1999

2.張君參加退休金計劃日期：1/1/1999

3.張君預計服務年限：20 年

4.張君預期 20 年後年薪為$2,000,000

5.退休期間（支領退休金年數）預計為 10 年

6.張君 1999 年及 2000 年每年薪資$600,000

7.折現率、預期投資報酬率及實際投資報酬率均為 10%

8.退休金給付公式：退休期間每年退休金給付＝（服務年限）（最後
薪資水準）÷ 25

試求：請為建華公司計算張君的下列各項資料：

(a) 1999 年度服務成本。

(b) 2000 年 12 月 31 日之累積給付義務。

(c) 2000 年 12 月 31 日之預計給付義務。

解：

(a) 1999 年服務成本（基於未來薪資水準）：

1999 年度提供服務可獲得未來每年退休金給付

$= （服務年數）（最後薪資水準）\times \dfrac{1}{25}$

$= 1 \times (\$2,000,000) \times \dfrac{1}{25}$

$= \$80,000$

1999 年度服務成本 $= \$80,000 \times \dfrac{(1+0.1)^{10}-1}{0.1} \times (1+0.1)^{-19}$

$\qquad\qquad\qquad\quad = \$80,000 \times 6.144567 \times 0.163508$

$\qquad\qquad\qquad\quad = \$80,375$

(b) 2000 年 12 月 31 日累積給付義務（基於當期薪資水準）：

1999 及 2000 年度提供服務可獲得未來每年退休金給付

$$= （服務年次）（當期薪資水準）\times \frac{1}{25}$$

$$= (2)(\$600,000) \times \frac{1}{25}$$

$$= \$48,000$$

$$累積給付義務 \ (12/31/2000) = \$48,000 \times \frac{(1+0.1)^{10}-1}{0.1} \times (1+0.1)^{-18}$$
$$= \$48,000 \times 6.144567 \times 0.179859$$
$$= \$53,047$$

(c) 2000 年 12 月 31 日之預計給付義務（基於未來薪資水準）：

1999 及 2000 年度提供服務可獲得未來每年退休金給付

$$= （服務年數）（最後薪資水準）\times \frac{1}{25}$$

$$= (2)(\$2,000,000) \times \frac{1}{25}$$

$$= \$160,000$$

$$預計給付義務 \ (12/31/2000) = \$160,000 \times \frac{(1+0.1)^{10}-1}{0.1} \times (1+0.1)^{-18}$$
$$= \$160,000 \times 6.144567 \times 0.179859$$
$$= \$176,825$$

21.4 建安公司採用確定給付退休金計劃，其有關資料如下：

1. 預計給付義務（1/1/1999，未包括下列各項目）　　$240,000
2. 前期服務成本（1999 年 1 月 1 日修正；按 10 年攤銷）　　　　　　　　　　　　　　　　　　120,000

3.未認列過渡性淨給付義務（1990 年 1 月 1 日原
　來價值$102,000）　　　　　　　　　　　48,000

4.精算假設變動之利益（1999 年 1 月 1 日計算，
　分 15 年直線攤銷）　　　　　　　　　　36,000

5.退休基金資產實際利益（1999 年度）　　　24,000

6.退休基金資產公平價值（1999 年 1 月 1 日）　192,000

7.1999 年度提存退休基金資產　　　　　　　48,000

8.1999 年度支付退休金　　　　　　　　　　60,000

9.1999 年度服務成本　　　　　　　　　　　108,000

10.折現率　　　　　　　　　　　　　　　　8%

11.退休基金資產預期長期投資報酬率　　　　10%

試求：

　(a)計算 1999 年度淨退休金成本。

　(b)記錄 1999 年度淨退休金成本的分錄。

　(c)計算 2000 年 12 月 31 日之預計給付義務。

　(d)編製 1999 年 12 月 31 日之退休金計劃彙總表。

解：

(a) 1999 年度淨退休金成本：

服務成本	$108,000
利息成本：$324,000* × 8%	25,920
退休基金資產預期利益：$192,000 × 10%	(19,200)
未認列前期服務成本之攤銷：$120,000 ÷ 10	12,000
未認列退休金利益之攤銷：$36,000 ÷ 15	(2,400)
未認列過渡性淨給付義務之攤銷：($102,000 − $48,000) ÷ 9	6,000
淨退休金成本	$130,320

*預計給付義務(1/1/1999)：$240,000 + $120,000 − $36,000 = $324,000

(b)記錄 1999 年度淨退休金成本的分錄:

退休金費用	130,320	
現金		48,000
應計退休金成本		82,320

(c)計算 2000 年 12 月 31 日之預計給付義務:

期初餘額 (1/1/1999)	$240,000
前期服務成本 (1/1/1999)	120,000
精算假設未動之利益 (1/1/1999)	(36,000)
改正後期初餘額 (1/1/1999)	$324,000
服務成本	108,000
利息成本	25,920
支付退休金	(60,000)
期末餘額 (12/31/1999)	$397,920

(d)

建安公司
退休金計劃彙總表
1999 年 12 月 31 日

單位：新臺幣元

淨退休金成本構成因素	1999 年度	預計給付義務	退休基金資產	未認列前期服務成本	未認列退休金利益	未認列淨給付義務	退休金成本（大）小於累積提存基金數
服務成本	108,000	(108,000)					
利息成本	25,920	(25,920)					
退休基金資產實際利益	(19,200)		24,000		(4,800)		
未認列前期服務成本之攤銷	12,000			(12,000)			
未認列退休金利益之攤銷	(2,400)				2,400		
未認列淨給付義務之攤銷	6,000					(6,000)	
淨退休金成本	130,320		48,000				82,320
支付退休金		60,000	(60,000)				
本年度變動借（貸）金額		(73,920)	12,000	(12,000)	(2,400)	(6,000)	82,320
期初餘額 (1/1/1999)		(324,000)	192,000	120,000	(36,000)	48,000	-0-
期末餘額 (12/31/1999)		(397,920)	204,000	108,000	(38,400)	42,000	82,320

21.5 建臺公司 1999 年 12 月 31 日，於記錄退休金費用後，未確定補列
退休金負債之前，有下列各項分類帳餘額：

遞延退休金成本	借餘	$ 72,000
未認定退休金成本	借餘	96,000
應計退休金成本	貸餘	216,000
補列退休金負債	貸餘	168,000

1999 年 12 月 31 日，於認定 1999 年度退休金成本後，未認列前期
服務成本之餘額為$48,000；此外，1999 年 12 月 31 日之其他各項餘
額如下：

預計給付義務	$1,176,000
累積給付義務	864,000
退休基金資產公平價值	576,000

試求：

　(a)計算補列退休金負債。

　(b)記錄補列退休金負債的分錄。

解：

　(a)計算補列退休金負債：

累積給付義務 (ABO)	$(864,000)
退休基金資產公平價值	576,000
最低退休金負債	$(288,000)
應計退休金成本	216,000
補列退休金負債（應有餘額）	$ (72,000)
補列退休金負債（帳上餘額）	168,000
應予抵減金額	$ 96,000

(b)記錄補列退休金負債的分錄:

補列退休金負債	96,000	
未實現退休金成本		72,000
遞延退休金成本（註）		24,000

註:

	原有帳上餘額	應有餘額	應抵減數
遞延退休金成本	$72,000	$48,000*	$24,000
未實現退休金成本	–0–	72,000	72,000

*以未認列前期服務成本為最高限額；超過部份，應列記未實現退休金成本，屬股東權益之抵銷帳戶（借方）或附加帳戶（貸方）。

21.6 建新公司採用確定給付退休金計劃；有關資料如下:

　1.1999 年 1 月 1 日各項餘額:

預計給付義務	$840,000
退休基金資產公平價值	966,000
未認列退休金損失	147,000
未認列過渡性淨資產（利益）	29,400
未認列前期服務成本	100,800

2. 1999 年度發生事項:

服務成本	$ 63,000
折現率	10%
退休基金資產預期投資報酬率	8%
退休基金資產實際投資報酬率	10%
提存退休基金	$105,000
支付退休金	54,600
平均剩餘服務年限	20 年

試求:

(a)計算 1999 年 12 月 31 日的預計給付義務。

(b)計算 1999 年 12 月 31 日的退休基金資產。

(c)計算 1999 年度的淨退休金成本，並作成分錄。

(d)編製 1999 年 12 月 31 日的退休金計劃彙總表。

解:

(a) 1999 年 12 月 31 日的預計給付義務:

期初餘額 (1/1/1999)	$840,000
服務成本	63,000
利息成本: $840,000 × 10%	84,000
支付退休金	(54,600)
期末餘額 (12/31/1999)	$932,400

(b) 1999 年 12 月 31 日的退休基金資產:

期初餘額 (1/1/1999)	$ 966,000
本年度提存退休基金	105,000
退休基金資產實際利益: $966,000 × 10%	96,600
支付退休金	(54,600)
期末餘額 (12/31/1999)	$1,113,000

(c) 1999 年度淨退休金成本:

服務成本	$ 63,000
利息成本	84,000
退休基金資產預期利益: $966,000 × 8%	(77,280)
未認列前期服務成本之攤銷: $100,800 ÷ 20	5,040
未認列過渡性淨資產之攤銷: $29,400 ÷ 20	(1,470)
未認列退休金損失之攤銷（註）	2,520
淨退休金成本	$ 75,810

(d)

建新公司
退休金計劃彙總表
1999 年 12 月 31 日

單位：新臺幣元

淨退休金成本的構成因素	1999 年度	預計給付義務	退休基金資產	未認列前期服務成本	未認列退休金損失	未認列過渡性淨資產	退休金成本（大）小於基金提存累積數
服務成本	63,000	(63,000)					
利息成本	84,000	(84,000)					
退休基金資產預期利益	(77,280)		96,600				
未認列前期服務成本之攤銷	5,040			(5,040)			
未認列退休金損失之攤銷	2,520				(2,520)		
未認列過渡性淨資產之攤銷	(1,470)					1,470	
淨退休金成本	75,810		105,000				
支付退休金		54,600	(54,600)				
本年度變動借（貸）金額		(92,400)	147,000	(5,040)	(21,840)	1,470	(29,190)
期初餘額		(840,000)	966,000	100,800	147,000	(29,400)	(344,400)
期末餘額		(932,400)	1,113,000	95,760	125,160	(27,930)	(373,590)

註:

未認列退休金損失的攤銷:		
待攤銷未認列退休金損失		$147,000
期初預計給付義務	$840,000	
退休基金資產公平價值	966,000	
取其大者$966,000 × 10%		96,600
可攤銷退休金損失		$ 50,400
平均剩餘服務年限		÷ 20
未認列退休金損失攤銷數		$ 2,520

第二十二章　所得稅會計

一、問答題

1. 企業的稅前財務所得與課稅所得何以經常不同？

解：

因兩者之根據不同，所以會產生差異。其根據與差異如下圖：

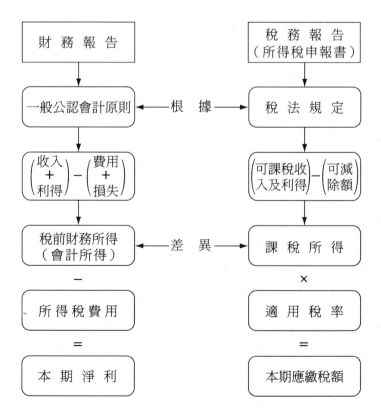

2. 何謂永久性差異？永久性差異為何不必作成跨年度所得稅分攤？

解：

當一項所得因素（包括收入、利得、費用、或損失等），由於稅法的規定，僅包含於稅前財務所得或課稅所得的一方，而非同時包含於雙方者，即產生永久性差異。換言之，永久性差異通常係基於租稅制度、經濟政策、或社會正義等諸因素之考量，在稅法上採取應變的措施，使稅法上對於課稅所得認定的基礎，與會計上認定財務所得的基礎，發生若干差異，而其影響僅及於當期者，即為永久性差異；永久性差異因對未來的應課稅金額（包括收入及利得）或可減除金額，不會產生影響，故無須做成跨期間的所得稅分攤。

3. 引起永久性差異的項目有那些？

解：

(1)免稅公債利息收入。

(2)公司重要幹部人員之人壽保險（公司為受益人）：

　　a.人壽保險費：不得抵減課稅所得。

　　b.人壽保險理賠利益：不列入為課稅所得。

(3)聯邦所得稅費用：不得抵減課稅所得。

(4)違規罰款支出：不得抵減課稅所得。

(5)因併購所得商譽之攤銷：

　　a. 1993 年 8 月 11 日以前取得者，不得抵減課稅所得。

　　b. 1993 年 8 月 11 日以後取得者，可抵減課稅所得*。

(6)投資於國內其他公司之投資收益，最高可達 80% 免稅**。

(7)交際費、捐贈等超過稅法規定限額者，不得抵減課稅所得。

(8)證券交易所得：自 79 年 1 月 1 日起停止課徵；惟證券交易損失亦不得自課稅所得中扣除。

　*屬非永久性差異項目。

　**超過免稅部份，如發生認列時間不同時，屬於暫時性差異。

4. 何謂暫時性差異？暫時性差異為何必須作成跨年度所得稅分攤？

解：

　第 109 號財務會計準則聲明書 (FASB Statement No. 109, Appendix E)，對於暫時性差異定義如下：「係指一項資產或負債的課稅基礎與財務報表上所列報的金額不同，致使未來於該項資產回收、或負債清償時，產生應課稅金額或可減除金額者。」

　暫時性差異係由於財務報告與稅務報告的認定時間不一致，使稅前財務所得與課稅所得發生時間上的差異，導致未來年度的可減除金額或應課稅金額；申言之，此項由於過去交易或其他事項所發生的臨時性可減除金額或應課稅金額，將於未來減少所得稅負擔或增加所得稅負債；前者符合資產的定義，屬於遞延所得稅資產；後者符合負債的定義。因此，對於暫時性差異，應作成跨年度的所得稅分攤，俾將此項所得稅影響數，遞延至以後期間，分別列為所得稅利益（可減除金額）或所得稅費用（應課稅金額）。

5. 引起暫時性差異的項目有那些？

解：

　⑴產品售後服務之保證費用。

　⑵預收租金或特許權等收入。

　⑶財務報表上採用一般折舊法，惟報稅時採用加速折舊法，增列折舊費用。

　⑷稅法規定商譽攤銷期限（我國最低 5 年，美國為 15 年）與一般公認會計原則要求最長 40 年不同。

(5)財務報表上僅將創業期間因設立之必要支出列為開辦費；稅法則允正常營業前之費用認列為開辦費。

(6)捐贈資產：一般公認會計原則主張捐贈資產按公平市價列帳，並認定等值之收入；稅法規定捐贈資產以捐贈人之帳面價值為準，不得逾提折舊費用，出售時之全部收入列為可課稅利得。

(7)非自願資產轉移：一般公認會計原則認定非貨幣資產被迫轉移為貨幣資產的利益，而不論企業以其收入重置非貨幣資產；惟根據稅法規定，如重置非貨幣資產之數額，等於或超過轉移得來之資金時，不予認定利益。

(8)未實現外幣兌換利益：外幣現金之未實現兌換利益，依稅法規定於實現時，始須申報納稅。

(9)分期付款銷貨毛利：一般公認會計原則認定收入於銷貨點上，稅法規定企業可採用毛利百分比法申報所得稅。

6. 暫時性差異所產生的遞延所得稅，如何區分為資產或負債？

解：

　　稱遞延所得稅資產者，乃由於會計期間終了日存在的可減除暫時性差異，預期於未來會計期間內，回轉為可減除金額，而減少所得稅負擔，具有未來經濟效益存在，故應予列為資產項目。

　　稱遞延所得稅負債者，乃由於會計期間終了日存在的可課稅暫時性差異，預期於未來會計期間內，回轉為可課稅金額，而增加所得稅負擔，具有未來經濟義務存在，故應予列為負債項目。

7. 何謂資產／負債法？何以資產／負債法符合一般公認會計原則？

解：

　　根據一般公認會計原則，資產／負債法，是將暫時性差異作成跨年

度所得稅分攤之唯一可被接受的方法；在資產／負債法之下，凡由
於會計期間終了日存在之暫時性差異所引起的未來所得稅影響數，
應予記錄為遞延所得稅資產或遞延所得稅負債。

8. 劃分遞延所得稅資產或負債為流動或非流動項目的標準為何？

解：

歸類遞延所得稅負債為流動或非流動的標準，主要係以其帳列相關
資產的屬性為依據，凡其帳列相關資產係屬流動性者，則所產生未
來應課稅金額之遞延所得稅負債，也應予歸類為流動性；如其帳列
相關資產係屬非流動性，則所產生未來應課稅金額的遞延所得稅負
債，也應予歸類為非流動性。

9. 何謂虧損扣抵？虧損扣抵何以會產生退稅與省稅的不同結果？

解：

我國稅法規定，凡公司組織的營利事業，符合一定條件者，得將前
5 年內各期虧損（以稽徵機關核定稅表為準），自本年度淨利扣抵
後，再核算應納所得稅；換言之，乃本年度的虧損，可遞轉過去年
度 5 年，作為抵減課稅所得之用；其他年度之虧損，依此類推之。

10. 在何種情況下，應設立遞延所得稅資產的備抵評價帳戶？

解：

究竟在何種情況下，應設立備抵評價帳戶？財務會計準則委員會於
1992 年 2 月頒佈第 109 號財務會計準則聲明書 (FASB Statement No. 109,
par. 17) 指出：「備抵評價帳戶之設立，係基於對各項可取得證據（包
括正面與負面證據）之評估為準；如評估顯示遞延所得稅資產的一
部份或全部，很有可能超過 50% 的機率不會實現時，應就該部份或

全部設立備抵評價帳戶；備抵評價帳戶的金額，必須足以抵減遞延
所得稅資產似乎不會實現的部份。」

由上述說明可知，如遞延所得稅資產的一部份或全部，很有可能超
過 50% 以上的機率可實現時，該部份或全部，就不必設立備抵評價
帳戶；換言之，如其一部份或全部，僅有少於 50% 的機率可以實現
時，必須就該部份或全部，設立備抵評價帳戶。

11. 何謂同期間所得稅分攤？同期間所得稅分攤的重要項目有那些？

解：

同期間所得稅分攤係指將每一會計期間的所得稅費用或利益，分攤
於同一期間內的各項重要損益構成項目或直接借（貸）記股東權益
項目。

⑴各項重要損益構成項目：

　　a.繼續營業部門淨利（損）。

　　b.停業部門營業利益（損失）。

　　c.非常利益（損失）。

　　d.會計原則變更之累積影響數。

⑵直接借（貸）記股東權益項目：

　　a.前期損益調整。

　　b.未實現持有損益。

　　c.累積換算調整數。

　　d.員工購股權保證款項。

　　e.受領捐贈資產之所得。

12. 何謂投資抵減？投資抵減的會計處理方法有那二種？試述之。

解：

投資抵減乃政府為獎勵投資，促進經濟發展，而制定各種投資抵減的辦法，規定一般企業如購置合於規定的機器、設備、或技術等各種支出，得於支出的某特定百分率限度內，抵減當年度或續後年度的應納所得稅額。

(1)當期抵減法：此法係於資產取得的當年度，將投資抵減的金額，直接地從應納所得稅額項下抵減；換言之，在此法之下，一方面借記應付所得稅，另一方面則貸記所得稅費用，使投資抵減的金額，由當期的損益表內，一次沖抵。

(2)遞延法：此法係將投資抵減的總額，貸記遞延投資抵減；遞延投資抵減在資產負債表內，通常列報為相關資產的抵銷帳戶，並於相關資產的預計使用年限內，逐年抵減應納所得稅額。

二、選擇題

下列資料用於解答 22.1 至 22.4：

A 公司於 1998 年 12 月 31 日，調節稅前財務所得與課稅所得如下：

		預計回轉年度	
	1998	1999	2000
稅前財務所得	$ 640,000		
免稅公債利息收入	(20,000)		
未實現外幣兌換損失	62,000	$(42,000)	$(20,000)
違約罰款支出	8,000		
分期付款銷貨毛利	(160,000)	120,000	40,000
課稅所得	$ 530,000	$ 78,000	$ 20,000

已知 A 公司 1998 年度至 2000 年度的適用利率均為30%。

22.1 A 公司 1998 年度的永久性差異為若干？

    (a)$–0–

    (b)$8,000

    (c)$(12,000)

    (d)$(20,000)

解：(c)

    A 公司 1998 年度的永久性差異為$(12,000)；其計算如下：

永久性差異：	
免稅公債利息收入	$(20,000)
違規罰款支出	8,000
合　計	$(12,000)

說明：

    1.免稅公債利息收入$20,000，不會產生未來之應課稅金額，僅作為調節當年度的課稅所得項目之一即可，無須作成跨年度所得稅分攤。

    2.違規罰款支出，不得作為課稅所得的抵減項目，應予加回；此外，這項支出僅作為調節當年度課稅所得項目之一即可，無須作成跨年度所得稅分攤。

22.2 A 公司 1998 年 12 月 31 日的遞延所得稅資產為若干？

    (a)$–0–

    (b)$10,000

    (c)$12,000

(d)$18,600

解：(d)

A 公司 1998 年 12 月 31 日的遞延所得稅資產為$18,600，其計算如下：

	1998 年度	遞延以後年度總額	預計回轉年度：1999 年度以後	
			可減除金額	應課稅金額
稅前財務所得	$ 640,000			
永久性差異：				
免稅公債利息收入	(20,000)			
違約罰款支出	8,000			
暫時性差異：				
未實現外幣兌換損失	62,000	$(62,000)	$62,000	
分期付款銷貨毛利	(160,000)	160,000		$160,000
課稅所得	$ 530,000	$ 98,000	$62,000	$160,000
適用稅率	30%		30%	30%
應付所得稅（當期）	$ 159,000			
遞延所得稅資產 (12/31/98)			$18,600	
遞延所得稅負債 (12/31/98)				$ 48,000
所得稅費用（遞延）			$29,400	

22.3 A 公司 1998 年 12 月 31 日的遞延所得稅負債為若干?

　(a)$–0–

　(b)$48,000

　(c)$66,600

　(d)$69,000

解：(b)

A 公司 1998 年 12 月 31 日的遞延所得稅負債為$48,000；其計算請參閱 22.2。

22.4 A 公司 1998 年度的所得稅費用應為若干？

(a)$188,400

(b)$159,000

(c)$29,400

(d)$-0-

解：(a)

A 公司 1998 年 12 月 31 日的所得稅費用為$188,400，為當期應付所得稅$159,000 及遞延所得稅資產或負債增減數淨額$29,400 的合計數。1998 年度跨年度之所得稅分攤分錄如下（非本題要求，僅供參考）：

所得稅費用（當期）	159,000	
所得稅費用（遞延）	29,400	
遞延所得稅資產 —— 流動*	18,600	
遞延所得稅負債 —— 流動*		48,000
應付所得稅		159,000

*由於未實現兌換損失所產生之未來可減除金額，其相關資產「現金 —— 外幣」屬流動性，故其所引起之遞延所得稅資產也應分類為流動性項目。此外，由於分期付款銷貨毛利所產生之未來應課稅金額，其相關資產為「應收帳款 —— 分期付款銷貨」，亦屬流動性，故其所引起之遞延所得稅負債，也應分類為流動性項目。

22.5 B 公司成立於1998 年 1 月 1 日，當年度稅前財務所得為$400,000，其中包含 $160,000 之產品售後保證費用，預計該項費用將發生如下：

1999 年度	$80,000
2000 年度	50,000
2001 年度	30,000

已知 B 公司無任何營業虧損存在；另悉自 1998 年度起至 2001 年
度之適用所得稅率均為 25%。

B 公司 1998 年 12 月 31 日，遞延所得稅資產應為若干?

(a)$140,000

(b)$100,000

(c)$40,000

(d)$–0–

解: (c)

B 公司 1998 年 12 月 31 日，遞延所得稅資產為$40,000；其計算方
法如下：

	1998 年度	遞延以後 年度總額	1999 年度以後 可減除金額
稅前財務所得	$400,000		
暫時性差異：			
產品售後保證費用	160,000	$(160,000)	$160,000
課稅所得	$560,000	–	–
暫時性差異合計		$(160,000)	$160,000
適用稅率	25%		25%
應付所得稅（當期）	$140,000		
遞延所得稅資產 (12/31/98)			$ 40,000

1998 年度跨年度之所得稅分攤分錄（非本題要求，僅供參考）：

所得稅費用（當期）	100,000	
遞延所得稅資產 —— 流動	40,000	
應付所得稅		140,000

應付所得稅（當期）＝ $560,000 \times 25\% = \$140,000$

所得稅費用＝應付所得稅（當期）－遞延所得稅負債淨減少數

$$= \$140,000 - \$40,000 = \$100,000$$

22.6　C 公司 1998 年 12 月 31 日，稅前財務所得為 $400,000，課稅所得為$440,000；此項差異係由於下列二種因素而造成：

停徵證券交易所得	$(40,000)
預收特許權收入	80,000
合　計	$ 40,000

已知 C 公司 1998 年度之所得稅適用稅率為 30%。

C 公司 1998 年 12 月 31 日之遞延所得稅負債應為若干？

(a)$–0–

(b)$24,000

(c)$132,000

(d)$156,000

解：(b)

C 公司 1998 年 12 月 31 日遞延所得稅負債為$24,000；其計算方法如下：

	1998 年度	遞延以後年度總額	1999 年度以後應課稅金額
稅前財務所得	$400,000		
永久性差異:			
停徵證券交易所得	(40,000)		
暫時性差異:			
預收特許權收入	80,000	$(80,000)	$80,000
課稅所得	$440,000		
暫時性差異合計		$(80,000)	$80,000
適用稅率	30%		30%
應付所得稅	$132,000		
遞延所得稅負債 (12/31/99)			$24,000

1998 年度跨年度之所得稅分攤分錄（非本題要求，僅供參考）:

所得稅費用（當期）	132,000	
所得稅費用（遞延）	24,000	
遞延所得稅負債		24,000
應付所得稅		132,000

所得稅費用＝應付所得稅（當期）＋遞延所得稅負債淨增加數

$$= \$132,000 + \$24,000$$

$$= \$156,000$$

22.7　D 公司成立於 1998 年 1 月初，當年度稅前財務所得$220,000，包括壞帳損失$7,000 及分期付款銷貨毛利 $13,000；基於報稅目的，上列二項應認定於 1999 年度；假定 D 公司 1998 年度及 1999 年度之適用稅率分別為 30% 及 25%。

D 公司 1998 年度損益表內，應列報所得稅費用（包括當期及遞延部份）為若干?

(a)$65,700

(b)$66,000

(c)$67,450

(d)$68,100

解：(a)

所得稅費用為當期應付所得稅$64,200 及遞延所得稅$1,500 之合計數$65,700；其計算方法如下：

	1998 年度	遞延以後年度總額	預計回轉年度：1999 年度 可減除金額	應課稅金額
稅前財務所得	$220,000			
暫時性差異：				
壞帳損失	7,000	(7,000)	$7,000	
分期付款銷貨毛利	(13,000)	13,000		$13,000
課稅所得	$214,000	–	–	–
暫時性差異合計		$ 6,000	$7,000	$13,000
適用稅率	30%		25%	25%
應付所得稅	$ 64,200			
遞延所得稅資產 (12/31/98)			$1,750	
遞延所得稅負債 (12/31/98)				$ 3,250
所得稅費用（遞延）			$1,500	

$$64,200 + \$1,500 = \$65,700$$

1998 年度跨年度所得稅分攤分錄（非本題之要求，僅供參考）：

所得稅費用（當期）	64,200	
所得稅費用（遞延）	1,500	
遞延所得稅資產	1,750	
遞延所得稅負債		3,250
應付所得稅		64,200

22.8 E 公司 1998 年度稅前財務所得為$600,000，課稅所得為$400,000；兩者差異的原因，係由於未實現外幣兌換利益$200,000 所致，預計此項利益將於 1999 年度實現；另悉 E 公司所得稅適用稅率為30%。

E 公司 1998 年度損益表內應列報所得稅費用為若干？

(a)$24,000

(b)$42,000

(c)$120,000

(d)$180,000

解：(d)

E 公司 1998 年度損益表內應列報所得稅費用$180,000；其計算方法如下：

	1998 年度	遞延以後 年度總額	預計回轉年度： 1999 年度
稅前財務所得	$600,000		
暫時性差異：			
未實現外幣兌換利益	(200,000)	$200,000	$200,000
課稅所得	$400,000	–	–
暫時性差異合計		$200,000	$200,000
適用稅率	30%		30%
應付所得稅（當期）	$120,000		
遞延所得稅負債			$ 60,000
所得稅費用（遞延）			

1998 年跨年度之所得稅分攤分錄如下（非本題要求，僅供參考）：

所得稅費用（當期）	120,000	
所得稅費用（遞延）	60,000	
遞延所得稅負債		60,000
應付所得稅		120,000

22.9　F 公司 1999 年 12 月 31 日，應付所得稅為$52,000，當期遞延所得稅資產為$80,000；1998 年 12 月 31 日，當期之遞延所得稅資產為$60,000；1999 年期間，未支付任何預計所得稅；1999 年 12 月 31 日，評估遞延所得稅資產的 10%，似乎有超過 50% 的機率不會實現。F 公司 1999 年度損益表內，應列報所得稅費用若干？

(a)$32,000

(b)$34,000

(c)$40,000

(d)$52,000

解：(c)

F 公司 1999 年度損益表內，應列報所得稅費用$40,000；可按下列分錄方式求得：

1.記錄所得稅費用分錄：

所得稅費用（當期）	52,000	
應付所得稅		52,000

2.記錄遞延所得稅增加之分錄：

遞延所得稅資產	20,000	
所得稅費用（遞延）		20,000

遞延所得稅資產增加$20,000 ($80,000–$60,000)，表示所得稅費用減少。

3.設立遞延所得稅資產評價帳戶的分錄:

所得稅費用（遞延）	8,000	
備抵評價 —— 遞延所得稅資產		8,000

$$\$80,000 \times 10\% = \$8,000$$

根據上列分錄，所得稅費用可計算如下:

$$\$52,000 - \$20,000 + \$8,000 = \$40,000$$

22.10 G 公司會計年度採用曆年制，開始營業時，其 4 年度之營業淨利（虧損）如下:

1996 年度	$ 100,000
1997 年度	200,000
1998 年度	(400,000)
1999 年度	400,000

已知 G 公司 4 年期間，並無其他永久性或暫時性的差異; 又於 1998 年度報稅時，對於營業虧損，係選擇遞轉過去年度 3 年，遞轉未來年度15 年; G 公司每年度之所得稅率假定均為 35%。

G 公司 1999 年 12 月 31 日，應列報應付所得稅為若干?

(a)$35,000

(b)$70,000

(c)$105,000

(d)$140,000

解: (c)

G 公司 1999 年 12 月 31 日，應列報應付所得稅$105,000; 其計算如下:

虧損扣抵／遞轉過去年度 3 年、遞轉未來年度 15 年

年度	1996	1997	1998	1999
本年度扣抵前	$400,000	$300,000		$100,000
本年度扣抵金額	100,000	200,000		100,000
本年度扣抵後	$300,000	$100,000		$ –0–
適用稅率	35%	35%		35%
退稅或省稅	$ 35,000	$ 70,000		$ 35,000
				（省稅）

$105,000（退稅）

1998 年度：

應收退稅款	105,000	
遞延所得稅資產 —— 流動	35,000	
所得稅利益		140,000

1999 年度：

所得稅費用	140,000	
遞延所得稅資產 —— 流動		35,000
應付所得稅		105,000

$400,000 \times 35\% = \$140,000$

三、綜合題

22.1 大華公司 1998 年度之稅前財務所得為$584,000，包括下列各項資料：

　　1.免費公債利息收入$140,000。

2.以公司為受益人之高層人員人壽保險費$16,000。

3.1998 年初取得一項設備成本$100,000，預計可使用 4 年；財務報表採用直線法，惟報稅時則採用年數合計反比法。

4.產品售後保證費用$5,000，預計將於 1999 年度發生。

另悉大華公司 1998 年度及 1999 年度之適用所得稅率為 30%。

試求：

　(a)請為大華公司作成 1998 年度之跨年度所得稅分攤。

　(b)說明因折舊費用及產品售後保證費用之暫時性差異，產生遞延所得稅負債及資產的理由。

解：(a)

	1998 年度	預計回轉年度：1999 年以後 可減除金額	預計回轉年度：1999 年以後 應課稅金額
稅前財務所得	$ 584,000		
永久性差異：			
免稅公債收入	(140,000)		
人壽保險費（以公司為受益人）	16,000		
暫時性差異：			
折舊費用	(15,000)*		15,000
產品售後保證費用	5,000	5,000	
課稅所得	$ 450,000	–	–
暫時性差異合計		$5,000	$15,000
適用稅率	30%	30%	30%
應付所得稅（當期）	$ 135,000		
遞延所得稅資產 (12/31/98)		$1,500	
遞延所得稅負債 (12/31/98)			$ 4,500
所得稅費用（遞延）		$3,000	

*$100,000 \times (\frac{4}{10} - \frac{1}{4}) = $15,000$

1998 年 12 月 31 日跨年度所得稅分攤分錄：

所得稅費用（當期）	135,000	
所得稅費用（遞延）	3,000	
遞延所得稅資產 —— 流動	1,500	
遞延所得稅負債 —— 非流動		4,500
應付所得稅		135,000

(b)說明：

　　1.1998 年度因報稅的折舊費用增加$15,000，固然能減少當年度的課稅所得及所得稅費用；惟 1999 年度以後報稅的折舊費用將減少相同數字，使其課稅所得及所得稅費用增加；故該項折舊費用，就 1998 年度而言，實為一項可增加課稅所得的遞延所得稅負債。

　　2.1998 年度產品售後保證費用$5,000，就稅法立場，雖不能抵減當年度的課稅所得，惟可用於抵減 1999 年度以後的課稅所得，並減少其所得稅費用；故屬於遞延所得稅資產。

22.2 大中公司成立於 1998 年初，當年度稅前財務所得為$550,000，其中包括下列各項：

　1.違規罰款支出$10,000。

　2.採權益法投資於國內其他公司之投資收益$50,000，其中 80% 符合免稅規定，預計全部利益將於 1999 年度實現。

　3.分期付款銷貨毛利$200,000，預計將於 1999 年度全部實現。

　4.外幣現金未實現兌換損失$100,000，預計將於 1999 年度實現。

已知大中公司 1998 年度及 1999 年度適用所得稅率為 25%。

試求：

　(a)大中公司 1998 年度永久性差異為若干？

(b)大中公司 1998 年度暫時性差異為若干？

(c)請為大中公司作成 1998 年 12 月 31 日跨年度的所得稅分攤。

解：

	1998 年度	預計回轉年度: 1999 年度	
		可減除金額	應課稅所得
稅前財務所得	$ 550,000		
永久性差異:			
違規罰款支出	10,000		
免稅投資收益 (80%)	(40,000)		
暫時性差異:			
投資收益認列差異 (20%)	(10,000)		$ 10,000
分期付款銷貨毛利	(200,000)		200,000
未實現外幣兌換損失	100,000	$100,000	
課稅所得	$ 410,000		–
暫時性差異合計		$100,000	$210,000
適用稅率	25%	25%	25%
應付所得稅（當期）	$ 102,500		
遞延所得稅資產 (12/31/98)		$ 25,000	
遞延所得稅負債 (12/31/98)			$ 52,500
所得稅費用（遞延）		$27,500	

(a)永久性差異:　$10,000 – $40,000 = $(30,000)

(b)暫時性差異: $110,000 ($210,000 – $100,000)

(c) 1998 年 12 月 31 日跨年度所得稅分攤:

所得稅費用（當期）	102,500	
所得稅費用（遞延）	27,500	
遞延所得稅資產 —— 流動	25,000	
遞延所得稅負債 —— 流動		52,500
應付所得稅		102,500

22.3 大南公司成立於 1998 年初，最初 3 年度的稅前財務所得、課稅所得、及暫時性差異如下：

年度	1998	1999	2000
稅前財務所得	$420,000	$550,000	$480,000
暫時性差異：			
折舊費用	(20,000)	–	20,000
產品售後保證費用	12,000	(3,000)	(9,000)
未實現外幣兌換利益	(80,000)	60,000	20,000
課稅所得	$332,000	–	–
適用稅率	30%	30%	30%

補充說明如下：

1. 1998 年初購入設備資產成本$120,000，預計可使用 3 年；財務報告採用直線法，惟報稅時係採用年數合計反比法。
2. 1998 年度預計產品售後保證費用$12,000，預期 1999 年度及 2000 年度將分別支出$3,000 及$9,000。
3. 未實現外幣兌換損益$80,000，1999 年度及 2000 年度分別實現$60,000 及$20,000。

試求：請為大南公司完成 1998 年度至 2000 年度之跨年度所得稅分攤，包括各項計算工作及分錄。

解：(a)

　1998 年 12 月 31 日跨年度所得稅分攤：

	1998 年度	遞延以後年度總額	預計回轉年度:1999 年度以後 可減除金額	應課稅金額
稅前財務所得	$420,000			
暫時性差異:				
折舊費用	(20,000)	$ 20,000		$ 20,000
產品售後保證費用	12,000	(12,000)	$12,000	
未實現外幣兌換利益	(80,000)	80,000		80,000
課稅所得	$332,000	—	—	—
暫時性差異合計		$ 88,000	$12,000	$100,000
適用稅率	30%		30%	30%
應付所得稅（當期）	$ 99,600			
遞延所得稅資產 (12/31/98)			$ 3,600	
遞延所得稅負債 (12/31/98)				$ 30,000
所得稅費用（遞延）			$26,400	

1998 年度所得稅攤銷分錄:

所得稅費用（當期）	99,600	
所得稅費用（遞延）	26,400	
遞延所得稅資產 —— 流動	3,600	
遞延所得稅負債 —— 流動		24,000
遞延所得稅負債 —— 非流動		6,000
應付所得稅		99,600

遞延所得稅負債$30,000 係由折舊費用及未實現兌換利益之遞後認列而產生；前者係因非流動性設備資產而引起，故其遞延所得稅負債，也應配合分類為非流動項目；後者由外幣現金所引起，故其遞延所得稅負債，也應配合分類為流動項目。

(b) 1999 年 12 月 31 日跨年度所得稅分攤:

	1999 年度	遞延以後年度總額	預計回轉年度：2000 年度	
			可減除金額	應課稅金額
稅前財務所得	$550,000			
暫時性差異：				
折舊費用	–0–	$20,000		$20,000
產品售後保證費用	(3,000)	(9,000)	$9,000	
未實現外幣兌換利益	60,000	20,000		20,000
課稅所得	$607,000	–	–	–
暫時性差異合計		$31,000	$9,000	$40,000
適用稅率	30%		30%	30%
應付所得稅（當期）	$182,100			
遞延所得稅資產 (12/31/99)			$2,700	
遞延所得稅負債 (12/31/99)				$12,000

1999 年度所得稅攤銷分錄：

所得稅費用（當期）	165,000	
遞延所得稅負債 —— 流動	18,000	
遞延所得稅資產 —— 流動		900
應付所得稅		182,100

說明：

1.遞延所得稅資產與負債沖銷金額計算如下：

	遞延所得稅資產 —— 流動	遞延所得稅負債 —— 流動	遞延所得稅負債 —— 非流動
1998 年 12 月 31 日	$ 3,600	$ 24,000	$ 6,000
1999 年度攤銷	(900)	(18,000)	(–0–)
1999 年 12 月 31 日	$ 2,700	$ 6,000	$ 6,000
2000 年度攤銷	(2,700)	(6,000)	(6,000)
2000 年 12 月 31 日	$ –0–	$ –0–	$ –0–

2.所得稅費用為當期應付所得稅及遞延所得稅資產或負債淨增減
數；茲以公式計算如下：

所得稅費用 = 當期應付所得稅 − 遞延所得稅淨減少數 + 遞延
所得稅資產淨增加數

$$= \$182,100 - \$18,000 + \$900$$

$$= \$165,000$$

(c) 2000 年 12 月 31 日跨年度所得稅分攤：

	2000 年度
稅前財務所得	$480,000
暫時性差異：	
折舊費用	20,000
產品售後保證費用	(9,000)
未實現兌換利益	20,000
課稅所得	$511,000
適用稅率	30%
應付所得稅（當期）	$153,300

2000 年度所得稅分攤分錄：

所得稅費用（當期）	144,000	
遞延所得稅負債 —— 流動	6,000	
遞延所得稅負債 —— 非流動	6,000	
遞延所得稅資產 —— 流動		2,700
應付所得稅		153,300

所得稅費用 $= \$153,300 - \$12,000 + \$2,700$

$$= \$144,000$$

22.4 大東公司成立於 1996 年初，會計年度採用曆年制；自 1996 年至 1998 年期間，營業頗佳，每年均獲利，3 年期間共獲利$800,000；惟至 1999 年期間，由於同業競爭劇烈，使當年度發生鉅額營運虧損$1,000,000（虧損扣抵所得稅利益之前）；該公司認為同業競爭只是暫時性質，各種資訊顯示 2000 年初即將復甦。其他補充資料如下：

　1.1999 年度及 2000 年度無任何永久性及暫時性差異。

　2.1996 年度至 1999 年度之適用所得稅率均為 25%。

　3.虧損扣抵選擇遞轉過去年度 3 年、遞轉未來年度 15 年。

　4.預計 2000 年度獲利$500,000。

　試求：

　　(a)列示 1999 年度及 2000 年度的虧損扣抵分錄。

　　(b)列示 1999 年度財務報表淨損的計算方式。

解：(a)

虧損扣抵／選擇一

年度：	遞轉過去年度 3 年 1999	遞轉未來年度 15 年
	1996–1998	2000
本年度扣抵前：	$1,000,000	$200,000
本年度扣抵金額：	800,000	200,000
本年度扣抵後：	$ 200,000	$ –0–
適用稅率	25%	25%
退稅或省稅金額：	$ 200,000	$ 50,000
	（退稅）	（省稅）

　　(1) 1999 年度：

應收退稅款　　　　　　　　　　200,000

遞延所得稅資產 —— 流動　　　　50,000

　　虧損扣抵所得稅利益　　　　　　　　　　250,000

⑵ 2000 年度：

所得稅費用　　　　　　　　　　125,000

　　遞延所得稅資產 —— 流動　　　　　　　　50,000

　　應付所得稅　　　　　　　　　　　　　　75,000

　　($500,000 － $200,000) × 25% = $75,000

(b) 1999 年度財務報表淨損$750,000 之計算如下：

稅前淨利（損）		$1,000,000
減：虧損扣抵所得稅利益：		
遞轉過去年度退稅利益	$200,000	
遞轉未來年度省稅利益	50,000	(250,000)
本期淨利（損）		$ 750,000

22.5 大慶公司 1999 年度稅前淨利如下：

繼續營業部門稅前淨利	$ 460,000
停業部門營業利益	160,000
非常損失——地震損失	(180,000)
會計原則變更累積影響數 —— 折舊方法變更	80,000
稅前淨利	$ 520,000

其他補充資料：

1.所得稅採用累進稅率，凡課稅所得在$100,000 以下者為 15%；超過$100,000 以上者，稅率為 25%，其累進差額為$10,000。

2.除繼續營業部門稅前淨利外，其他個別損益項目之所得稅分攤，
  按平均分攤率計算。

試求：

(a)列示大慶公司 1999 年度各損益項目同期間所得稅費用分攤的
   方法。

(b)作成 1999 年度提列所得稅費用的分錄。

(c)編製 1999 年度同期間所得稅分攤之部份損益表。

解：

(a) 1999 年度各損益項目同期間所得稅費用分攤的方法：

	稅前利益（損失）	所得稅費用（利益）
稅前淨利	$ 520,000	
$520,000 \times 25\% - \$10,000$		$120,000
繼續營業部門稅前淨利	$ 460,000	
$460,000 \times 25\% - \$10,000$		$105,000
其他損益項目	60,000	
$120,000 - \$105,000$		15,000
合　計	$ 520,000	$120,000

其他損益項目個別所得稅分攤：

繼續營業部門稅前淨利	$ 460,000	$105,000
停業部門營業利益	160,000	40,000
非常損失 —— 地震損失	(180,000)	(45,000)
會計原則變更之累積影響數	80,000	20,000
合　計	$ 520,000	$120,000

分攤率： $15,000 \div \$60,000 = 25\%$

停業部門營業利益：$160,000 \times 25\% = \$40,000$

非常損失（地震損失）： $(180,000) \times 25\% = (45,000)$

會計原則變更之累積影響數：$80,000 \times 25\% = 20,000$

(b)作成 1999 年度提列所得稅費用的分錄：

| 所得稅費用 | 115,000 | |
| 應付所得稅 | | 115,000 |

(c)編製 1999 年度同期間所得稅分攤之部份損益表：

大慶公司
部份損益表
1999 年度

×××	×××
繼續營業部門稅前淨利	$ 460,000
所得稅費用	105,000
繼續營業部門淨利	$ 355,000
停業部門營業利益（減除所得稅$40,000 後之淨額）	120,000
非常損益及會計原則變更之累積影響數前淨利	$ 475,000
非常損失 —— 地震損失（減除所得稅節省$45,000 後淨額）	(135,000)
會計原則變更之累積影響數（減除所得稅$20,000 後淨額）	60,000
本期淨利	$ 400,000

第二十三章　股東權益

一、問答題

1. 公司之成立有那些方式？

解：

公司之成立，有發起設立、募集設立及改組合併設立等不同情形。

(1)發起設立：稱發起設立者，係由發起人自行認足第一次應發行的股份，毋需對外公開招募，公司即行成立。

(2)募集設立：稱募集設立者，係指發起人因未能認足第一次應發行的股份，須另行對外公開招募而後始能成立者。蓋發起人不認足第一次發行的股份時，應對外公開募足之。公開招募股份時，得依公司法的規定發行特別股。

(3)獨資或合夥企業改組為公司。

2. 依股票的性質而分，股票有那些種類？

解：

(1)普通股：此為公司所發行的一般性股票；此種股票具有上述一般性之基本權利者，故稱為普通股；換言之，凡股票之還本付息，不具任何特別權利者，即為普通股。普通股與公司的關係至為密切，影響最大，在一般情況下，均承攬公司經營管理之大權，故又稱為主權股。

(2)特別股：發行公司為吸引投資者之投資興趣起見，往往發行具有特別權利的股票，賦予特別股股東於分派股利或分配剩餘財產時，享有優先權利，故又稱為優先股。特別股的持有人通常無選舉權，或僅具有限度的選舉權而已。由於各公司所發行的特別股，其所具有的特性及特殊權利，往往相差懸殊，故應將其載明於公司章程或股票發行條款之內，以免引起紛爭。

3. 股東權益的構成因素有那些？

解：

股東權益的構成因素有下列幾種：

(1)資本：係指股東的投入資本或因資本交易所產生權益；公司組織的營業個體，股東投入資本包括下列二項：

　a.股本：凡股東投入公司並向公司主管機關申請登記的資本。股本依其權益的不同，又可分為：

　　(a)普通股本。

　　(b)特別股本。

　b.資本公積：係指股本溢價或由其他資本交易所產生的權益。

(2)保留盈餘：凡由營業結果所產生的權益，稱為保留盈餘；如為借方餘額時，則稱為累積虧損。保留盈餘因指用與否，又可分為：

　a.指用盈餘

　　(a)法定盈餘公積：公司於完納一切稅捐後，分派盈餘時，應先提出百分之十為法定盈餘公積。但法定盈餘公積已達資本總額時，不在此限。

　　(b)特別盈餘公積：公司得以章程訂定或股東會議決，另提特別盈餘公積。

　b.未指用盈餘

凡未指用盈餘者，可作為分配股利或其他用途。

(3)未實現資本：凡非由於股東投入、資本交易、或保留盈餘所產生的權益部份，稱為未實現資本。

　a.未實現持有損益。

　b.累積換算調整數。

　c.員工購股計劃保證款項。

4. 一筆總價發行兩種以上股票時，分攤收入的方法有那些？

解：

會計上解決此項問題的方法有二：(1)比例法，此法係將收入總價按二種以上股票的公平價值比例，予以分攤；(2)增量法，此法係以其中一種或一種以上具有公平價值的股票為準，將收入總價按該項股票的公平價值予以攤入，其剩餘部份則攤入他項股票。

5. 請摘要列示處理庫藏股票的一般公認會計原則。

解：

(1)購入用於註銷的庫藏股票，其成本大於面值或註價的部份，依序借記：a.同類型股票的資本公積，b.同類型股票的發行溢價，c.保留盈餘等。

(2)購入用於註銷的庫藏股票，其成本小於面值或註價部份，應貸記資本公積。

(3)購入用於註銷以外目的，或其目的未決定者，其會計處理方法有二：a.成本法，b.面值法。

(4)庫藏股票並非資產，故一般均列為股東權益的減項；在成本法之下，購入庫藏股票的成本，應自股本、資本公積、及保留盈餘的合計數項下扣除；在面值法之下，分別就股本、股本溢價、資本

公積及保留盈餘項下扣除。

(5)在庫藏股本交易中，不認定任何利益或損失；出售庫藏股票的利益或損失，應列為股東權益的調整項目。

(6)庫藏股票之股利，不得列為公司的利益。

(7)如購買庫藏股票的成本超過其公平價值甚鉅時，其中可能包含其他因素在內，例如某種權利、優惠或超過股本的額外利益；遇此情形，應將超過公平價值的部份，按其構成因素之不同，予以分開列帳。

6. 採用成本法與面值法處理庫藏股票的主要不同何在？

解：

　　成本法係以購入庫藏股票所支付成本，作為列帳根據，將購入與出售庫藏股票視為單一交易事項，故稱其為單一交易觀念。面值法係以庫藏股票面值作為列入庫藏股票的根據，將購入與出售庫藏股票視為獨立交易事項，其間並無關連性，故稱其為雙重交易觀念。

7. 請簡略說明收回特別股的會計處理方法。

解：

　　公司召回或贖回特別股票，其目的在於註銷特別股票，故與庫藏股票性質不同，其會計處理方法，也稍有差別。一般言之，當公司召回或贖回特別股時，應將特別股本及其相關帳戶沖銷，貸記現金或其他帳戶，召回或贖回價格與特別股本及相關帳戶的差額，如為借差時，應借記保留盈餘帳戶；反之，如為貸差時，應貸記資本盈餘帳戶。如屬於累積特別股並積欠股利時，在召回或贖回日之前，應將積欠股利付清，借記保留盈餘，貸記現金或其他帳戶。

8. 何謂未實現資本？通常包括那些項目？

解：

　　未實現資本屬於股東權益的第三大分類；稱未實現資本者，係指非來自營業盈餘、股利支付或資本變化等來源，而引起股東權益增減變化的個別分開項目，這些項目在未確定之前，列報於資產負債表的股東權益項下，作為加項或減項，等到已實現時，再轉列為損益表的項目之一。

　　一般常見的未實現資本項目，約有下列各項：

　　⑴未實現持有損益。

　　⑵累積換算調整數。

　　⑶員工購股計劃保證款項。

9. 解釋下列各名詞：

　　⑴核定股本 (authorized capital stock)。

　　⑵已認股本 (subscribed capital stock)。

　　⑶攙水股票 (watered stock)。

　　⑷秘密準備 (secret reserves)。

　　⑸未實現持有損益 (unrealized holding gains & losses)。

　　⑹累積換算調整數 (accumulated translation adjustments)。

解：

　　⑴核定股本：係指於訂立公司章程時即已擬定並經政府主管機關核定可發行之股本，故又稱為額定股本。通常核定股本均大於已發行之股本，以便將來公司業務一旦開展後再繼續增加發行。

　　⑵已認股本：係指已由認股人認購惟尚未發行之股本，俟股票發行後再與股本帳戶相互對轉。

　　⑶攙水股票：美國習慣法賦予公司董事會設定交換資產價值的權利；

然而董事會往往濫用此項權利，故意將交換資產的價值高估，致發生股票攙水的現象。

(4)秘密準備：公司董事會以低估資產的方法，達成隱藏股東權益的真實價值，一般稱為秘密準備。

(5)未實現持有損益：財務會計準則委員會於 1993 年 12 月頒佈第 115 號聲明書 (FASB Statement No.115, par.13) 指出：「短線證券的未實現持有損益，應予認定，並包括於當期的損益表內；備用證券（包括分類為流動資產部份）的未實現持有損益，不得認定為當期的損益項目之一，必須按淨額分開列報於資產負債表的股東權益項下，至已實現為止，才轉入損益表。

(6)累積換算調整數：財務會計準則委員會 1981 年 12 月頒佈第 52 號聲明書 (FASB Statement No.52, par.13) 指出：「如一營業個體的實用貨幣為外幣時，為編製財務報表目的，將外幣換算為本國貨幣所發生的換算調整數，不得包括於當期的損益表內，必須將其累積換算調整數，單獨而分開地列報於業主權益項下。

二、選擇題

23.1 A 公司成立於 1999 年 4 月 1 日，有下列股票發行並流通在外：

1.普通股：無面值；每股註價$10；發行 60,000 股，每股發行價格$15。

2.特別股：每股面值$100，發行 6,000 股，每股發行價格$110。1999 年 4 月 1 日，A 公司股東權益變動表應如何列報？

	普通股本	特別股本	資本公積 —— 股本溢價
(a)	$600,000	$660,000	$300,000
(b)	600,000	600,000	360,000
(c)	900,000	600,000	60,000
(d)	900,000	660,000	–0–

解: (b)

(1)普通股發行分錄:

現金	900,000	
普通股本		600,000
資本公積 —— 普通股本溢價		300,000

(2)特別股發行分錄:

現金	660,000	
特別股本		600,000
資本公積 —— 特別股本溢價		60,000

因此, 1999 年 4 月 1 日, A 公司普通股本$600,000, 特別股本 $600,000, 資本公積$360,000 ($300,000 + $60,000)。

23.2　B 公司於 1999 年 2 月 1 日發行普通股 40,000 股, 每股面值$10, 另發行特別股 20,000 股, 每股面值$20, 收到一筆總價$900,000; 當 日, B 公司另出售普通股與特別股每股公平價值分別為$14 與$22。 B 公司分攤為特別股本應為若干?

(a)$440,000

(b)$400,000

(c)$396,000

(d)$380,000

解: (c)

B 公司以一筆總價發行二種股票時，如二種股票均有公平價值時，應按二種股票公平價值比例分攤如下：

	公平價值	百分比	分攤股本
普通股：$14 × 40,000	$ 560,000	56%	$504,000
特別股：$22 × 20,000	440,000	44%	396,000*
合　計	$1,000,000	100%	$900,000

*$900,000 × 44% = $396,000

23.3　C 公司於 1998 年度，發行可轉換特別股 6,000 股，每股面值$50，每股發行價格$55；發行條款規定特別股東享有選擇權，可按每一特別股轉換為面值$10 的普通股 4 股；1998 年 12 月 31 日，普通股每股公平市價$18，所有特別股均要求轉換為普通股。

C 公司特別股轉換為普通股後，普通股本與資本公積各增加若干？

	普通股本	資本公積 —— 股本溢價
(a)	$300,000	$30,000
(b)	300,000	90,000
(c)	240,000	30,000
(d)	240,000	90,000

解：(d)

在轉換日，所有與轉換特別股的相關帳戶，均應予以轉銷後，再記錄新發行股票；兩者的差額如為貸差時，此項差額應貸記股本溢價；如為借差時，應先沖銷同類型特別股資本盈餘後，如仍有不足時，再沖銷保留盈餘。本題特別股 6,000 股，每股可轉換為普通股 4 股，共計 24,000 股；轉換日分錄如下：

特別股本	300,000	
資本公積 —— 特別股本溢價	30,000	
普通股本		240,000
資本公積 —— 普通股本溢價		90,000

普通股每股公平市價$18 與計算無關；蓋可轉換特別股應按帳面價值法列帳，不認定任何資本交易盈餘。

23.4　D 公司於 1998 年度，按每股 $36 購入庫藏股票 10,000 股，每股面值 $10；1999 年 6 月 1 日，按每股 $45 出售 5,000 股；已知 D 公司採用成本法處理庫藏股票交易。

D 公司出售庫藏股票時，應貸記「資本公積 —— 庫藏股票資本盈餘」若干？

(a)$175,000

(b)$100,000

(c)$50,000

(d)$45,000

解： (d)

在成本法之下，購入與出售庫藏股票，均按成本記入「庫藏股票」帳戶；如售價大於成本時，其差額貸記「資本公積 —— 庫藏股票資本盈餘」帳戶；反之，如售價小於成本時，其差額首先用以前的同類型庫藏股票出售或註銷之「資本公積 —— 庫藏股票資本盈餘」帳戶彌補之，如仍有不足時，再以保留盈餘彌補之。D 公司 1999 年 6 月1 日的分錄如下：

現金	225,000	
庫藏股票		180,000
資本公積 —— 庫藏股票資本盈餘		45,000

23.5　E 公司於 1998 年 12 月 31 日，以每股$120 購入10,000 股，每股面值$100 的庫藏股票；俟 1999 年 4 月 1 日，出售 8,000 股，每股售價$98；已知 E 公司採用成本法記錄庫藏股票；另悉帳上之同類型庫藏股票資本盈餘為$10,000。

E 公司 1999 年 4 月 1 日出售庫藏股票時，應記錄保留盈餘為若干?

(a)$166,000

(b)$100,000

(c)$6,000

(d)$–0–

解：(a)

在成本法之下，購入與出售庫藏股票時，均按成本記入「庫藏股票」帳戶；如售價大於成本時，其差額貸記「資本公積 —— 庫藏股票資本盈餘」帳戶；反之，如售價小於成本時，其差額首先用以前的同類型庫藏股票出售或註銷之資本盈餘彌補，如有不足時，再以「保留盈餘」彌補之。本題 E 公司 1999 年 4 月 1 日出售庫藏股票時，應分錄如下:

現金	784,000	
資本公積 —— 庫藏股票資本盈餘	10,000	
保留盈餘	166,000	
庫藏股票		960,000

$98 \times 8,000 = \$784,000$; $\$120 \times 8,000 = \$960,000$

23.6 F 公司 1998 年 12 月31 日的資產負債表內，包括下列各項：

流動資產：	
現金	$ 40,000
短線證券（含有庫藏股票成本$200,000）	300,000
應收帳款	360,000
存貨	240,000
流動資產合計	$ 940,000
股東權益：	
普通股本	$1,440,000
保留盈餘	160,000
股東權益合計	$1,600,000

F 公司 1998 年 12 月 31 日，編製股東權益變動表時，股東權益總額應為若干？

(a)$1,400,000

(b)$1,440,000

(c)$1,560,000

(d)$1,600,000

解：(a)

F 公司 1998 年 12 月 31 日，資產負債表內流動資產之短線證券$300,000 當中，含有庫藏股票成本$200,000，屬於股東權益的減項；因此，1998 年 12 月 31 日編製股東權益變動表時，應改正如下：

股東權益：	
普通股本	$1,440,000
保留盈餘	160,000
股本及保留盈餘合計	$1,600,000
減：庫藏股票（成本）	(200,000)
股東權益總額	$1,400,000

23.7 G 公司發行 100,000 股面值$10 普通股, 每股發行價格為$14; 1998 年 12 月 31 日, 保留盈餘為$240,000; 1999 年 2 月 1 日, G 公司每股按$15 購入 20,000 股; 1999 年 4 月 1 日, 將其中 5,000 股按每股 $16 賣給公司員工。已知 1999 年度 G 公司之淨利為$80,000; 對於庫藏股票的處理, 係採用成本法。1999 年 12 月 31 日, G 公司帳上保留盈餘應為若干?

(a)$240,000

(b)$300,000

(c)$320,000

(d)$360,000

解: (c)

在成本法之下, 購入及出售庫藏股票, 均按成本記入庫藏股票帳戶; 出售時, 售價與成本的差額如為貸差, 應貸記「資本公積 —— 庫藏股票資本盈餘」; 其差額如為借差, 則先借記「資本公積 —— 庫藏股票資本盈餘」, 如仍有不足情形, 再借記保留盈餘。茲列示其有關分錄如下:

1999 年 2 月 1 日:

庫藏股票	300,000	
現金		300,000

$15 \times 20,000 = \$300,000$

1999 年 4 月 1 日:

現金	80,000	
資本公積 —— 庫藏股票資本盈餘		5,000
庫藏股票		75,000

$16 \times 5,000 = \$80,000; \ \$15 \times 5,000 = \$75,000$

因此，1999 年 12 月 31 日 G 公司的保留盈餘為$320,000 ($240,000 + $80,000)；本題庫藏股票交易對保留盈餘沒有影響。

23.8　H 公司成立於1999 年1 月 2 日，核准發行普通股 100,000 股，每股面值$10；1999 年度發生下列資本交易事項：

1 月 5 日：發行80,000 股，每股發行價格$14。

12 月 26 日：購入庫藏股票 10,000 股，每股購價$11。

已知 H 公司對於庫藏股票交易，採用面值法記帳。

H 公司 1999 年 12 月 31 日，因庫藏股票交易而發生的資本盈餘為若干？

(a)$–0–

(b)$10,000

(c)$20,000

(d)$30,000

解：(d)

在面值法之下，購入與出售庫藏股票時，均按面值記入庫藏股票帳戶，原發行溢價也應一併沖銷；購入價格與帳面價值（面值加股本溢價）之借差，依順序沖銷：(1)資本公積 —— 庫藏股票資本盈餘；(2)保留盈餘。出售如為利益時，售價與面值差額，貸記資本公積 —— 庫藏股票資本盈餘；出售如為損失時，售價與面值差額，依順序借記(1)資本公積 —— 庫藏股票盈餘，(2)保留盈餘。茲列示 H 公司的有關分錄如下：

1999 年 1 月 5 日：

現金	1,120,000	
普通股本		800,000
資本公積 ── 股本溢價		320,000

$$\$14 \times 80,000 = \$1,120,000$$

1999 年 12 月 26 日：

庫藏股票	100,000	
資本公積 ── 股本溢價	40,000	
現金		110,000
資本盈餘 ── 庫藏股票資本		
盈餘		30,000

因此，H 公司 1999 年 12 月 31 日因庫藏股票交易而發生的資本盈餘為$30,000。

23.9 I 公司於 1997 年發行100,000 股普通股，每股面值$10，每股發行價格$15；1998 年度 I 公司按每股$20 購入 20,000 股，並隨即註銷；I 公司對於庫藏股票的會計處理，係採用成本法。

I 公司 1998 年度因註銷普通股票而使保留盈餘減少若干？

(a)$–0–

(b)$50,000

(c)$100,000

(d)$200,000

解：(c)

當購入股票用於註銷時，普通股本及其相關帳戶，應一併加以沖銷。購價與上項沖銷的差額，如為貸差時，應貸記資本盈餘；如為借差時，應依順序借記：(1)以前發生之同類型股票註銷或庫藏股票交易的資本盈餘；(2)保留盈餘。

1997 年度:

現金	1,500,000	
普通股本		1,000,000
資本公積 —— 股本溢價		500,000

$15 \times 100,000 = \$1,500,000$

1998 年度:

普通股本	200,000	
資本公積 —— 股本溢價	100,000	
保留盈餘	100,000	
現金		400,000

$10 \times 20,000 = \$200,000;\ \$5 \times 20,000 = \$100,000;$
$20 \times 20,000 = \$400,000$

因此, I 公司 1998 年度註銷普通股票而使保留盈餘減少$100,000。

23.10 J 公司 1998 年 12 月 31 日資產負債表列有下列各項:

待到期債券（公平市價$210,000）	$120,000
特別股本: 6,000 股, 每股面值$100	600,000
資本公積 —— 股本溢價	42,000
保留盈餘	500,000

1999 年 1 月 2 日, J 公司將待到期債券交換 1,500 股之特別股; 交換日待到期債券公平價值為$225,000, 特別股本每股市價$150; 特別股票於換回後, 隨即加以註銷; 此項註銷將減少保留盈餘若干?

(a)$64,500

(b)$60,000

(c)$50,000

(d)$–0–

解：(a)

J 公司於 1999 年 1 月 2 日，以待到期債券成本$120,000 的公平價值 $225,000，交換特別股 1,500 股，每股公平價值$150；就待到期債券 而言，已實現利益$105,000 ($225,000 – $120,000)，應予認定。就特別 股而言，應按 1,500 股的面值$150,000 ($100×1,500)，借記特別股本， 「資本公積 —— 特別股本溢價」隨即沖銷$10,500 ($42,000 × $\frac{1}{4}$)；剩 餘部份$64,500 ($225,000 – $150,000 – $10,500) 則借記保留盈餘。茲 列示其分錄如下：

特別股本	150,000	
資本公積 —— 股本溢價	10,500	
保留盈餘	64,500	
待到期債券		120,000
待到期債券處分利益		105,000

23.11 K 公司董事會於 1998 年 12 月 31 日，決定將 50,000 股庫藏股票註 銷；已知庫藏股票每股面值$5，每股購入成本$8；K 公司註銷庫藏 股票前之股東權益內容如下：

普通股本	$1,000,000
資本公積 —— 股本溢價	400,000
保留盈餘	600,000
庫藏股票 —— 成本	400,000

K 公司庫藏股票註銷後，應列報於 1999 年 12 月 31 日資產負債表 內的普通股本，應為若干？

(a)$1,000,000

(b)$750,000

(c)$600,000

(d)$500,000

解：(b)

庫藏股票註銷時，普通股本及其溢價帳戶，應予沖銷，記入借方；另一方面，庫藏股票按成本記入貸方；兩者的差額，先借記同類型股票的資本盈餘，如仍有不足時，再借記保留盈餘。茲列示其註銷分錄如下：

普通股本	250,000	
資本公積 —— 股本溢價	100,000	
保留盈餘	50,000	
庫藏股票		400,000

因此，庫藏股票註銷後，應列報於 1998 年 12 月 31 日資產負債表內的普通股本為$750,000 ($1,000,000−$250,000)。

三、綜合題

23.1 亞洲公司於 1998 年 1 月 2 日獲准發行普通股 100,000 股，每股面值 $10，累積非參加特別股 10,000 股，每股面值$100；1998 年度，發生下列交易事項：

1 月 5 日：接受認購普通股 40,000 股，每股認購價格$12，先繳納股款$200,000。

1 月 25 日：發行特別股 4,000 股，交換一部機器之公平價值$40,000，一棟廠房之公平價值$120,000，及一塊土地的重估價值

$300,000。

4 月 20 日：收到普通股剩餘之認股款，股票正式發行。

6 月 30 日：購入普通股 3,000 股，每股購價$20；採用成本法記錄庫藏股票。

9 月 20 日：出售庫藏股票3,000 股，每股售價$25。

12 月 31 日：本期獲利$180,000，轉入保留盈餘。

試求：

　(a)請列示上列各項分錄。

　(b)編製 1998 年 12 月 31 日資產負債表之股東權益部份。

解：

(a)分錄：

1 月 5 日 —— 認購普通股：

現金	200,000	
應收股款	280,000	
已認股本		400,000
資本公積 —— 普通股本溢價		80,000

$12 \times 40,000 = \$480,000;\ \$10 \times 40,000 = \$400,000$

1 月 25 日 —— 發行特別股交換機器等：

機器	40,000	
廠房	120,000	
土地	300,000	
特別股本		400,000
資本公積 —— 特別股本溢價		60,000

4 月 20 日 —— 收到剩餘認購股款，並發行股票：

現金	280,000	
應收股款		280,000
已認股本	400,000	
普通股本		400,000

6 月 30 日 —— 購入庫藏股票：

| 庫藏股票 | 60,000 | |
| 　現金 | | 60,000 |

9 月 20 日 —— 出售庫藏股票：

現金	75,000	
庫藏股票		60,000
資本公積 —— 庫藏股票資本		
盈餘		15,000

12 月 31 日 —— 本期淨利轉入保留盈餘：

| 本期損益 | 180,000 | |
| 　保留盈餘 | | 180,000 |

(b)資產負債表股東權益部份：

亞洲公司
資產負債表
1998 年 12 月 31 日　（股東權益部份）

資本：		
普通股本：核准 100,000 股，已發行 40,000 股，		
每股面值$10	$	400,000
特別股本：核准 10,000 股，已發行 4,000 股，每		
股面值$100		400,000
資本公積 —— 普通股本溢價		80,000
資本公積 —— 特別股本溢價		60,000
資本公積 —— 庫藏股票資本盈餘		15,000
保留盈餘		180,000
股東權益總額		$1,135,000

23.2 亞東公司成立於 1999 年 1 月 1 日，獲准發行普通股 100,000 股，
每股面值$100; 1999 年 1 月 10 日王君按每股$110 認購 1,000 股，
按面值先繳二分之一，股本溢價於第一次繳款時，一併繳納。1999
年 2 月 10 日，王君違約，逾期不繳股款；亞東公司乃定一個月期
限，催告王君照繳，逾期不繳失其權利，所認股份另售他人，如有
損失，概由王君負擔；俟 1999 年 3 月 10 日，王君仍不繳股款，亞
東公司遂將其股份按每股$106 出售他人，如數收到現金，當即發給
股票，並另發生轉售費用$3,000。

試求: 請分別按下列二種情形，列示王君違約的會計分錄:

(a)退還違約剩餘股款; 假定剩餘違約股款於 1999 年 5 月 1 日退
還。

(b)按應退還剩餘股款發給股票; 假定違約股款於扣除少收溢價及
違約股份轉售費用後，發給股票 500 股。

解:

(a)退還違約剩餘股款:

(1) 1999 年 1 月 10 日 —— 王君認股並繳納部份股款:

現金	60,000	
應收股款	50,000	
已認股本		100,000
資本公積 —— 股本溢價		10,000

$100 \times 1,000 = \$100,000;\ \$10 \times 1,000 = \$10,000$

(2) 1999 年 3 月 10 日 —— 沖銷王君違約之應收股款:

已認股本	100,000	
資本公積 —— 股本溢價	10,000	
應收股款		50,000
應付認股人違約股款		60,000

⑶ 1999 年 3 月 10 日 —— 違約股份轉售他人：

現金	106,000	
應付認股人違約股款	4,000	
普通股本		100,000
資本公積 —— 股本溢價		10,000

$$\$106 \times 1,000 = \$106,000; \ (\$110 - \$106) \times 1,000 = \$4,000$$

⑷ 1999 年 3 月 10 日 —— 支付違約股份轉售費用：

應付認股人違約股款	3,000	
現金		3,000

⑸ 1999 年 5 月 1 日 —— 退還剩餘違約股款：

應付認股人違約股款	53,000	
現金		53,000

$$\$60,000 - \$4,000 - \$3,000 = \$53,000$$

⒝按應退還剩餘股款發給股票：

⑴至⑵分錄與上述相同。

⑵ 1999 年 3 月 10 日 —— 違約股份轉售他人：

現金	53,000	
應付認股人違約股款	2,000	
普通股本		50,000
資本公積 —— 股本溢價		5,000

$$\$106 \times 500 = \$53,000; \ (\$110 - \$106) \times 500 = \$2,000$$

⑶ 1999 年 3 月 10 日 —— 支付違約股份轉售費用：

應付認股人違約股款	3,000	
現金		3,000

⑷ 1999 年 5 月 1 日 —— 按應退還剩餘股款發給股票 500 股：

應付認股人違約股款	55,000	
普通股本		50,000
資本公積 —— 股本溢價		5,000

$$\$60,000 - \$2,000 - \$3,000 = \$55,000$$

23.3 亞信公司於 1998 年 12 月 31 日之股東權益內容如下:

股本: 核准發行 100,000 股, 每股面值$10, 全部在外流通	$1,000,000
資本公積 —— 股本溢價: 100,000 股 @$2	200,000
保留盈餘	400,000
股東權益總額	$1,600,000

1.1999 年 2 月 1 日, 亞信公司購入 20,000 股, 每股購價$14。

2.1999 年 3 月 1 日, 亞信公司將其中 5,000 股按每股$15 出售。

3.1999 年 4 月 15 日, 亞信公司另將其中 500 股按每股$9.80 出售。

試求: 請分別按下列二種方法, 列示亞信公司對於庫藏股票的會計
　　處理分錄:
　　(a)成本法。
　　(b)面值法。

解:

　　(a)成本法:

　　(1) 1999 年 2 月 1 日 —— 購入庫藏股票 20,000 股 @$14:

庫藏股票	280,000	
現金		280,000

$$\$14 \times 20,000 = \$280,000$$

　　(2) 1999 年 3 月 1 日 —— 出售 5,000 股 @$15:

　現金　　　　　　　　　　　　　75,000

　　庫藏股票　　　　　　　　　　　　　　　70,000

　　資本公積 —— 庫藏股票資本

　　　　盈餘　　　　　　　　　　　　　　　5,000

(3) 1999 年 4 月 15 日 —— 出售 5,000 股 @$9.80：

　現金　　　　　　　　　　　　　49,000

　資本公積 —— 庫藏股票資本盈餘　　5,000

　保留盈餘　　　　　　　　　　　16,000

　　庫藏股票　　　　　　　　　　　　　　　70,000

　　$9.80 \times 5,000 = \$49,000$

(b)面值法：

(1) 1999 年 2 月 1 日 —— 購入庫藏股票 20,000 股 @$14：

　庫藏股票　　　　　　　　　　　200,000

　資本公積 —— 股本溢價　　　　　40,000

　資本公積 —— 庫藏股票資本盈餘*　　–0–

　保留盈餘　　　　　　　　　　　40,000

　　現金　　　　　　　　　　　　　　　　280,000

　　$2 \times 20,000 = \$40,000$

*如有「資本公積 —— 庫藏股票資本盈餘」時，應優先於保留盈餘而沖銷。

(2) 1999 年 3 月 1 日 —— 出售 5,000 股 @$15：

　現金　　　　　　　　　　　　　75,000

　　庫藏股票　　　　　　　　　　　　　　　50,000

　　資本公積 —— 股本溢價　　　　　　　　25,000

(3) 1999 年 4 月 15 日 —— 出售 5,000 股 @$9.80：

現金	49,000	
資本公積 —— 庫藏股票資本盈餘	–0–	
保留盈餘	1,000	
庫藏股票		50,000

23.4 亞美公司於 1999 年 1 月 2 日發行普通股 100,000 股在外，每股面值 $10，溢價發行$2；1999 年 4 月 30 日，每股按$11 購回 20,000 股；1999 年 6 月 30 日，另按每股$16 購買 5,000 股；1999 年 8 月 1 日，出售 5,000 股，每股售價$13。1999 年 10 月 31 日，按每股$9 另出售 10,000 股。

試求：請按下列二種方法，列示亞美公司買賣庫藏股票的會計分錄，並編製 1999 年 12 月 31 日資產負債表之股東權益部份，假定當年度該公司獲利$260,000。

(a)成本法。

(b)面值法。

解：

(a)成本法：

(1) 1999 年1 月 2 日 —— 發行普通股 100,000 股 @$12：

現金	1,200,000	
普通股本		1,000,000
資本公積 —— 股本溢價		200,000

(2) 1999 年 4 月 30 日 —— 購入 20,000 股 @$11：

| 庫藏股票 | 220,000 | |
| 　現金 | | 220,000 |

(3) 1999 年 6 月 30 日 —— 購入 5,000 股 @$16：

| 庫藏股票 | 80,000 | |
| 現金 | | 80,000 |

(4) 1999 年 8 月 1 日 —— 出售 5,000 股 @$13：

現金	65,000	
庫藏股票		55,000*
資本公積 —— 庫藏股票資本盈餘		10,000

*$11 × 5,000 = $55,000（按先進先出法，以 4 月 30 日先購入為計算根據。）

(5) 1999 年 10 月 31 日 —— 出售 10,000 股@$9：

現金	90,000	
資本公積 —— 庫藏股票資本盈餘	10,000	
保留盈餘	10,000	
庫藏股票		110,000*

*$11 × 10,000 = $110,000（按先進先出法，以 4 月30 日先購入為計算根據。）

(6) 1999 年 12 月 31 日 —— 本期淨利轉入保留盈餘：

| 本期損益 | 260,000 | |
| 保留盈餘 | | 260,000 |

(7)年終資產負債表：

亞美公司

資產負債表

1999 年 12 月 31 日 （股東權益部份）

股東權益:

普通股本: 100,000 股, 每股面值$10	$1,000,000
資本公積 —— 股本溢價: 100,000 股 @$2	200,000
保留盈餘	250,000
	$1,450,000
減: 庫藏股票（成本）*	(135,000)*
股東權益合計	$1,315,000

　　*$11 × 5,000 + $16 × 5,000 = $135,000

(b)面值法:

(1)與成本法相同。

(2) 1999 年 4 月 30 日 —— 購入 20,000 股 @$11, 面值 @$10:

庫藏股票	200,000	
資本公積 —— 股本溢價	40,000	
現金		220,000
資本公積 —— 庫藏股票資本盈餘		20,000

　　$10 × 20,000 = $200,000;　$2 × 20,000 = $40,000

(3) 1999 年 6 月 30 日 —— 購入 5,000 股 @$16:

庫藏股票	50,000	
資本公積 —— 股本溢價	10,000	
資本公積 —— 庫藏股票資本盈餘	20,000	
現金		80,000

　　$10 × 5,000 = $50,000;　$2 × 5,000 = $10,000

(4) 1999 年 8 月 1 日 —— 出售 5,000 股 @$13:

現金	65,000	
庫藏股票		50,000
資本公積 —— 股本溢價		15,000

(5) 1999 年 10 月 31 日 —— 出售 10,000 股 @$9:

現金	90,000	
保留盈餘	10,000	
庫藏股票		100,000

　　$10 \times 10,000 = \$100,000$

(6)1999 年 12 月 31 日 —— 本期淨利轉入保留盈餘:

　與成本法相同。

(7)年終資產負債表:

亞美公司
資產負債表
1999 年 12 月 31 日　（股東權益部份）

股東權益:	
普通股本: 100,000 股, 每股面值$10	$1,000,000
資本公積 —— 股本溢價	165,000
保留盈餘	250,000
	$1,415,000
減: 庫藏股票（面值法）*	(100,000)
股東權益合計	$1,315,000

　　*10,000 股 @$10=$100,000

23.5 亞青公司 1998 年 12 月 31 日之第一個營業年度終了日, 有關股東權益帳戶餘額列示於下; 所有股票均已認股完了, 並已繳足股款後, 發行在外流通; 設法律規定公司可沒收違約認股人之股款。

應收股款	$200,000
普通股本: 1,000 股 @$100	100,000
已認股本 —— 普通股	300,000
資本公積 —— 普通股本溢價	80,000
特別股本: 2,000 股 @$100, 8%	200,000
資本公積 —— 特別股本溢價	100,000
資本公積 —— 沒收認股人違約股款(400 股)	20,000
特別股本: 800 股, 每股面值$50, 10%	40,000
保留盈餘	40,000

另悉 1998 年度淨利為$80,000。

試求: 根據上列資料, 請重新列示股票發行的彙總分錄及當年度股利發放的有關分錄。

解:

(1)應收股款	480,000	
已認股本 —— 普通股		400,000
資本公積 —— 普通股本溢價		80,000
(2)現金	280,000	
應收股款		280,000
(3)已認股本 —— 普通股	100,000	
普通股本		100,000
(4)應收股款	360,000	
已認股本 —— 特別股		240,000
資本公積 —— 特別股本溢價		120,000

$200,000 \div \$100 = 2,000$ 股

$150 \times (2,000 + 400) = \$360,000$

現金	320,000	
應收股款		320,000

(5)已認股本 —— 特別股 240,000

　　特別股本 200,000

　　應收股款 40,000

　　$100 \times 2,000 = \$200,000$

　　$100 \times 400 = \$40,000$

(6)資本公積 —— 特別股本溢價 20,000

　　資本公積 —— 沒收認股人違

　　　　約股款 20,000

(7)應收股款 40,000

　　已認股本 —— 特別股 40,000

　　$50 \times 800 = \$40,000$

(8)現金 40,000

　　應收股款 40,000

(9)已認股本 —— 特別股 40,000

　　特別股本 40,000

(10)本期損益 80,000

　　保留盈餘 80,000

(11)保留盈餘 (或股利) 40,000

　　現金 40,000

　　8% 特別股 ÷ \$200,000　× 8%‧‧‧‧‧‧‧‧ 16,000

　　10% 特別股 ÷ \$40,000　× 10%‧‧‧‧‧‧‧‧ 4,000

　　普通股‧‧‧‧‧‧‧‧‧‧‧‧‧‧‧‧‧‧‧‧‧‧‧‧‧‧‧‧‧‧‧ 20,000　　\$40,000

23.6 亞太公司 1998 年 12 月 31 日資產負債表內股東權益內容如下:

股東權益:

    5% 特別股，面值 \$100，可按 \$104 收

        回，獲准發行 25,000 股，已發行並

        流通在外 10,000 股   \$1,000,000

    普通股，面值 \$5，獲准發行 250,000

        股，已發行並流通在外 150,000 股   750,000

  資本公積 —— 特別股本溢價   35,000

  資本公積 —— 普通股本溢價   250,000

  保留盈餘   665,000

  股東權益總額   \$2,700,000

1999 年 1 月 5 日，該公司以每股\$98購入特別股 1,500 股，此項股票係屬一位已過世股東的遺產；1999 年 4 月 1 日，另按每股\$104 收回剩餘之 8,500 股，隨即加以註銷。

1999 年度獲利\$455,000；當年度每一普通股發放現金股利\$1.00。

試求:

(a)列示特別股的購入與註銷分錄。

(b)編製 1999 年 12 月 31 日資產負債表內的股東權益之部份。

解:

(a)特別股購入與註銷分錄:

  (1) 1999 年 1 月 5 日:

    特別股本   150,000

    資本公積 —— 特別股本溢價   5,250

      現金   147,000

      資本公積 —— 特別股資本盈餘   8,250

    $\$98 \times 1,500 = \$147,000; \$100 \times 1,500 = \$150,000$

    $\$35,000 \times \dfrac{1,500}{10,000} = \$5,250$

(2) 1998 年 4 月 1 日:

特別股本	850,000	
資本公積 —— 特別股本溢價	29,750	
資本公積 —— 特別股資本盈餘	4,250	
現金		884,000

$104 \times 8,500 = \$884,000$

$\$35,000 \times \dfrac{8,500}{10,000} = \$29,750$

(b) 1999 年 12 月 31 日部份資產負債表:

股東權益:

普通股本: 核准發行 250,000 股, 已發 　　　　行 150,000 股, 面值$5	$ 750,000
資本公積 —— 普通股本溢價	250,000
資本公積 —— 特別股資本盈餘	4,000
保留盈餘	970,000*
股東權益合計	$1,974,000

*$665,000 + \$455,000 - \$150,000 = \$970,000$

23.7 亞細亞公司成立於 1998 年 7 月 1 日, 期末所編製資產負債表之部份內容如下:

亞細亞公司
資產負債表（部份）
1998 年 12 月 31 日

股東權益:

股本:

普通股: 核准發行 10,000 股, 面值$100, 已發行並流通在外 5,000 股		$ 500,000
特別股: 六厘累積不參加, 核准發行 20,000 股, 面值$50, 已發行並流通在外 15,000 股		750,000
合　計		$1,250,000
其他投入資本:		
普通股溢價	$20,000	
特別股溢價	30,000	50,000
保留盈餘		45,000
股東權益總額		$1,345,000

補充資料:

1.股款於認股後兩個月內全數收足。

2.本期淨利$120,000, 已經發放約定之股利。

試求: 根據上列資料, 作應有之分錄。　　　　　（特高試題）

解:

(1)普通股認股分錄:

應收股款	520,000	
已認股本 —— 普通股		500,000
資本公積 —— 普通股本溢價		20,000

(2)收到普通股股款:

現金	520,000	
應收股款		520,000

(3)發行普通股票：

已認股本 —— 普通股	500,000	
普通股本		500,000

(4)特別股認股分錄：

應收股款	780,000	
已認股本 —— 特別股		750,000
資本公積 —— 特別股本溢價		30,000

(5)收到特別股股款：

現金	780,000	
應收股款		780,000

(6)發行特別股票：

已認股本 —— 特別股	750,000	
特別股本		750,000

(7)本期損益轉入保留盈餘：

本期損益	120,000	
保留盈餘		120,000

(8)發放股利分錄：

保留盈餘（或股利）	75,000	
現金		75,000

$120,000 - \$45,000 = \$75,000$

$\$750,000 \times 6\% \times \dfrac{1}{2} = \$22,500$（特別股股利）

$\$75,000 - \$22,500 = \$52,500$（普通股股利）

第二十四章 認股權證與保留盈餘

一、問答題

1. 公司何以要發行認股權、認股證及購股權？

解:

公司發行認股權或認股證，可能基於下列各項原因之一:

(1)公司將來如需要繼續增加資本時，可發行認股權給現有之股東，以吸引其繼續對公司增加投資。

(2)公司於發行特別股或長期債券時，可一併發行認股證，以促進投資人對所發行特別股或長期債券之投資興趣。

(3)公司為酬謝其內部管理人員與員工之辛勞、安於工作或其他原因，可賦予員工購股權，以作為額外酬勞。

2. 認股權、認股證及購股權的主要區別何在？

解:

認股權與認股證的主要區別，約可歸納為下列數項:

(1)通常一張認股證可認購普通股一股；然而，往往需要數張認股權才能認購普通股一股。

(2)認股權通常係給予持有同類普通股股東；認股證係單獨或合併給予其他證券持有人，包括特別股股東或債券持有人。

(3)附有認股權可認購普通股之購價，通常低於股票之現時市場價格；

惟附有認股證可認購普通股之購價，通常高於認股證發行時股票之市場價格。

(4)認股證所具有認購普通股之權利，其存續期間往往比認股權所具有之時間為長。

不論認股權或認股證，兩者既然均具有某一特定之權利，此項權利可脫離證券而單獨存在，並可在市場上自由轉讓。

3. 員工購股權計劃的會計處理，將面臨那四項先決問題？

解：

對於員工購股權計劃的會計處理，一般將面臨下列四項先決問題：(1)員工購股權計劃屬於補償性或非補償性？(2)如屬於補償性購股權計劃時，應於何時衡量此項費用？(3)應認定多少補償費用？(4)補償費用應分攤於何時？

4. 如何辨別補償性與非補償性員工購股權計劃？試就會計原則委員會所提出的標準列示之。

解：

會計原則委員會第 25 號意見書 (APB Opinion No. 25, par. 7) 提出下列辨別為非補償性員工購股權計劃的全部四項認定標準：(1)基本上，所有專職員工均可參與此項購股權計劃；(2)員工承購公司的股份，均按同一基礎或依員工薪資的某一特定比率計算；(3)員工購股權均訂有合理的行使期限；(4)公司給予員工的購買價格，係按市價打折，小於一般股東或其他人士的購買價格；實務上，折扣率可達 15%。

5. 會計原則委員會(APB No. 25) 與財務會計準則委員會 (FASB No. 123) 對於補償性員工購股權計劃所面臨的會計問題，各有何區別？

解：

購股權計劃所面臨的會計問題	新頒佈會計原則 (FASB #123)	舊的會計原則 (APB #25)
(1)何時衡量補償費用？	購股權授予日。	購股權的股數及承購價格已知悉之日，通常為購股權授予日。
(2)如何衡量補償費用？	購股權的公平價值。	市價與承購價格之差異，通常稱為實質價值。
(3)如何分攤補償費用？	按直線法平均分攤於各會計期間。	按直線法平均分攤於各會計期間。

6. 保留盈餘的內容包括那些？

解：

茲將保留盈餘帳戶所涵蓋的內容，以 T 字形帳戶列示如下：

保留盈餘

(1)淨損 　（包括非常損失項目）	(1)淨利 　（包括非常利益項目）
(2)前期損失調整 　（包括會計錯誤借方數字）	(2)前期利益調整 　（包括會計錯誤貸方數字）
(3)會計原則變更之累積影響數 　（借方數字）	(3)會計原則變更之累積影響數 　（貸方數字）
(4)現金股利	
(5)股票股利	

7. 資本與保留盈餘何以必須嚴格劃分？

解：

在企業組織的三種型態中，獨資與合夥企業的業主權益帳戶，通常均以單一金額表示之，對於其投入資本與累積盈餘，並未嚴格加以

劃分，其主要原因，在於業主對企業的債權人，負連帶無限清償的
責任。然而，對於公司企業的（投入）資本與盈餘資本，均加以明
確劃分，不得絲毫有所混淆。

何以公司企業對於其股東權益，必須將資本與保留盈餘加以明確劃
分？其主要原因係基於法律上的要求，而會計觀念係附隨法律上的要
求而來。蓋股份有限公司為典型的資合公司，公司的財產為公司債
權之唯一擔保，公司的信用完全建立在公司財產上，股東個人的信
用對於公司的信用，並無任何補強的作用。因此，在會計處理上，
對於公司的資本（包括法定資本與資本公積），應嚴格加以確定，
實為其最高原則；此項原則一般又稱為法定資本制度。會計上乃秉
持此一原則，而建立法定資本的觀念，將各項投入資本，按其來源
別予以明確劃分，使與保留盈餘嚴格劃分，涇渭分明，俾能保障公
司債權人的權益。

一般而言，公司有盈餘時，始能分配股利；公司如無盈餘而仍照發
股利者，實與資本退回無異。股東或債權人有權知悉公司所分配股
利的來源；因此，在公司會計領域中，對於股東權益的各項來源，
應依其不同性質，分別設立帳戶加以記錄，不得任意混淆。

8. 特別盈餘公積何以又稱為各項準備？一般常見的準備有那些？

解：

特別盈餘公積係為特定用途而提存者，惟於提存時，事實尚未發生，
故常以各項準備稱之，例如償債基金準備、擴充廠房準備、意外損失
準備、贖回特別股準備、購置長期性資產準備、及充裕營運資金準備
等。

9. 何以股票股利我國一般習慣上又稱為無償配股？

解：

蓋公司分配股票股利時，其各項資產與負債，並無任何變化，僅股數增加而已，使發展中的企業，能保有所需資金，股東也可分沾股數增多的喜悅。

10. 股利發放的原則為何？

解：

一般言之，股利之發放，應遵守下列各項原則：

(1)股利的來源，應以盈餘為限：公司有盈餘，始有股利之分派；故我公司法原則上規定：「公司無盈餘時，不得分派股息及紅利」。蓋股份有限公司純以資本而結合，法定資本為公司債權人的唯一保障，故股利的分派，應以盈餘為原則，不得侵蝕公司的法定資本。

(2)股利的發放，應力求穩定性：公司每期所分派的股利，應力求穩定性，保持一定的水準，不可忽高忽低，以免影響投資人的投資意願，俾能穩定股票的市場價格。

(3)股利發放的期間，應維持一致性：公司每年發放股利的期間，應維持一致性，不可任意提前或延後，以免影響投資者的心理。

11. 股票股利與股票分割有何不同？

解：

就法律觀點，股票分割使股數增加或減少（反分割），股票股利則僅增加股數一途；就會計觀點而言，股票分割不作會計分錄，至於股票股利之發放，必須作成會計分錄。

12. 小額股票股利與大額股票股利在會計處理上有何不同？

解：

如為小額股票股利時，保留盈餘應按股票的公平市價資本化；如為大額股票股利時，保留盈餘應按股票的法定最低金額（票面價值）資本化。

13. 何謂公司準改組？

解：

係指公司因長期遭受重大虧損，使帳上產生相當可觀的累積虧絀，並使公司資產的帳面價值變成不真實的情形；處於此一情況下，公司的管理人員，為適應新的環境，乃不經由法定程序正式辦理改組，僅透過會計的程序，調整資產與資本結構，使帳上獲得重新出發的基礎，從而朝向健全的途徑邁進，故一般又稱為假改組或會計重整。

14. 公司準改組具有那些特徵？

解：

準改組具有下列各項特徵：

(1)現有的公司個體不變。

(2)配合目前情況，重新調整（減少）資產的帳面價值。

(3)準改組不會使公司對外的權利義務關係受到影響。

(4)基本上，準改組係以沖銷累積虧絀為其目的，使其餘額化為零。

(5)在辦理準改組後之某一段期間內（通常為 5 年至 10 年），必須將保留盈餘帳戶按準改組時的餘額予以列示，並標明其日期。

(6)準改組對於各有關帳戶的影響，必須予以充分表達。

15. 解釋下列各名詞：

(1)購股權授予日 (date of grant of stock option)。

(2)附息股票 (dividend-on stock) 與除息股票 (ex-dividend stock)。

⑶股票分割 (stock split) 與股票反分割 (reverse stock split)。

⑷準改組 (quasi-reorganizations)。

解：

⑴購股權授予日：

⑵附息股票與除息股票：在股票過戶前附有股利的股票，稱為附息股票；經過戶後已除去股利的股票，稱為除息股票。

⑶股票分割與股票反分割：公司為適應投資人之需要，並加速股票之流通起見，往往將流通在外面值或設定價值較大之股票，予以收回，另換發為較小面值或設定價值之股票，而股本總額乃不致改變者，此稱之為股票分割。

一般言之，股票分割通常均減少每股面值，促使流通在外的股數增加；例如某公司將每股面值$100 分割為新股 10 股，使每股面值降為$10。惟在若干情況之下，亦有將每股$10 之股票，以 10 股湊成 1 股每股面值增加為$100，使流通在外股數減少，此稱為股票反分割。

⑷準改組：稱準改組者，係指公司因長期遭受重大虧損，使帳上產生相當可觀的累積虧絀，並使公司資產的帳面價值變成不真實的情形；處於此一情況下，公司的管理人員，為適應新的環境，乃不經由法定程序正式辦理改組，僅透過會計的程序，調整資產與資本結構，使帳上獲得重新出發的基礎，從而朝向健全的途徑邁進，故一般又稱為假改組或會計重整。

二、選擇題

24.1 A 公司於 1998 年 7 月 1 日，發行認股權給予普通股股東，每一普

通股可獲得認股權一張，每 5 張認股權加上現金$28，可認購普通
股一股；當時附認股權之普通股，每股市價$40，認股權每張$2；
認股權截止日為 1998 年 9 月30 日；A 公司 1998 年 6 月 30 日之
股東權益如下：

普通股本：40,000 股發行並流通在外，每股面值$25	$1,000,000
資本公積 —— 普通股本溢價	600,000
保留盈餘	800,000

A 公司於 1998 年 7 月 1 日發行認股權後，保留盈餘減少若干？

(a)$–0–

(b)$50,000

(c)$80,000

(d)$100,000

解：(a)

A 公司於 1998 年 7 月 1 日發行認股權給予普通股股東時，無需作
成任何分錄，僅作備忘分錄即可；因此，保留盈餘並無任何減少。
當認股權持有人行使認股權時，應分錄如下：

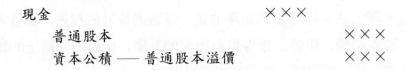

```
    現金                          × × ×
      普通股本                            × × ×
      資本公積 —— 普通股本溢價              × × ×
```

24.2　B 公司於 1998 年 11 月 1 日，發行特別股 10,000 股，每股面值
$100，按每股$110 發行，每股另附有認股證一張，可按每股$15 認
購面值$10 的普通股一股；發行時不附認股證之特別股，每股市價
$108；認股證有效日期截至 1999 年 3 月1 日為止；1998 年 11 月 1

日、1998 年 12 月 31 日、及 1999 年 3 月 1 日，普通股每股市價分別為\$17、\$18、及\$20。

B 公司於 1999 年 3 月 1 日，計有 80% 特別股股東所持有之認股證，行使認購普通股的權利；此項認購可增加資本公積 —— 普通股本溢價為若干？

(a)\$–0–

(b)\$10,000

(c)\$50,000

(d)\$60,000

解: (d)

1998 年 11 月 1 日，發行特別股時的分錄如下：

現金	1,100,000	
特別股本		1,000,000
資本公積 —— 特別股本溢價		80,000
認股證		20,000

1999 年 3 月 1 日，特別股股東行使認股證權利的分錄如下：

現金	120,000	
認股證	20,000	
普通股本		80,000
資本公積 —— 普通股本溢價		60,000

$\$15 \times 8,000 = \$120,000$

由上述分錄可知，1999 年 3 月 1 日特別股股東認購普通股時，可增加資本公積 —— 普通股本溢價\$60,000。

下列資料用於解答第 24.3 及第 24.4。

C 公司於 1998 年 1 月 1 日，制定一項員工購股權計劃，其有關內容如下：

1. 1998 年 4 月 1 日，C 公司提供現金$60,000 及普通股 6,000 股，每股面值$10，投入該項員工購股權計劃，當時普通股每股市價$18。

2. 1998 年 10 月 1 日，員工購股權計劃向銀行借款 $200,000，隨即購入 C 公司股票 10,000 股，每股購價$17；借款時銀行要求開具本票乙紙，期限 1 年，利息 10%，由 C 公司擔保。

3. 1998 年 12 月 15 日，根據員工購股權計劃，分配 12,000 股給員工。

24.3 C 公司於 1998 年 12 月 31 日所編製的損益表內，應列報員工購股權補償費用為若干？

(a)$120,000

(b)$168,000

(c)$240,000

(d)$368,000

解： (b)

根據美國會計師公會專業聲明書 (Statement of Position 76–3, par. 9, AICPA) 指出，公司某一期間提供或承諾給予員工購股權計劃的金額，必須作為列報該期間費用的衡量基礎；因此，本題 C 公司於 1998 年 4 月 1 日提供現金$60,000 及股票公平價值$108,000 ($18 × 6,000) 給予員工購股權計劃，故當年度 C 公司應認定員工購股權計劃補償費用為$168,000 ($60,000 + $108,000)。

24.4 C 公司於 1998 年 12 月 31 日所編製的資產負債表內，應列報應付票據之保證負債為若干？

(a)$–0–

(b)$60,000

(c)$100,000

(d)$200,000

解：(d)

根據美國會計師公會專業聲明書 (Statement of Position 76–3, par. 5, AICPA) 指出，公司保證或承擔對員工購股權計劃之負債，應列報為公司之負債；因此，C 公司 1998 年 12 月 31 日之資產負債表內，應列報應付票據之保證負債$200,000。

24.5　D 公司於 1997 年 1 月 1 日，賦予其高層員工 10 人，各享有參加購股權計劃，每人可按每股$20 購買面值$5 之普通股 3,000 股；員工可於制定計劃後，服務滿 2 年的期間，亦即 1998 年 12 月 31 日後，始可行使；實際行使日為 1999 年 1 月 10 日。每股股票市價如下：

1997 年 1 月 1 日	$30
1998 年 12 月 31 日	50
1999 年 1 月 10 日	45

根據一般公認會計原則 (APB No. 25)，D 公司 1998 年度應認定員工購股權計劃之補償費用為若干？

(a)$–0–

(b)$150,000

(c)$375,000

(d)$450,000

解：(b)

根據第 25 號意見書的規定，員工購股權計劃之補償費用，係按下列公式計算而得：

股數 ×（公平市價－承購價格）＝補償費用總額

$10 \times 3,000 \times (\$30 - \$20) = \$300,000$

購股權計劃的補償費用總額，應按員工購股權計劃的補償期間分攤；如無特定期間，則以購股權計劃所規定的員工服務期間為準；故 1998 年度應分攤的補償費用如下：

$\$300,000 \div 2 = \$150,000$

24.6 E 公司於 1998 年 1 月 1 日，賦予其總經理王君購股權，可按每股 $20 購買 1,000 股面值$10 之普通股，自授予日後 3 年內行使之；王君於 1998 年 12 月 31 日行使其購股權。1998 年 1 月 1 日，普通股每股市價$26，1998 年 12 月 31 日，每股市價增加為$36。
根據第 25 號意見書所揭示的一般公認會計原則，E 公司因購股權計劃，可增加業主權益若干？
(a)$6,000
(b)$10,000
(c)$20,000
(d)$30,000

解：(c)

E 公司因購股權計劃，可增加業主權益$20,000；茲列示購股權計劃的有關分錄如下：

1998 年 1 月 1 日 ── 購股權授予日即認定補償費用的分錄：

購股權補償費用	6,000	
遞延購股權補償費用		6,000

$(\$26 - \$20) \times 1,000 = \$6,000$

1998 年 12 月 31 日 —— 購股權行使日的分錄：

現金	20,000	
普通股本		10,000
資本公積 —— 普通股本溢價		10,000

$20 × 1,000 = $20,000；$10 × 1,000 = $10,000

業主權益增加$20,000（普通股本$10,000 ＋ 資本公積$10,000）。

24.7　F 公司員工購股權計劃規定如下：

1.員工每人扣薪$1，公司即相對提供$2。

2.員工購股權計劃係由公司庫藏股票購入。

下列資料乃 1998 年度有關員工購股權計劃的交易事項：

1.全年度扣薪總額$420,000。

2.購買公司庫藏股票 150,000 股的公平市價為$1,260,000。

3.庫藏股票的帳面價值（成本）為$1,080,000。

F 公司如不考慮所得稅因素，1998 年度應認定員工購股權之補償費用為若干?

(a)$660,000

(b)$840,000

(c)$1,080,000

(d)$1,260,000

解：(b)

根據一般公認會計原則，員工購股權計劃的補償費用總額，係以股票公平市價超過員工所承擔的金額為準；在本題內，購買公司庫藏股票 150,000 股的公平市價$1,260,000，超過員工承擔部份（扣薪）$420,000，其差額$840,000，應由公司認定為購股權補償費用；購入庫藏股票的分錄如下：

應付員工購股權計劃款項	420,000
購股權計劃補償費用	840,000
庫藏股票（成本）	1,080,000
資本公積 —— 庫藏股票資本盈餘	180,000

24.8　G 公司為非上市公司，於 1998 年 1 月 1 日，制定一項員工購股權計劃，賦予員工於股票每股市價\$75 時，可按\$75 購買 50,000 股，每股面值\$50 之普通股；購股權必須等到授予日後 5 年，始可行使；不具風險性利率為 6%，並預期每年支付股利\$3。根據新頒佈之一般公認會計原則 (FASB No.123)，G 公司 1998 年度應記錄遞延員工購股權計劃補償費用為若干？

(a)\$130,000

(b)\$316,000

(c)\$948,000

(d)\$1,584,000

解: (b)

G 公司 1998 年度應記錄遞延員工購股權計劃之補償費用為\$316,000，其計算如下：

股票現時市價	\$　　75.00
減: 認購價格現值 $[m \times (1+i)^{-n}]$:	
$\$75 \times (1+0.06)^{-5} = \$75 \times 0.747258$	(56.04)
每年預計股利年金現值 $(d \times P\,\overline{n}|i)$:	
$\$3 \times P\,\overline{5}|0.06 = \$3 \times 4.212364$	(12.64)
每股購股權公平價值 (FV)	\$　　6.32
乘: 購股權股數 $(AQ = Q \times (1-f) = 50,000(1-0)$	$\times$ 50,000.00
遞延補償費用 $(TC = FV \times AQ)$	\$316,000.00

24.9　H 公司於 1999 年 7 月 1 日，發行在外普通股 10,000 股，每股面值$100，每股市價$120；H 公司於當日公告股票分割，一股分為二股；股票分割之前，資本公積 —— 普通股本溢價為 $420,000。H 公司股票分割後，資本公積 —— 普通股本溢價增加若干？

(a)$–0–

(b)$450,000

(c)$500,000

(d)$950,000

解：(a)

股票分割僅改變每股票面價值及在外流通股數而已，並未改變股東權益的內容；因此，資本公積 —— 普通股本溢價帳戶，並未增加，仍然保持其餘額為$420,000。

24.10　I 公司於 1998 年 1 月 1 日，在外流通之普通股為 100,000 股，每股面值$10；1998 年度發生下列事項：

1. 4 月 1 日，公告股票分割，每股分割為二股，當時每股公平市價$50。

2. 5 月 1 日，宣告發放現金股利每股$0.50 及股票股利 4%，並於 5 月 31 日發放，當時每股公平市價$55。

I 公司 1998 年度保留盈餘因發放股利將減少若干？

(a)$100,000

(b)$140,000

(c)$180,000

(d)$540,000

解：(d)

股票分割並非股利，惟股票分割將增加在外流通股數，使股數增加

為 200,000 股（100,000 股 × 2）；因此，發放股利的分錄如下：

保留盈餘	100,000	
現金		100,000

$0.50 × 200,000 = $100,000

保留盈餘	440,000	
普通股本		80,000
資本公積 —— 普通股本溢價		360,000

$55 × 200,000 × 4% = $440,000; $10 × 200,000 × 4% = $80,000

由上述分錄可知，現金股利減少保留盈餘$100,000；4% 股票股利屬小額股票股利，應按股票公平市價資本化，故減少保留盈餘$440,000；故總共減少保留盈餘$540,000。

24.11 J 公司發行 200,000 股的普通股流通在外，於 1998 年 10 月 1 日及 1999 年 4 月 1 日，分二次宣告發放 1998 年度的股票股利；股票股利發放日、發放百分率、公平市價及面值的資料如下：

發放日	百分率	發放日每股公平市價	每股面值
1998 年 10 月 15 日	6%	$20	$10
1999 年 4 月 15 日	25%	30	10

J 公司發放 1998 年度二次的股票股利，共減少保留盈餘若干?

(a)$770,000

(b)$740,000

(c)$700,000

(d)$600,000

解: (a)

1998 年 10 月 15 日發放 10% 股票股利, 屬小額股票股利, 應按股票公平市價資本化, 其發放日的分錄如下:

保留盈餘	240,000	
普通股本		120,000
資本公積 —— 普通股本溢價		120,000

$$\$20 \times 200,000 \times 6\% = \$240,000; \quad \$10 \times 200,000 \times 6\% = \$120,000$$

1999 年 4 月 15 日發放 25% 股票股利, 屬大額股票股利, 應按股票面值資本化, 其發放日的分錄如下:

保留盈餘	530,000	
普通股本		530,000

$$\$10 \times (200,000 + 12,000) \times 25\% = \$530,000$$

由此可知, J 公司發放 1998 年度二次的股票股利, 共減少保留盈餘 $770,000 ($240,000 + $530,000)。

24.12 K 公司股票公開發行上市, 因營業欠佳, 致發生財務困難情形, 由董事會依法聲請重整, 於 1998 年 10 月 31 日經法院裁定准予重整在案; 1998 年 12 月 30 日, K 公司根據重整計劃支付現金$500,000 及 100,000 股每股面值$5 之普通股, 按比例償還無擔保重整債務 $1,400,000; 當時 K 公司普通股每股公平市價為$3.60。

根據上項交易, K 公司 1998 年度增加股東權益為若干?

(a)$1,000,000

(b)$900,000

(c)$540,000

(d)$–0–

解: (b)

K 公司 1998 年度增加股東權益$900,000，其計算如下：

無擔保重整債務	$1,400,000
減：現金支付	(500,000)
普通股票公平市價：$3.60 × 100,000	(360,000)
償還債務利益	$ 540,000

償還債務的分錄如下：

無擔保重整負債	1,400,000	
資本公積 —— 普通股本折價	140,000	
現金		500,000
普通股本		500,000
償還債務利益		540,000

償還債務利益$540,000 及普通股發行的公平價值$360,000 ($500,000 − $140,000)，合計$900,000 增加股東權益。

24.13 L 公司 1998 年 12 月 31 日股東權益項下包括下列各項：

普通股本：100,000 股，每股面值$10	$1,000,000
資本公積 —— 普通股本溢價	500,000
保留盈餘（累積虧絀）	(700,000)

1999 年 1 月 2 日，L 公司獲得股東大會的核准，不經正式法定程序，進行準改組，將普通股每股面值降低至$5，藉以增加資本公積，俾用來抵減累積虧絀。

1999 年 1 月 2 日，經上項會計上的準改組後，L 公司的資本公積餘額應為若干？

(a)$(200,000)

(b)$300,000

(c)$500,000

(d)$700,000

解：(b)

公司準改組係經由下列步驟，藉以消除公司的累積虧絀：(1)重估資產價值，(2)降低股票面值，(3)以資本公積抵減累積虧絀。本題 L 公司將普通股每股面值由$10 降低為$5，使資本公積 —— 普通股本溢價增加$500,000 ($5 × 100,000)，加上原來帳上的餘額$500,000，使資本公積 —— 普通股本溢價之餘額，增加為$1,000,000 ($500,000 + $500,000)；其次再用以抵減累積虧絀$700,000，使資本公積 —— 普通股本溢價的餘額，降低為$300,000。其相關分錄如下：

(1)降低股票面值的分錄：

普通股本（面值$10）	1,000,000	
普通股本（面值$5）		500,000
資本公積 —— 普通股本溢價		500,000

(2)資本公積抵減累積虧絀的分錄：

資本公積 —— 普通股本溢價	700,000	
累積虧絀		700,000

三、綜合題

24.1 中華公司董事會於 1998 年 1 月 1 日，核准公司重要幹部 10 人的購股權計劃，授予每人可按每股$20 購買普通股面值$10 的股票 1,000 股，得於授予日後 3 年內行使購股權，當日，普通股每股公平市價

$32；1999 年 1 月 1 日，普通股每股公平市價上升為$50，全部重要
幹部均於當日行使購股權。

試求：

    (a)中華公司購股權計劃是否屬於補償性費用？

    (b)購股權計劃補償費用應於何時認定？

    (c)請列示購股權計劃的各項有關分錄。

解：

  (a)根據會計原則委員會第 25 號意見書 (APB Opinion 25, par. 7) 的
     規定，凡符合下列全部四項認定標準者，即屬於非補償性費用之
     員工購股權計劃：(1)所有專職員工均可參與員工購股權計劃；(2)
     員工承購公司的股份，均按同一基礎或依員工薪資的某一特定比
     率計算；(3)員工購股權均訂有合理的行使期限；(4)公司給予員工
     的購買價格，係按市價打折，小於一般股東或其他人士的購買價
     格。本題內中華公司重要幹部 10 人的購股權計劃，未符合上述
     認定為非補償性員工購股權計劃的全部四項標準，故屬於補償性
     的員工購股權計劃。

  (b)一項員工購股權計劃，應於公司知悉下列二種情況的第一天，即
     應認定為購股權補償費用：(1)員工購股權的股數已確定；(2)行使
     購股權的價格已確定。因此，中華公司重要幹部 10 人的購股權
     計劃，應於 1998 年 1 月 1 日認定之。

  (c)員工購股權計劃的各項有關分錄：

    (1) 1998 年 1 月 1 日 —— 購股權授予日：

遞延購股權補償費用	120,000	
普通股購股權		120,000

    ($32 − $20) × 1,000 × 10 = $120,000

(2) 1998 年至 2000 年 12 月 31 日 —— 分攤購股權補償費用:

購股權補償費用	40,000	
遞延購股權補償費用		40,000

$120,000 ÷ 3 = $40,000

(3) 1999 年 1 月 1 日 —— 行使購股權日的分錄:

現金	200,000	
普通股購股權	120,000	
普通股本		100,000
資本公積 —— 普通股本溢價		220,000

$20 × 1,000 × 10 = $200,000; $10 × 1,000 × 10 = $100,000

24.2 中興公司制定員工購股權計劃的內容如下:

1. 僅限定資深的專職員工 30 人始可參加購股權計劃。

2. 每人可按每股$20 購買普通股 2,000 股,每股面值$10。

3. 自授予日後 5 年可行使購股權;自取得日 5 年內不得轉讓。

4. 1998 年 1 月 1 日為購股權授予日,當時每股公平市價為$28。

5. 員工必須於授予日後繼續服務滿 4 年,才能行使購股權;2002 年 1 月 1 日,計有 54,000 股的持有人行使購股權,當時每股公平市價為$50。

試求:

(a)中興公司的員工購股權計劃是否屬於補償性費用?

(b)購股權計劃補償費用應於何時認定?

(c)應認定補償性費用若干?

(d)補償性費用應如何分攤?

(e)請列示購股權計劃的有關分錄。

(f)1998 年 12 月 31 日的資產負債表內,「普通股購股權」及「遞

延購股權補償費用」應如何表達？

解:

(a)中興公司的員工購股權計劃，僅限定資深的專職員工參加；又折扣率達 40%[($32 − $20)÷$30]；而且行使購股權的期限長達 3 年；因此，未符合非補償性員工購股權計劃，故屬於補償性員工購股權計劃。

(b)根據會計原則委員會第 25 號意見書 (APB Opinion No.25) 的規定，凡下列二種情況為公司所知悉的第一天，應即認定員工購股權補償費用：(1)員工所享有的認購股數已確定；(2)購買的價格已知悉。因此，中興公司員工購股權補償費用，應於 1998 年 1 月 1 日認定。

(c)應認定補償費用的金額，乃衡量日股票公平市價與認購價格的差異，乘以購股權股數之相乘積；其計算如下：

$$($28 − $20) \times 2,000 \times 30 = $480,000$$

$$$480,000 \div (30 \times 2,000) = $8 （購股權單位成本）$$

(d)員工購股權補償費用，應分攤於購股權授予日至可行使日第一天的服務期間內。本題購股權授予日為 1998 年 1 月 1 日，至可行使日第一天為 2002 年 1 月 1 日，共為 4 年，每年應分攤$120,000 ($480,000 \div 4)。

(e)員工購股權計算的有關分錄：

(1) 1998 年 1 月 1 日 ── 授予日的分錄：

遞延購股權補償費用	480,000	
普通股購股權		480,000

(2) 1998 年至 2001 年 12 月 31 日 ── 分攤購股權補償費用：

購股權補償費用	120,000	
遞延購股權補償費用		120,000

(3) 2002 年 1 月 1 日 —— 行使購股權分錄：

現金	1,080,000	
普通股購股權	432,000	
普通股本		540,000
資本公積 —— 普通股本溢價		972,000

$\$20 \times 54,000 = \$1,080,000;\ \$8 \times 54,000 = \$432,000;$

$\$10 \times 54,000 = \$540,000$

(f)1998 年 12 月 31 日的資產負債表內，「普通股購股權」屬於股東權益的加項，列為普通股本的附加項目；至於「遞延購股權補償費用」，在未攤銷完了之前，應列為「普通股購股權」的抵減項目；其方式如下：

資產負債表：
　股東權益：

普通股本		$\$\times\times\times$
普通股購股權	$480,000	
減：遞延購股權補償費用	360,000	120,000

24.3　中和公司 1998 年 12 月 31 日，股東權益的內容如下：

股東權益：

特別股本：8% 累積，面值$100，流通在外 10,000 股	$1,000,000
普通股本：獲准發行 200,000 股，已發行80,000 股，每股面值$50	4,000,000
資本公積 —— 普通股本溢價	800,000
保留盈餘	2,400,000
股東權益總額	$8,200,000

已知中和公司之特別股，無任何積欠股利存在；1999 年度含有下列各項交易：

1. 1999 年度獲利\$900,000；董事會宣告現金股利\$420,000 給特別股及普通股；另外又宣告普通股5% 的股票股利，當時普通股每股公平市價為\$68。

2. 為使股東了解公司的一項新產品，董事會決定發放財產股利，按在外流通普通股（發放股票股利前），每股發放新產品一單位，每單位成本\$2，公平市價\$3；上項交易的利益，已包括於 1999 年度的淨利之內。

3. 1999 年度終了，公司董事會宣告普通股票分割，每股分割為 2 股，當時每股公平市價\$75。

試求：

(a)記錄有關分錄並列示其計算過程。

(b)列示 1999 年 12 月 31 日資產負債表內股東權益的內容。

解：

(a)記錄有關分錄：

1. (1) 1999 年度淨利\$900,000 轉入保留盈餘：

本期損益	900,000	
保留盈餘		900,000

(2)宣告 1999 年度現金股利的分錄：

保留盈餘	420,000	
應付股利 —— 特別股		80,000
應付股利 —— 普通股		340,000

$\$1,000,000 \times 8\% = \$80,000$；$\$420,000 - \$80,000 = \$340,000$

(3)宣告股票股利的分錄：

保留盈餘	272,000*	
普通股本		200,000
資本公積 —— 普通股本溢價		72,000

*80,000 股 × 5% = 4,000 股

$68 × 4,000 = $272,000; 小額股票股利按股票公平市價資本化。

2.(1)宣告財產股利的分錄:

保留盈餘	240,000	
應付財產股利		240,000

$3 × 80,000 = $240,000

(2)記錄發放財產股利的分錄:

應付財產股利	240,000	
存貨		160,000
存貨處置利益*		80,000

*($3 − $2) × 80,000; 已包括於本期淨利之內。

3.股票分割:

不必作成分錄(僅作備忘記錄);惟必須重新計算普通股每股面值如下:

原來每股面值: ($4,000,000+$200,000)÷(80,000+4,000)=$50

分割後每股面值: $4,200,000÷168,000*=$25

*84,000 股× 2=168,000 股

(b) 1999 年 12 月 31 日股東權益內容:

資產負債表:

股東權益:
特別股本: 8%累積, 面值$100, 流通在外 10,000 股　　$1,000,000
普通股本: 獲准發行 200,000 股, 已發行 168,000 股,
　　　　　　每股面值$25　　　　　　　　　　　　　4,200,000
資本公積 —— 普通股本溢價　　　　　　　　　　　　872,000
保留盈餘　　　　　　　　　　　　　　　　　　　2,368,000
股東權益總額　　　　　　　　　　　　　　　　　$8,440,000

原有保留盈餘		$2,400,000
加: 1998 年度淨利		900,000
分配股利前保留盈餘		$3,300,000
減: 現金股利	$420,000	
股票股利	272,000	
財產股利	240,000	(932,000)
保留盈餘淨額		$2,368,000

24.4 中央公司因長期虧損, 使帳上產生可觀的累積虧絀; 公司董事會擬透過會計的方法, 提出準改組計劃, 並徵得股東會認可及債權人的同意, 不經正式的法定程序辦理。準改組前的有關資料如下:

中央公司
資產負債表
1999 年 1 月 1 日

流動資產	$ 400,000	負債	$ 600,000
長期性資產	2,600,000	股本: 300,000 股, 每股	
		面值$10	3,000,000
		資本公積 —— 股本溢價	200,000
		累積虧絀	(800,000)
資產總額	$3,000,000	負債及股東權益總額	$3,000,000

準改組計劃包括下列各項：

1.流動資產（存貨）價值減低$100,000。

2.長期性資產價值減低$800,000。

3.股票每股面值由$10 降低為$5。

4.將資本公積 —— 股本溢價用於抵減累積虧絀，使其餘額為零。

試求：

　(a)請列示中央公司準改組的各項分錄。

　(b)編製中央公司 1999 年 1 月 1 日準改組後的資產負債表。

解：

(a)準改組的各項分錄：

　⑴流動資產（存貨）價值減低的分錄：

累積虧絀	100,000	
流動資產		100,000

　⑵長期性資產價值減低的分錄：

累積虧絀	800,000	
長期性資產		800,000

　⑶股票面值降低的分錄：

股本：面值$10	3,000,000	
股本：面值$5		1,500,000
資本公積 —— 股本溢價		1,500,000

　⑷資本公積抵減累積虧絀的分錄：

資本公積 —— 股本溢價	1,700,000	
累積虧絀		1,700,000

(b)編製準改組後的資產負債表

中央公司
資產負債表
1999 年 1 月 1 日

流動資產	$ 300,000	負債	$ 600,000
長期性資產	1,800,000	股本	1,500,000
		保留盈餘*	–0–
資產總額	$2,100,000	負債及股東權益總額	$2,100,000

*1999 年 1 月 1 日辦理準改組，將累積虧絀$800,000 沖銷。

24.5 中美公司 1998 年 12 月 31 日，調整後試算表內包括下列各項：

普通股本：200,000 股，每股面值$5	$1,000,000
特別股本：50,000 股，8%累積，每股面值$10	500,000
資本公積 —— 普通股本溢價	200,000
庫藏股票：6,000 股，成本	36,000
資本公積 —— 庫藏股票資本盈餘	12,000
未實現持有損失 —— 備用證券	20,000
普通股購股權	60,000
遞延員工購股權補償費用	40,000
法定盈餘公積	120,000
擴充廠房準備	100,000
未指用盈餘	420,000

試求：請編製中美公司 1998 年 12 月 31 日資產負債表之股東權益部份。

解：

股東權益:

股本:

普通股本: 200,000 股, 每股面值$5		$1,000,000
普通股購股權	$ 60,000	
遞延員工購股權補償費用	(40,000)	20,000
特別股本: 50,000 股, 8%累積, 每股面值$10		500,000
股本合計		$1,520,000

資本公積:

普通股本溢價	$ 200,000	
庫藏股票資本盈餘	12,000	
資本公積合計		212,000
資本合計		$1,732,000

保留盈餘:

指用:

法定盈餘公積	$120,000	
特別盈餘公積 —— 擴充廠房準備	100,000	$ 220,000
未指用		420,000
保留盈餘合計		640,000

未實現資本:

未實現持有損失 —— 備用證券		(20,000)
未扣除庫藏股票前股東權益合計		$2,352,000
減: 庫藏股票: 6,000 股, 成本		(36,000)
股東權益合計		$2,316,000

24.6 中外公司多年來營業欠佳, 年年虧損; 該公司新聘一位總經理, 採納某知名會計師之建議, 提出準改組計劃, 經董事會報請股東會及債權人會議之同意後, 實施準改組; 準改組前資產負債表如下:

中外公司

資產負債表

1998 年 12 月 31 日

現金	$ 100,000	流動負債	$ 750,000
應收帳款	470,000	長期負債	1,200,000
備抵壞帳	(20,000)	普通股本: 50,000 股@$50	2,500,000
存貨	750,000	特別股本: 5,000 股 @$100	500,000
長期性資產	4,000,000	資本公積 —— 特別股	
備抵折舊	(1,500,000)	本溢價	150,000
遞延資產	200,000	保留盈餘	(1,100,000)
合 計	$ 4,000,000	合 計	$ 4,000,000

經股東會同意之準改組計劃如下:

1. 備抵壞帳應增加為$50,000。

2. 存貨應減低為$500,000。

3. 長期性資產的帳面價值應降低為$1,932,500。

4. 所有負債均經債權人的同意, 減少 5%。

5. 特別股面值降低為$60。

6. 普通股面值予以降低, 藉以冲銷累積虧損至零為止。

7. 除股本帳戶外, 所有各股東權益帳戶均一律予以結清。

試求:

(a)列示上述各項準改組計劃應有的分錄。

(b)編製準改組後的資產負債表。

解:

(a)準改組計劃應有的分錄:

(1)備抵壞帳增加的分錄:

保留盈餘	50,000	
備抵壞帳		50,000

(2)存貨價值減低的分錄：

保留盈餘	500,000	
存貨		500,000

(3)長期性資產減低的分錄：

保留盈餘	567,500	
備抵折舊		567,500

(4)負債減少的分錄：

流動負債	37,500	
長期負債	60,000	
保留盈餘		97,500

(5)特別股面值減低的分錄：

特別股本 @$100	500,000	
特別股本 @$60		300,000
資本公積 —— 特別股本溢價		200,000

(6)普通股面值減低的分錄：

普通股本 @$50	2,500,000	
普通股本 @$20		1,000,000
資本公積 —— 普通股本溢價		1,500,000

(7)資本公積沖抵保留盈餘（累積虧絀）的分錄：

資本公積 —— 特別股本溢價	350,000	
資本公積 —— 普通股本溢價	1,500,000	
保留盈餘		1,850,000

(b)準改組後的資產負債表：

中外公司
資產負債表
1998 年 12 月 31 日

現金	$ 100,000	流動負債	$ 712,500
應收帳款	470,000	長期負債	1,140,000
備抵壞帳	(50,000)	普通股本: 50,000 股@$20	1,000,000
存貨	500,000	特別股本: 5,000 股 @$60	300,000
長期性資產	4,000,000		
備抵折舊	(2,067,500)		
遞延資產	200,000		
	$ 3,152,500		$3,152,500

第二十五章 現金流量表

一、問答題

1. 試述現金流量表的緣由。

解:

凡提供一企業某特定期間內，有關資金來源、使用途徑及影響資金增減變動的財務報表，會計原則委員會在 1963 年的第 3 號意見書 (APB Opinion No. 3) 內，將它稱為資本來源去路表；由於資金一詞，具有不同的含義，致應用上極為分歧，會計原則委員會乃於 1971 年頒佈第 19 號意見書 (APB Opinion No. 19)，統一其名稱為財務狀況變動表，除具體提出編製此項財務報表的基本要求與方法外，並確定它與資產負債表、損益表及業主權益變動表，作為企業對外四項主要的財務報表。

第 19 號意見書並未要求一般企業，將現金流量的資訊，列報於財務狀況變動表內；然而，企業現金流量的資訊，已逐漸成為報表閱讀者關心的焦點；財務準則委員會乃於 1984 年提出第 5 號財務會計觀念聲明書 (SFAC No. 5)，指出各企業每一會計期間，應提供全套完整的現金流量表；1987 年 11 月，財務準則委員會遂正式頒佈第 95 號財務準則聲明書 (FASB Statement No. 95)，正式命名為現金流量表，取代原來「財務狀況變動表」的地位，成為企業主要財務報表之一，企業於對外提出資產負債表、損益表、及業主權益變動表時，必須同

時提出現金流量表。

2. 現金流量表的意義為何?

解:

第 95 號財務準則聲明書 (FASB Statement No. 95, par. 7) 指出: 「現金流量表用於說明企業在某特定期間內, 現金及約當現金變動的彙總報告表; 現金流量表應採用明確的名詞, 例如現金或約當現金, 而不採用具有多重含義的基金一詞。現金流量表的期初與期末現金及約當現金總額, 應等於相同特定日資產負債表內現金及約當現金科目的餘額。」

第 5 號財務會計觀念聲明書 (FASB Statement of Concepts No. 5, par. 52) 指出: 「現金流量表係以直接或間接的方式, 用於表達企業在某特定期間內, 有關現金收入及現金支出的彙總報告; 它可提供下列有用的資訊: a.有關企業之營業活動所產生的現金流量; b.有關債務及權益方面的理財活動; c.有關取得與處分證券及非營業資產的投資活動。有關現金流入與流出的資訊, 可協助資訊使用者評估企業的變現能力、財務彈性、獲益潛力及風險大小等。」

3. 編製現金流量表之目的何在?

解:

編製現金流量表之主要目的, 在於提供一企業某特定期間內, 攸關現金流入與流出的有用資訊, 藉以協助投資者、債權人及其他相關人士, 達成下列各項目的:

(1)預測企業未來產生淨現金流量的潛力。

(2)評估企業償還債務與支付股利的能力, 及向外融資的需要程度。

(3)說明淨利與營業活動所產生現金流量差異的原因。

(4)洞悉現金與非現金投資與理財活動對企業財務狀況的影響。

4. 現金流量表應揭露的事項有那些？

解：

　　(1)來自投資活動的現金流量。

　　(2)來自理財活動的現金流量。

　　(3)來自營業活動的現金流量。

　　(4)非現金投資及理財活動。

5. 何謂非現金投資及理財活動？通常包括那些項目？

解：

　　凡不影響現金流量之投資及理財活動的事項，例如發行股票贖回債券、發行債券取得非現金資產、以非現金資產償還債務及按資本租賃取得資產等事項，均可稱為非現金投資。

　　非現金投資及理財活動，通常包括下列各項：

　　(1)發行股票贖回債券。

　　(2)債券轉換為股票。

　　(3)發行債券取得非現金資產。

　　(4)用非現金資產償還債務。

　　(5)按資本租賃方式取得資產。

　　(6)接受捐贈取得投資或長期性資產。

　　(7)宣告發放股票股利或現金股利惟未支付者。

　　(8)以非現金資產交換其他非現金資產。

6. 現金流量表的編製方法有那二種？試說明其要義。

解：

有直接法及間接法二種。

(1)直接法係指將當期營業活動所產生的各項現金流入與流出，直接列報於現金流量表內；換言之，此法係將損益表內與營業活動有關的各損益項目，直接由應計基礎轉換為現金基礎。

(2)在間接法之下，現金流量表不直接列報營業活動的個別現金流量項目，僅透過間接的方式，計算來自營業活動的現金流量。

7. 現金流量表的基礎為何？何謂約當現金？

解：

財務會計準則第 95 號聲明書明確指出，現金流量表係以現金及約當現金之流入與流出，作為編表的基礎，不得使用含有多重含義的基金一詞。

約當現金係指那些短期性（ 3 個月內到期）、具有高度變現力的國庫券、商業本票及銀行承兌滙票等；一般言之，約當現金必須符合下列二項特性：(1)可及時轉換為定額之現金；(2)即將到期且利率變動對其價值之影響甚小者。

8. 試比較兩種不同編製方法之下，現金流量表的內容。

解：

現金流量表之內容		直接法	間接法
營業活動之現金流量：	(1)		下列(4)列入此處作為營業活動之現金流量
現銷及應收帳款收現			
股利收現			
利息收現		√	
其他營業收現			×
進貨及帳款			
員工薪資及營業付現			

利息付現（資本化利息部份除外）		
所得稅付現		
其他營業付現		
投資活動之現金流量：　　　　　　　　(2)		
購買固定資產付現		
購買股票或債券投資付現		
出售固定資產收現（含成本、利益或損失之現金流量）		
出售股票或債券投資收現（含成本、利益或損失之現金流量）	✓	✓
政府徵收補償款收現（含成本、利益或損失之現金流量）		
資本支出付現		
其他投資項目		
理財活動之現金流量：　　　　　　　　(3)		
發放現金股利		
借入款項或發行債券收現		
償還借款或贖回債券付現	✓	✓
購買庫藏股票付現		
發行股票收現		
其他理財項目		
本期淨利及營業活動現金流量之調節：(4) 本期淨利 調節項目：	補充說明營業活動之淨現金流量	列入上端作為營業活動之現金流量
不影響當期現金流量的損益項目（如折舊、攤銷及壞帳）	✓	✓
與投資及理財活動有關的損益項目（如出售固定資產或投資之利益）		
與當期損益有關的流動資產或負債之變動		
不影響現金流量之投資及理財活動：(5)		
發行股票贖回債券		
發行債券取得非現金資產	✓	✓
用非現金資產償還債務		
按資本租賃方式取得資產		
接受捐贈取得投資或長期性資產		
非現金資產交換其他非現金資產		

現金流量資訊之補充揭露: 　支付利息（資本化利息部份除外）之資訊 　　支付所得稅之資訊	×	√

9. 不論是直接法或間接法，在作成本期淨利及營業活動現金流量之調節時，一般有那三種調節項目？

解:

　(1)不影響當期現金流量的損益項目。

　(2)與投資及理財活動有關聯的損益項目。

　(3)與當期損益有關聯的營運資金項目。

10. 不影響當期現金流量的損益項目有那些？這些項目何以必須加入「本期淨利」以計算來自營業活動的現金流量？

解:

　不影響當期現金的損益項目：例如壞帳損失、折舊、折耗及攤銷等（惟債券發行溢價或折價之攤銷，屬於第 2 項分類）。因為這此費用雖然減少「本期淨利」，但並不減少現金流量；故應予加回。

11. 與投資及理財活動有關聯的損益類項目有那些？這些項目何以必須調節「本期淨利」以計算來自營業活動的現金流量？

解:

　與投資及理財活動有關聯的損益類項目：例如投資損益、處分固定資產損益、清償債務損益及債券發行溢價或折價之攤銷等；因為伴隨這些損益項目所產生的現金流量，已隨其相對實帳戶列報於投資或理財活動範圍內，故此等虛帳戶部份僅增減「本期淨利」而已，應

予調節；換言之，凡屬利益者，應予扣除，凡屬損失者，應予加回。

12. 與當期損益有關聯的營運資金項目有那些？這些項目如何調節「本期淨利」以計算來自營業活動的現金流量？

解:

與投資及理財活動有關的營運資金項目，例如應付股利，則應予除外；其計算方式如下：

(1)加項：應收帳款減少、應收票據減少、存貨減少、預付費用減少等。

應付帳款增加、應付票據增加、應付費用增加等。

(2)減項：應收帳款增加、應收票據增加、存貨增加、預付費用增加等。

應付帳款減少、應付票據減少、應付費用減少等。

13. 編製現金流量表工作底稿（表）之作用何在？

解:

編製現金流量表工作底稿後，具有下列各項優點：(1)按照有系統的方法，計算現金流量表的各項現金流量資訊；(2)證明現金流量表內各項資訊的準確性；(3)說明二個不同特定日資產負債表的變化情形；(4)為日後審核與分析工作提供完整的資料。

現金流量表工作底稿，係將二個不同特定日資產負債表的增減數字，配合當期損益表的各項損益類帳戶，尋求其相互關係，在有限度的範圍內，重新建立其交易分錄，進而求出其影響現金流入與流出的數字。

根據現金流量表工作底稿，不但可分別求出來自營業活動、投資活動及理財活動的現金流量，而且可配合直接法與間接法的不同編製

方法，予以列入正式的現金流量表即可，非常方便而又準確。

二、選擇題

25.1　A 公司 1998 年含有下列各交易事項：

　1.購入 X 公司普通股 10,000 股之成本$48,000，擬長期持有。

　2.出售 Y 公司普通股 4,000 股之售價$70,000，其帳面價值為$60,000；

　　當初購入時，歸類為備用證券。

　3.購買 3 年期定期存單$40,000；此外，另收到當年度之利息收入

　　$3,600。

　4.收到投資 X 公司普通股之股利收入$2,800。

A 公司編製 1998 年度之現金流量表時，屬於投資活動之淨現金流

出應為若干？

　(a)$18,000

　(b)$14,400

　(c)$11,600

　(d)$10,000

解：(a)

　　凡一項投資歸類為備用證券（購入時擬於需用資金始予出售）或待

　　到期債券（持有至債券到期日）者，屬於投資活動；如為短線證券

　　（擬短期持有）者，屬於營業活動。凡購買銀行定期存單，其期限

　　在 3 個月以內者，屬於營業活動；如期限超過 3 個月以上者，屬

　　投資活動。本題投資活動之淨現金流出可計算如下：

購入 X 公司普通股（長期投資）	$(48,000)
出售 Y 公司普通股（備用證券）	70,000*
購買三年期定期存單	(40,000)
投資活動淨現金流出	$(18,000)

*按收到現金數額列報

又出售 Y 公司普通股利益$10,000 ($70,000 – $60,000)、定期存單利息收入$3,600、及收到 X 公司普通股股利收入$2,800 等，均屬於營業活動項目。

下列資料用於解答 25.2 及 25.3：

B 公司 1998 年 12 月 31 日編製現金流量表時，有下列各項資料：

出售廠產設備利益	$ (30,000)
出售廠產設備收現	50,000
購入 Z 公司債券（面值$1,000,000）	(900,000)
債券折價攤銷	10,000
宣告現金股利	(225,000)
發放現金股利	(190,000)
出售庫藏股票收現（帳面價值$325,000）	375,000

25.2 B 公司於編製 1998 年度現金流量表時，應列報若干投資活動之淨現金流出？

(a)$850,000

(b)$880,000

(c)$940,000

(d)$970,000

解：(a)

投資活動的現金流量，係指那些涉及營業項目以外的資產或投資之現金流入或流出。本題投資活動之淨現金流出可計算如下：

出售廠產設備收現	$ 50,000
購入 Z 公司債券	(900,000)
投資活動淨現金流出	$(850,000)

出售庫藏股票$375,000 及發放現金股利$190,000，屬於理財活動之現金流出。又出售廠產設備利益$30,000 及債券折價攤銷$10,000，則屬於營業活動內「本期淨利」的調節項目，前者為加項，後者為減項。

25.3 B 公司於編製1998 年度現金流量表時，應列報若干理財活動之淨現金流入？

(a)$100,000

(b)$135,000

(c)$150,000

(d)$185,000

解：(d)

理財活動的現金流量，係指那些非營業上長短期融資或權益變動的現金流入或流出。本題理財活動之淨現金流入可計算如下：

發放現金股利	$(190,000)
出售庫藏股票收現	375,000
理財活動之淨現金流入	$ 185,000

宣告現金股利超過已發放現金股利$35,000 ($225,000 − $190,000)，屬於非現金理財活動事項。又出售廠產設備利益 $30,000 及債券折價攤銷$10,000，則屬於營業活動內「本期淨利」的調節項目。出售廠產設備$50,000 及購入 Z 公司債券$900,000，均屬於投資活動之現金流量。

下列資料用於解答 25.4 至 25.7：

C 公司採用直接法編製現金流量表；1998 年及 1999 年 12 月31 日之試算表如下：

	12/31/99	12/31/98
現金	$ 70,000	$ 64,000
應收帳款	66,000	60,000
存貨	62,000	94,000
財產、廠房、及設備	200,000	190,000
未攤銷債券折價	9,000	10,000
銷貨成本	500,000	760,000
銷售費用	283,000	344,000
管理費用	274,000	302,600
利息費用	8,600	5,200
所得稅費用	40,800	122,400
借方合計	$1,513,400	$1,952,200
備抵壞帳	$ 2,600	$ 2,200
備抵折舊	33,000	30,000
應付帳款	50,000	35,000
應付所得稅	42,000	54,200
遞延所得稅	10,600	9,200
應付債券：8%，可贖回	90,000	40,000
普通股本	100,000	80,000
資本公積 —— 普通股本溢價	18,200	15,000
保留盈餘	89,400	129,200
銷貨收入	1,077,600	1,557,400
貸方合計	$1,513,400	$1,952,200

其他補充資料:

1. 1999 年度,購入設備$10,000。

2.折舊費用分攤三分之一至銷售費用,其餘分攤至管理費用。

C 公司編製 1999 年度之現金流量表時,請計算下列各項:

25.4 現銷及應收帳款收現金額應為若干?

(a)$1,083,600

(b)$1,083,200

(c)$1,072,000

(d)$1,071,600

解: (d)

現銷及應收帳款收現金額為$1,071,600,其計算方法如下:

$$現銷及應收帳款收現=銷貨收入 - 應收帳款減少$$
$$=\$1,077,600 - (\$66,000 - \$60,000)$$
$$=\$1,071,600$$

25.5 進貨及帳款付現金額應為若干?

(a)$517,000

(b)$515,000

(c)$485,000

(d)$453,000

解: (d)

進貨及帳款付現金額為$453,000,其計算方法如下:

$$進貨付現=銷貨成本 +(期末存貨 - 期初存貨)-(期末付款$$
$$帳款 - 期初應付帳款)$$

$$=\$500,000 + (\$62,000 - \$94,000) - (\$50,000 - \$35,000)$$

$$=\$453,000$$

25.6　利息費用付現金額應為若干？

(a)$9,600

(b)$8,600

(c)$7,600

(d)$3,400

解：(c)

利息費用付現金額為$7,600，其計算方法如下：

$$利息費用付現=利息費用-（期末應付利息-期初應付利息）$$
$$-債券折價攤銷$$
$$=\$8,600 - 0 - \$1,000$$
$$=\$7,600$$

25.7　所得稅費用付現金額為若干？

(a)$51,600

(b)$40,800

(c)$39,400

(d)$30,000

解：(a)

所得稅費用付現金額為$51,600，其計算方法如下：

$$所得稅費用付現=所得稅費用-（期末應付所得稅-期初應付所$$
$$得稅）-（期末遞延所得稅-期初遞延所得稅）$$

$$=\$40,800 - (\$42,000 - \$54,200) - (\$10,600$$
$$-\$9,200)$$
$$=\$51,600$$

上列計算方法，也可用彙總分錄列示如下：

所得稅費用	40,800	
應付所得稅	12,200	
現金		51,600
遞延所得稅		1,400

25.8　D 公司 1998 年度淨利為$375,000；當年度有關項目在資產負債表內之增（減）變化如下：

1.投資 X 公司普通股，按權益法列帳	$ 3,750
2.備抵折舊，因重大整修沖銷而發生	(5,250)
3.未攤銷債券溢價	(3,500)
4.遞延所得稅負債（長期）	4,500

D 公司編製 1998 年度現金流量表時，營業活動之現金流量應列報若干？

(a)$376,000

(b)$370,750

(c)$362,250

(d)$357,000

解： (c)

營業活動之現金流量增加$362,250；其計算方法如下：

本期淨利	$375,000
調節項目:	
投資 X 公司普通股⑴	(13,750)
債券溢價攤銷⑵	(3,500)
遞延所得稅負債⑶	4,500
營業活動現金流量淨流入	$362,250

說明:

1.投資採用權益法時, 投資帳戶增加表示被投資 (X) 公司列報淨利, 此時, 投資 (D) 公司應分錄如下:

投資 —— X 公司普通股	×××	
投資利益		×××

反之, 如投資帳戶減少時, 表示被投資 (X) 公司列報淨損, 其分錄如下:

投資損失	13,750	
投資 —— X 公司普通股		13,750

由此可知, 投資利益僅增加當年度淨利, 並未增加現金, 故應自「本期淨利」扣除。

2.未攤銷債券溢價減少時, 表示當年度攤銷債券溢價如下:

未攤銷債券溢價	3,500	
利息收入		3,500

由此可知, 未攤銷債券溢價減少時, 僅增加當年度淨利, 並未增加現金, 故應自「本期淨利」扣除。

3.當遞延所得稅增加時, 所得稅費用乃相對增加, 其分錄如下:

所得稅費用	4,500	
遞延所得稅負債		4,500

因此，遞延所得稅負債增加，僅減少當期淨利，並未減少現金，故應予加回「本期淨利」。

又備抵折舊減少$5,250，係因重大整修沖銷而發生，其分錄如下：

| 備抵折舊 | 5,250 | |
| 財產、廠房設備 | | 5,250 |

上述分錄與損益無關，非為營業活動現金流量之調節項目。

25.9　E 公司編製 1998 年度現金流量表時，有下列各項資料：

	1/1/98	12/31/98
應收帳款	$253,000	$319,000
備抵壞帳	8,800	11,000
預付租金	136,400	90,200
應付帳款	213,400	246,400

另悉 E 公司 1998 年度淨利為$320,000。

E 公司 1998 年度現金流量表內，應列報營業活動之現金流量為若干？

(a)$335,400

(b)$331,000

(c)$304,600

(d)$269,400

解： (a)

營業活動之現金淨流入為$335,400；其計算方法如下：

本期淨利	$320,000
調節項目:	
應收帳款增加: $319,000–$253,000	(66,000)
預付租金減少: $136,400–$90,200	46,200
應付帳款增加: $246,400–$213,400	33,000
壞帳損失: $11,000–$8,800	2,200
營業活動現金之淨流入	$335,400

下列資料用於解答 25.10 至 25.12:

F 公司 1998 年及 1999 年 12 月 31 日, 資產負債表各帳戶的差異如下:

	增（減）
資產:	
現金及約當現金	$ 24,000
短線投資	60,000
應收帳款（淨額）	–0–
存貨	16,000
長期投資	(20,000)
廠產設備	140,000
備抵折舊	–0–
	$220,000
負債及股東權益:	
應付帳款	$ (1,000)
應付股利	32,000
短期借款	65,000
應付債券	22,000
普通股本, 每股面值$10	20,000
資本公積 —— 普通股本溢價	24,000
保留盈餘	58,000
	$220,000

其他補充資料:

1.淨利$158,000。

2.宣告發放現金股利$100,000。

3.出售廠產設備成本$120,000，帳面價值$70,000，收到現金$70,000。

4.發行長期債券$22,000 以交換廠產設備如數。

5.出售長期投資收現$27,000；其他無任何長期投資之變動。

6.發行普通股票 2,000 股，每股發行價格$22。

25.10 營業活動之現金流量為若干？

(a)$232,000

(b)$208,000

(c)$184,000

(d)$141,000

解: (c)

營業活動之現金流量為$184,000；其計算方法如下:

本期淨利	$158,000
調節項目:	
出售長期投資利益: $27,000－$20,000	(7,000)
折舊費用	50,000
存貨增加	(16,000)
應付帳款減少	(1,000)
營業活動現金淨流入	$184,000

說明:

1.出售長期投資利益$7,000，一方面雖增加本期淨利，但另一方面現金流入卻屬於投資活動範圍，並不增加營業活動的現金流量；其分錄如下:

現金	27,000*	
長期投資		20,000
出售長期投資利益		7,000

*$27,000 列報為投資活動之現金流入。

2.折舊費用$50,000，可用 T 字形帳戶法列示如下：

備抵折舊

出售沖銷	50,000	增加提列	50,000

出售廠產設備分錄如下：

現金	70,000	
備抵折舊	50,000	
廠產設備		120,000

提列折舊分錄如下：

折舊費用	50,000	
備抵折舊		50,000

3.應付股利增加$32,000 及短期借款$65,000，均屬於公司理財活動項目，故不予列入。

25.11 投資活動之現金流量為若干？

(a)$201,000

(b)$238,000

(c)$255,000

(d)$320,000

解：(a)

投資活動之現金淨流出為$201,000，其計算方法如下：

購入短期投資付現	$ (60,000)
出售長期投資收現	27,000
出售廠產設備收現	70,000
購買廠產設備付現	(238,000)
投資活動之現金淨流出	$(201,000)

說明：

購買廠產設備付現$238,000，可用 T 字形帳戶求解如下：

廠產設備

發行債券交換	22,000	出售成本	120,000
購入	x		
12/31/99 餘額	140,000		

$$\$22,000 + x - \$120,000 = \$140,000$$

$$x = \$238,000$$

25.12 理財活動之現金流量為若干?

(a)$4,000

(b)$9,000

(c)$30,000

(d)$41,000

解：(d)

理財活動之現金淨流入為$41,000；其計算方法如下：

支付現金股利	$(68,000)
短期借款收現	65,000
發行普通股	44,000
理財活動之現金淨流入	$ 41,000

說明：

　　1.現金股利付現＝ $100,000 - $32,000

　　　　　　　　＝$68,000

　　2.發行普通股收現＝$22 × 2,000

　　　　　　　　＝$44,000（或$20,000 + $24,000 = $44,000）

三、綜合題

25.1 臺生公司 1998 年度及1999 年度比較損益表、1998 年及 1999 年 12
　　月 31 日比較資產負債表分別列示如下：

臺生公司

比較損益表

1998 及 1999 年度　　單位：新臺幣千元

	1998	1999
銷貨收入	$2,000	$3,200
銷貨成本	1,600	2,500
銷貨毛利	$ 400	$ 700
營業費用（含所得稅）	260	500
本期淨利	$ 140	$ 200

臺生公司
比較資產負債表
1998 及 1999 年 12 月 31 日　　單位: 新臺幣千元

	1998	1999
資產:		
現金	$100	$ 150
應收帳款（淨額）	290	420
存貨	210	330
預付費用	25	50
長期投資	–0–	40
財產、廠房及設備	300	565
備抵折舊	(25)	(55)
資產總額	$900	$1,500
負債:		
應付帳款	$220	$ 265
應付所得稅	65	70
應付股利	–0–	35
長期應付票據	–0–	250
負債總額	$285	$ 620
股東權益:		
普通股本	450	600
保留盈餘	165	280
負債及股東權益總額	$900	$1,500

其他補充資料:

1. 全部銷貨均屬賒銷，應收帳款及應付帳款均由商品買賣而發生;
   應付帳款按淨額（扣除進貨折扣）記帳，而且均獲得折扣。備抵
   壞帳在二年期間並無增減; 1999 年度也未曾沖銷壞帳。

2. 1999 年度之營業費用，包含所得稅費用$50,000及折舊費用$30,000。

3. 長期應付票據係於 1999 年 12 月 31 日開出，附息8%。

試求: 請為臺生公司完成 1999 年度之下列各項工作:

　(a)現金流量表各項數字的計算。

　(b)直接法現金流量表。

　(c)間接法現金流量表。

　(d)為使編表工作系統化, 請編製現金流量表工作底稿, 以代替上
　　列(a)項的個別計算工作。

解:

(a)現金流量表各項數字的計算:

　1.營業活動之現金流量:

　　⑴應收帳款收現 ＝ 銷貨收入 － 應收帳款增加

　　　　　　　　　　＝ $\$3,200,000 - \$130,000$

　　　　　　　　　　＝ $\$3,070,000$

　　⑵進貨及帳款付現 ＝ 銷貨成本 － 應付帳款增加 ＋ 存貨增加

　　　　　　　　　　＝ $\$2,500,000 - \$45,000 + \$120,000$

　　　　　　　　　　＝ $\$2,575,000$

　　⑶營業費用付現 ＝ 營業費用 － 所得稅 － 折舊費用 ＋ 預付費用
　　　　　　　　　　增加

　　　　　　　　　＝ $\$500,000 - \$50,000 - \$30,000 + \$25,000$

　　　　　　　　　＝ $\$445,000$

　　⑷所得稅付現 ＝ 所得稅費用 － 應付所得稅增加

　　　　　　　　＝ $\$50,000 - \$5,000$

　　　　　　　　＝ $\$45,000$

　2.投資活動之現金流量:

　　⑴長期投資付現 ＝ $\$40,000$

　　⑵購買廠產設備付現 ＝ $\$565,000 - \$300,000$

　　　　　　　　　　　＝ $\$265,000$

3.理財活動之現金流量:

　(1)簽發長期應付票據收現 ＝ $250,000

　(2)發行普通股收現 ＝ $600,000 － $450,000

　　　　　　　　　 ＝ $150,000

　(3)支付現金股利 ＝ $50,000，可用T 字形帳戶求解如下:

保留盈餘

宣告股利	x	12/31/98	165,000
		本期淨利	200,000
		12/31/99	280,000

應付股利

支付現金股利	y	12/31/98	–0–
		宣告股利	x
		12/31/99	35,000

$$\$165,000 + \$200,000 - x = \$280,000$$

$$x = \$85,000$$

$$\$85,000 - y = \$35,000$$

$$y = \$50,000$$

(b)直接法現金流量表:

臺生公司
現金流量表

（直接法）　　　1999 年度　　　單位: 新臺幣千元

營業活動之現金流量:		
應收帳款收現	$ 3,070	
進貨及帳款付現	(2,575)	
營業費用付現	(445)	
所得稅付現	(45)	
營業活動之淨現金流入		$　5
投資活動之現金流量:		
長期投資付現	$ (40)	
購買廠產設備付現	(265)	
投資活動之淨現金流出		(305)
理財活動之現金流量:		
簽發長期應付票據收現	$250	
發行普通股收現	150	
支付現金股利	(50)	
理財活動之淨現金流入		350
本期現金增加		$ 50
期初現金餘額		100
期末現金餘額		$ 150
本期淨利及營業活動現金流量之調節:		
本期淨利		$ 200
調節項目:		
折舊費用	$　30	
應收帳款增加	(130)	
存貨增加	(120)	
預付費用增加	(25)	
應付帳款增加	45	
應付所得稅增加	5	(195)
營業活動之淨現金流入		$　5

(c)間接法現金流量表:

臺生公司
現金流量表

（間接法）　　　　　　　1999 年度　　　　單位: 新臺幣千元

營業活動之現金流量:		
本期淨利		$ 200
調節項目:		
折舊費用	$ 30	
應收帳款增加	(130)	
存貨增加	(120)	
預付費用增加	(25)	
應付帳款增加	45	
應付所得稅增加	5	(195)
營業活動之淨現金流入		$ 5
投資活動之現金流量:		
長期投資付現	$ (40)	
購買廠產設備付現	(265)	
投資活動之淨現金流出		(305)
理財活動之現金流量:		
簽發長期應付票據收現	$ 250	
發行普通股收現	150	
支付現金股利	(50)	
理財活動之淨現金流入		350
本期現金增加		$ 50
期初現金餘額		100
期末現金餘額		$ 150
現金流量資訊之補充揭露:		
本期支付所得稅		$ 45

附註: 營運資金項下之應付股利，係屬理財活動，與營業活動無
　　　關，故不予列為營業活動現金流量之調節項目。

(d)現金流量表工作底稿（表）:

臺生公司
現金流量表工作底稿
1999 年度　　　　　　　　單位: 新臺幣千元

會計科目	1998 年 12 月 31 日	借方	貸方	1999 年 12 月 31 日
現金	100	(o) 50		150
應收帳款（淨額）	290	(b) 130		420
存貨	210	(c) 120		330
預付費用	25	(e) 25		50
長期投資	–0–	(i) 40		40
財產、廠房及設備	300	(j) 265		565
備抵折舊	(25)		(g) 30	(55)
資產總額	900			1,500
應付帳款	220		(d) 45	265
應付所得稅	65		(h) 5	70
應付股利	–0–	(n) 50	(m) 85	35
長期應付票據	–0–		(k) 250	250
普通股本	450		(l) 150	600
保留盈餘	165	(m) 85	(a) 200	280
負債及股東權益總額	900			1,500
		765	765	

		調整為現金流量表		
		(1)間接法		(2)直接法
		借方	貸方	
營業活動:				
本期淨利	200	(a) 200		–0–
銷貨收入	3,200		(b) 130	3,070
				（應收帳款收現）
銷貨成本	2,500	(d) 45	(c) 120	2,575
				（進貨及帳款付現）
營業費用	500	(g) 30	(e) 25	} 445
		(f) 50		
				（營業費用付現）
所得稅		(h) 5	(f) 50	45
				（所得稅付現）
投資活動:				
長期投資付現			(i) 40	
購買廠產設備付現			(j) 265	
理財活動:				
簽發長期應付票據收現		(k) 250		
發行普通股收現		(l) 150		
支付現金股利			(n) 50	
			680	
本期現金增加			(o) 50	
		730	730	

25.2 臺北公司 1998 年及 1999 年 12 月 31 日，除所得稅費用以外之已調
整簡明試算表：

臺北公司
簡明試算表

借（貸）		單位：新臺幣千元
	12/31/98	12/31/99	借（貸）變化
現金	$ 1,634	$ 946	$ (688)
應收帳款（淨額）	1,220	1,340	120
財產、廠房及設備	1,990	2,140	150
備抵折舊	(560)	(690)	(130)
應付所得稅	(300)	70	370
應付股利	(20)	(50)	(30)
遞延所得稅負債	(84)	(84)	–
應付債券	(2,000)	(1,000)	1,000
未攤銷債券溢價	(300)	(142)	158
普通股本	(300)	(700)	(400)
資本公積 —— 普通股本溢價	(750)	(860)	(110)
保留盈餘	(530)	(370)	160
銷貨收入	–	(4,840)	–
銷貨成本	–	3,726	–
銷管費用	–	440	–
利息收入	–	(28)	–
利息費用	–	92	–
折舊費用	–	176	–
出售廠產設備損失	–	14	–
非常損益 —— 償還債券利益	–	(180)	–
	$ –0–	$ –0–	$ 600

其他補充資料：

1. 1999 年度出售廠產設備成本$100,000；購入廠產設備成本$250,000。

2. 1999 年 1 月 1 日，贖回債券面值$1,000,000，應屬於贖回債券之未
攤銷溢價$150,000；每張債券面額$1,000，票面利率 10%，市場利

率 8%，於 1990 年 1 月 1 日發行，每年 12 月 31 日付息一次。

3. 1999 年支付所得稅時，借記應付所得稅；遞延所得稅負債$84,000，係基於 1998 年 12 月 31 日臨時性差異$240,000 乘以適用稅率 35% 所得；1998 年度以前，並無任何臨時性差異存在。1999 年度稅前會計所得大於課稅所得$120,000，此項差異全部屬於臨時性差異；臺北公司 1999 年 12 月 31 日，累積臨時性差異淨額為$360,000，當年度適用稅率為 30%。

4. 1998 年 12 月 31 日在外流通股數 60,000 股，每股面值$5；1999 年 4 月 1 日，另發行 80,000 股。

5. 除宣告發放股利之外，保留盈餘無其他任何改變。

試求：臺北公司採用間接法編製 1999 年度之現金流量表；請計算下列各項在現金流量表內應列報的金額：

　(a)所得稅付現。

　(b)利息費用付現。

　(c)贖回應付債券付現。

　(d)發行普通股收現。

　(e)現金股利付現。

　(f)出售廠產設備收現。

解：

　(a)所得稅付現：

　　蓋臺北公司 1999 年度的所得稅及應付所得稅仍未記錄；因此，1999 年度所得稅付現金額，可用 T 字形帳戶求解如下：

應付所得稅

1999 年內付現	x	12/31/98	300,000
12/31/99	70,000		

$$\$300,000 - x = \$ - 70,000$$

$$x = \$370,000$$

(b)利息費用付現：

$$(\$2,000,000 - \$1,000,000) \times 10\% = \$100,000$$

或：$\$92,000 + \$8,000 = \$100,000$

未攤銷債券溢價

1/1/99 沖銷	150,000	12/31/98		300,000
攤銷	x			
		12/31/99		142,000

$$\$300,000 - \$150,000 - x = \$142,000$$

$$x = \$8,000$$

(C)贖回應付債券付現：

贖回應付債券付現金額$970,000，可用分錄法求解如下：

應付債券	1,000,000	
未攤銷債券溢價	150,000	
非常損益 —— 贖回債券利益		180,000
現金		970,000

(d)發行普通股收現：

$$\$5 \times 80,000 + \$110,000 = \$510,000$$

其發行時分錄如下：

現金	510,000	
普通股本		400,000
資本公積 —— 普通股本溢價		110,000

吾人亦可用 T 字形法求解如下：

普通股本

	12/31/98	300,000
	新發行	x
	12/31/99	700,000

資本公積 —— 普通股本溢價

	12/31/98	750,000
	新發行	y
	12/31/99	860,000

$$\$300,000 + x = \$700,000 \quad x = \$400,000$$

$$\$750,000 + y = \$860,000 \quad y = \$110,000$$

發行普通股收現 $= \$400,000 + \$110,000 = \$510,000$

(e)現金股利付現：

現金股利付現金額為$130,000，可應用 T 字形帳戶法求解如下：

應付股利

支付股利	y	12/31/98	20,000
		宣告股利	$x = 160,000$
		12/31/99	50,000

保留盈餘

宣告發放股利	x	12/31/98	530,000
		12/31/99	370,000

$$\$530,000 - x = \$370,000 \quad x = \$160,000$$

$$\$20,000 + x(\$160,000) - y = \$50,000$$

$$y = \$130,000 \text{（現金股利付現）}$$

(f)出售廠產設備收現：

出售廠產設備收現金額為$40,000，可應用 T 字形帳戶法求解如下：

財產、廠房及設備

12/31/98	1,990,000	出售成本	100,000
購入成本	250,000		
12/31/99	2,140,000		

備抵折舊

出售沖銷	x	12/31/98	560,000
		12/31/99 提列折舊	176,000
		12/31/99	690,000

出售廠產設備損失

12/31/99	14,000	

$$\$560,000 + \$176,000 - x = \$690,000 \quad x = \$46,000$$

出售廠產設備收現金額 $= \$100,000 - \$46,000 - \$14,000 = \$40,000$

其出售分錄如下：

現金	40,000	
備抵折舊	46,000	
出售廠產設備損失	14,000	
廠產設備		100,000

25.3 臺中公司 1998 年及 1999 年 12 月 31 日之比較資產負債表:

臺中公司

比較資產負債表

1998 年及 1999 年 12 月 31 日　　　單位: 新臺幣千元

	1998	1999	增（減）
現金	$ 1,400	$ 1,600	$ 200
應收帳款	2,336	2,256	(80)
存貨	3,430	3,700	270
財產、廠房及設備	5,934	6,614	680
備抵折舊	(2,080)	(2,330)	(250)
投資甲公司普通股	550	610	60
長期應收款項	–0–	540	540
資產總額	$11,570	$12,990	$1,420
應付帳款	$ 1,910	$ 2,030	$ 120
應付所得稅	100	60	(40)
應付股利	180	160	(20)
應付租賃款	–0–	800	800
普通股本	1,000	1,000	–0–
資本公積 —— 普通股本溢價	3,000	3,000	–0–
保留盈餘	5,380	5,940	560
負債及股東權益總額	$11,570	$12,990	$1,420

其他補充資料:

　1.1998 年 12 月 31 日, 臺中公司以$550,000 購買甲公司普通股

　　25% 之股權, 當日, 甲公司資產扣除負債後, 淨資產公平價值為

$2,200,000；1999 年 12 月 31 日，甲公司列報淨利$240,000，惟當年度未曾發放股利。

2.臺中公司於 1999 年間，貸款$600,000 給無任何特殊關係之乙公司，每半年付款一次；乙公司於 1999 年 10 月 1 日支付第一次款$60,000 及利息4%。

3.1999 年 1 月 2 日，臺中公司出售設備成本$120,000，帳面價值$70,000，收到現金$80,000。

4.1999 年 12 月 31 日，臺中公司與中興租賃公司簽訂一項資本租賃契約，承租辦公大樓之公平價值$800,000，第一次應付租賃款$120,000 將於 2000 年 1 月 2 日到期。

5.1999 年度淨利$720,000。

6.1998 年度及 1999 年度有關股利的資料如下：

	1998 年度	1999 年度
宣告日	1998 年 12 月 15 日	1999 年 12 月 15 日
支付日	1999 年 2 月 28 日	2000 年 2 月 29 日
金　額	$180,000	$160,000

試求：請為臺中公司完成下列工作：

　(a)計算 1999 年度現金流量表內各項數字。

　(b)編製 1999 年度間接法之現金流量表。

解：

(a) 1999 年度現金流量表內各項數字的計算：

1.營業活動之現金流量：

　(1)折舊費用 =$300,000；其計算方法如下：

　　出售廠產設備沖銷之備抵折舊，應等於成本$120,000 減帳面價值$70,000 之餘額$50,000；其分錄如下：

現金	80,000		
備抵折舊	50,000		
廠產設備		120,000	
出售廠產設備利益		10,000	

至於 1999 年度提列折舊費用, 可用下列 T 字形帳戶法求解如下:

備抵折舊

出售沖銷	50,000	12/31/98	2,080,000
		12/31/99 提列	x
		12/31/99	2,330,000

$2,080,000 + x - \$50,000 = \$2,330,000$

$x = \$300,000$

(2)出售廠產設備收益 $= \$10,000$ (計算方法請參閱(1))。

(3)投資甲公司普通股未分配利益$=\$60,000$; 其計算方法如下:

$\$240,000 \times 25\% = \$60,000$

在權益法之下, 甲公司 1999 年度獲益$\$240,000$, 臺中公司應作成分錄如下:

投資甲公司普通股	60,000	
投資利益		60,000

臺中公司 1999 年度淨利已包括上項投資利益, 惟並未收現, 故應予扣除。

(4)應收帳款減少$\$80,000$, 表示收現大於損益表內的銷貨收現金額, 故應予加回; 又應付帳款增加$\$120,000$, 表示損益表內的銷貨成本已發生, 惟未予支付, 故也應予加回。存貨增加$\$270,000$,

表示實際支付現金數額大於損益表內銷貨成本的數額，故應予扣除；應付所得稅減少$40,000，表示1999年度損益表內所得稅費用$60,000，惟實際支付$100,000，使實際付現金額超過所得稅費用$40,000，故應自營業之現金流量扣除。至於應付股利則屬於理財活動的範圍，不於營業活動的現金流量項下調節。

2.投資活動之現金流量：

(1)出售廠產設備收現 ＝$80,000（請參閱營業活動(1)之分錄）。

(2)貸款給乙公司長期款項$600,000 及長期應收款項收現 $60,000，可由下列分錄求得：

a.貸出款項時：

長期應收款項	600,000	
現金		600,000

b.收回第一期本金時：

現金	60,000	
長期應收款項		60,000

3.理財活動之現金流量：

(1)發放現金股利＝$180,000；可由下列帳戶列示其相互關係：

保留盈餘

宣告股利	160,000	12/31/98	5,380,000
		1999 年度淨利	720,000
		12/31/99	5,940,000

應付股利

2/28/99	180,000	12/31/98	180,000
		12/15/99	160,000
		12/31/99	160,000

(b) 1999 年度間接法之現金流量表:

臺中公司
現金流量表

（間接法）　　　　　1999 年度　　　　單位: 新臺幣千元

營業活動之現金流量:		
本期淨利		$ 720
調節項目:		
折舊費用	$ 300	
出售廠產設備利益	(10)	
投資甲公司普通股未分配利益	(60)	
應收帳款減少	80	
存貨增加	(270)	
應付帳款增加	120	
應付所得稅減少	(40)	120
營業活動現金淨流入		$ 840
投資活動之現金流量:		
出售廠產設備收現	$　80	
貸款給乙公司長期款項	(600)	
長期應收款項收現（本金部份）	60	
投資活動現金淨流出		(460)
理財活動之現金流量:		
發放現金股利	$(180)	
理財活動現金淨流出		(180)
本期現金增加		$　200
期初現金餘額		1,400
期末現金餘額		$1,600
非現金投資及理財活動之補充揭露:		
按資本租賃方式取得辦公大樓		$　800
宣告發放 1999 年度現金股利，惟未付現		$　160
現金流量資訊之補充揭露:		
本期支付所得稅		$　100

25.4 臺南公司 1999 年度簡明損益表、1998 年及 1999 年 12 月 31 日簡明
    比較資產負債表，分別列示如下：

臺南公司
簡明損益表

1999 年度	單位：新臺幣千元
服務收入	$1,332
營業費用	(970)
營業利益	$ 362
投資丙公司利益	88
稅前淨利	$ 450
所得稅	(180)
本期淨利	$ 270

臺南公司
簡明比較資產負債表
1998 年及 1999 年 12 月 31 日　　　單位：新臺幣千元

	1998	1999	增（減）
資產：			
現金	$ 140	$ 286	$146
應收帳款（淨額）	184	223	39
投資丙公司普通股	233	275	42
財產、廠房及設備	550	635	85
備抵折舊	(65)	(95)	(30)
投資丙公司成本超過帳面價值	78	76	(2)
資產總額	$1,120	$1,400	$280
負債及股東權益：			
應付帳款及應計費用	$ 135	$ 160	$ 25
遞延所得稅	–0–	35	35
應付抵押借款	135	125	(10)
普通股本	800	970	170
保留盈餘	50	110	60
負債及股東權益總額	$1,120	$1,400	$280

其他補充資料:

1. 臺南公司投資丙公司普通股係採用權益之會計處理; 1999 年度, 一直維持 25% 之持有比率, 而且對丙公司的財務決策具有重大影響力; 1999 年度, 丙公司淨利$360,000, 支付現金股利$192,000; 臺南公司 1999 年度對於丙公司成本超過帳面價值的部份, 予以攤銷$2,000。

2. 1999 年 10 月 1 日, 臺南公司現購設備成本$85,000; 除此之外, 其他無任何廠產設備之變動。

3. 臺南公司由於投資丙公司利益之認定, 致發生會計所得與課稅所得不同, 遂引起臨時性差異, 乃予列入遞延所得稅帳戶$35,000, 將於 2000 年度內自動消除其差異。

4. 1999 年 12 月 31 日, 臺南公司發放股票股利$170,000 及現金股利$40,000。

試求: 請為臺南公司完成 1999 年度之下列各項工作:

(a)計算現金流量表內各項數字。

(b)編製直接法現金流量表。

(c)編製間接法現金流量表。

(d)為使編表工作系統化, 請編製現金流量表工作底稿, 以代替上列(a)項的個別計算工作。

解:

(a)直接法之現金流量:

1. 營業活動之現金流量:

　(1)服務顧客收現 ＝ 服務收入 － 應收帳款增加

　　　　　　　　　＝ $1,332,000 － $39,000

　　　　　　　　　＝ $1,293,000

　(2)營業費用付現 ＝ 營業費用 － 折舊費用 － 應付帳款及應計費用

　　　　　　　　　　增加

　　　　　　　　＝ $970,000 － $30,000 － $25,000

　　　　　　　　＝ $915,000

　(3)投資丙公司股利收現 ＝ 丙公司發放現金股利總額 × 持有比率

　　　　　　　　　　＝ $192,000 × 25%

　　　　　　　　　　＝ $48,000

　(4)所得稅付現 ＝ 所得稅費用 － 遞延所得稅增加

　　　　　　　＝ $180,000 － $35,000

　　　　　　　＝ $145,000

2.投資活動之現金流量：

　(1)購買廠產設備付現＝$85,000（已知）

　(2)抵押借款本金付現＝$10,000（已知）

3.理財活動之現金流量：

　(1)發放現金股利＝$40,000

4.不影響現金流量之投資及理財活動：

　(1)發放普通股股票股利$170,000（已知）

5.本期淨利及營業活動之調節項目：

　(1)折舊費用 ＝ $95,000 － $65,000

　　　　　　＝ $30,000

　(2)投資丙公司未分配利益 ＝ ($360,000 × 25% － $2,000) － ($192,000

　　　　　　　　　　　　× 25%)

　　　　　　　　　　　　＝ $40,000

　(3)營運資金項目變動項目：

　　a.應收帳款增加＝$39,000（已知）

　　b.應付帳款及應計費用增加＝$25,000（已知）

(b)直接法之現金流量表：

臺南公司
現金流量表

（直接法）　　　　　1999 年度　　　單位：新臺幣千元

營業活動之現金流量：		
服務顧客收現	$1,293	
營業費用付現	(915)	
丙公司股利收現	48	
所得稅付現	(145)	
營業活動之淨現金流入		$281
投資活動之現金流量：		
購買廠產設備付現	$ (85)	
抵押借款本金付現	(10)	
投資活動之淨現金流出		(95)
理財活動之現金流量：		
發放現金股利	$ (40)	
理財活動之淨現金流出		(40)
本期現金增加		$146
期初現金餘額		140
期末現金餘額		$286
本期淨利及營業活動現金流量之調節：		
本期淨利		$270
調節項目：		
折舊費用	$ 30	
投資丙公司未分配利益	(40)	
應收帳款增加	(39)	
應付帳款及應計費用增加	25	
遞延所得稅增加	35	11
營業活動之淨現金流入		$281
不影響現金流量之投資及理財活動：		
發放普通股股票股利		$170

(c)間接法之現金流量表:

臺南公司
現金流量表

（間接法）　　　　1999 年度　單位: 新臺幣千元

營業活動之現金流量:		
本期淨利		$270
調節項目:		
折舊費用	$ 30	
投資丙公司未分配利益	(40)	
應收帳款增加	(39)	
應付帳款及應計費用增加	25	
遞延所得稅增加	35	11
營業活動之淨現金流入		$281
投資活動之現金流量:		
購買廠產設備付現	$(85)	
抵押借款本金付現	(10)	
投資活動之淨現金流出		(95)
理財活動之現金流量:		
發放現金股利	$(40)	
理財活動之淨現金流出		(40)
本期現金增加		$146
期初現金餘額		140
期末現金餘額		$286
不影響現金流量之投資及理財活動:		
發放普通股股票股利		$170
現金流量資訊之補充揭露:		
本期支付所得稅		$145

(d)現金流量表工作底稿：

臺南公司
現金流量表工作底稿
1999 年度

單位: 新臺幣千元

會計科目	1998 年 12 月 31 日	借方	貸方	1999 年 12 月 31 日
現金	140	(m) 146		286
應收帳款（淨額）	184	(b) 39		223
投資丙公司普通股	233	(d) 90	(e) 48	275
財產、廠房及設備	550	(i) 85		635
備抵折舊	(65)		(c) 30	(95)
投資丙公司成本超過帳面價值	78		(f) 2	76
資產總額	1,120			1,400
應付帳款及應計費用	135		(g) 25	160
應付抵押借款	135	(j) 10		125
遞延所得稅	–0–		(h) 35	35
普通股本	800		(k) 170	970
保留盈餘	50	(k) 170	(a) 270 }	119
		(l) 40		
負債及股東權益總額	1,120			1,400
		580	580	

		調整為現金流量表		
		(1)間接法		(2)直接法
		借方	貸方	
營業活動:				
本期淨利	270	(a) 270		–0–
服務收入	1,332		(b) 39	1,293
				（服務顧客收現）
營業費用	970	(g) 25	}	915
		(c) 30		
				（營業費用付現）
投資丙公司利益	88	(e) 48	(d) 90 }	48
		(f) 2		
				（丙公司股利收現）
所得稅	180	(h) 35		145
				（所得稅付現）
投資活動:				
購買廠產設備付現			(i) 85	85
抵押借款本金付現			(j) 10	10
理財活動:				
發放現金股利			(l) 40	40
本期現金增加			(m) 146	
		410	410	

三民大專用書書目──國父遺教

三民主義	孫　　文	著	
三民主義要論	周　世　輔	編著	前政治大學
三民主義要義	涂　子　麟	著	中　山　大　學
大專聯考三民主義複習指要	涂　子　麟	著	中　山　大　學
建國方略建國大綱	孫　　文	著	
民權初步	孫　　文	著	
國父思想	涂　子　麟	著	中　山　大　學
國父思想	涂　子　麟 林　金　朝	編著	中　山　大　學 臺　灣　師　大
國父思想（修訂新版）	周　世　輔 周　陽　山	著	前政治大學 臺　灣　大　學
國父思想新論	周　世　輔	著	前政治大學
國父思想要義	周　世　輔	著	前政治大學
國父思想綱要	周　世　輔	著	前政治大學
國父思想概要	張　鐵　君	著	
國父遺教概要	張　鐵　君	著	
中山思想新詮 ──總論與民族主義	周　世　輔 周　陽　山	著	前政治大學 臺　灣　大　學
中山思想新詮 ──民權主義與中華民國憲法	周　世　輔 周　陽　山	著	前政治大學 臺　灣　大　學

三民大專用書書目——社會

社會學 (增訂版)	蔡文輝 著	印第安那州立大學
社會學	龍冠海 著	前臺灣大學
社會學	張華葆 主編	東海大學
社會學理論	蔡文輝 著	印第安那州立大學
社會學理論	陳秉璋 著	政治大學
社會學概要	張曉春 等著	臺灣大學
社會心理學	劉安彥 著	傑克遜州立大學
社會心理學	張華葆 著	東海大學
社會心理學	趙淑賢 著	
社會心理學理論	張華葆 著	東海大學
歷史社會學	張華葆 著	東海大學
鄉村社會學	蔡宏進 著	臺灣大學
人口教育	孫得雄 編著	
社會階層	張華葆 著	東海大學
西洋社會思想史	龍冠海 張承漢 著	前臺灣大學
中國社會思想史 (上)、(下)	張承漢 著	前臺灣大學
社會變遷 (增訂新版)	蔡文輝 著	印第安那州立大學
社會政策與社會行政	陳國鈞 著	前中興大學
社會福利服務 ——理論與實踐	萬育維 著	陽明大學
社會福利行政	白秀雄 著	臺北市政府
老人福利	白秀雄 著	臺北市政府
社會工作	白秀雄 著	臺北市政府
社會工作管理 ——人群服務經營藝術	廖榮利 著	臺灣大學
社會工作概要	廖榮利 著	臺灣大學
團體工作: 理論與技術	林萬億 著	臺灣大學
都市社會學理論與應用	龍冠海 著	前臺灣大學
社會科學概論	薩孟武 著	前臺灣大學
文化人類學	陳國鈞 著	前中興大學
一九九一文化評論	龔鵬程 編	中正大學

實用國際禮儀	黃 貴 美編著		文 化 大 學
勞工問題	陳 國 鈞著		前中興大學
勞工政策與勞工行政	陳 國 鈞著		前中興大學
少年犯罪心理學	張 華 葆著		東 海 大 學
少年犯罪預防及矯治	張 華 葆著		東 海 大 學
公 民 (上)、(下)	薩 孟 武著		前臺灣大學
公 民	沈 六主編		臺 灣 師 大
公 民 (上)、(下)	呂 亞 力著		臺 灣 大 學
公 民	周陽山 馮 燕著		臺 灣 大 學
	沈清松 王 麗容		
大陸問題研究	石 之 瑜著		臺 灣 大 學
危險與秘密：研究倫理	余漢儀 周 雅容著		臺 灣 大 學
	畢恆達 胡幼慧		
	嚴祥鸞		
	嚴 祥 鸞主編		

三民大專用書書目——經濟・財政

經濟學新辭典	高叔康	編著	
經濟學通典	林華德	著	國際票券公司
經濟思想史	史考特	著	
西洋經濟思想史	林鐘雄	著	臺灣大學
歐洲經濟發展史	林鐘雄	著	臺灣大學
近代經濟學說	安格爾	著	
比較經濟制度	孫殿柏	著	前政治大學
通俗經濟講話	邢慕寰	著	香港大學
經濟學原理	歐陽勛	著	前政治大學
經濟學導論（增訂新版）	徐育珠	著	南康乃狄克州立大學
經濟學概要	趙鳳培	著	前政治大學
經濟學	歐陽勛 黃仁德	著	政治大學
經濟學（上）、（下）	陸民仁	編著	前政治大學
經濟學（上）、（下）	陸民仁	著	前政治大學
經濟學（上）、（下）（增訂新版）	黃柏農	著	中正大學
經濟學概論	陸民仁	著	前政治大學
國際經濟學	白俊男	著	東吳大學
國際經濟學	黃智輝	著	東吳大學
個體經濟學	劉盛男	著	臺北商專
個體經濟分析	趙鳳培	著	前政治大學
總體經濟分析	趙鳳培	著	前政治大學
總體經濟學	鍾甦生	著	西雅圖銀行
總體經濟學	張慶輝	著	政治大學
總體經濟理論	孫震	著	工研院
數理經濟分析	林大侯	著	臺灣綜合研究院
計量經濟學導論	林華德	著	國際票券公司
計量經濟學	陳正澄	著	臺灣大學
經濟政策	湯俊湘	著	前中興大學
平均地權	王全祿	著	考試委員
運銷合作	湯俊湘	著	前中興大學
合作經濟概論	尹樹生	著	中興大學
農業經濟學	尹樹生	著	中興大學

凱因斯經濟學	趙鳳培 譯	前政治大學
工程經濟	陳寬仁 著	中正理工學院
銀行法	金桐林 著	中興銀行
銀行法釋義	楊承厚 編著	銘傳大學
銀行學概要	林葭蕃 著	
銀行實務	邱潤容 著	台中商專
商業銀行之經營及實務	文大宏 著	
商業銀行實務	解宏賓 編著	中興大學
貨幣銀行學	何偉成 著	中正理工學院
貨幣銀行學	白俊男 著	東吳大學
貨幣銀行學	楊樹森 著	文化大學
貨幣銀行學	李穎吾 著	前臺灣大學
貨幣銀行學	趙鳳培 著	前政治大學
貨幣銀行學	謝德宗 著	臺灣大學
貨幣銀行學	楊雅惠 編著	中華經濟研究院
貨幣銀行學 ——理論與實際	謝德宗 著	臺灣大學
現代貨幣銀行學（上）（下）（合）	柳復起 著	澳洲新南威爾斯大學
貨幣學概要	楊承厚 著	銘傳大學
貨幣銀行學概要	劉盛男 著	臺北商專
金融市場概要	何顯重 著	
金融市場	謝劍平 著	政治大學
現代國際金融	柳復起 著	
國際金融 ——匯率理論與實務	黃仁德 蔡文雄 著	政治大學
國際金融理論與實際	康信鴻 著	成功大學
國際金融理論與制度（革新版）	歐陽勛 黃仁德 編著	政治大學
金融交換實務	李麗 著	中央銀行
衍生性金融商品	李麗 著	中央銀行
財政學	徐育珠 著	南康乃狄克州立大學
財政學	李厚高 著	國策顧問
財政學	顧書桂 著	國際票券公司
財政學	林華德 著	財政部
財政學	吳家聲 著	中山大學
財政學原理	魏萼 著	
財政學概要	張則堯 著	前政治大學

財政學表解	顧書桂 著	
財務行政（含財務會審法規）	莊義雄 著	成 功 大 學
商用英文	張錦源 著	政 治 大 學
商用英文	程振粵 著	前臺灣大學
商用英文	黃正興 著	實 踐 大 學
實用商業美語 I ——實況模擬	杉田敏 著 張錦源校譯	政 治 大 學
實用商業美語 I ——實況模擬（錄音帶）	杉田敏 著 張錦源校譯	政 治 大 學
實用商業美語 II ——實況模擬	杉田敏 著 張錦源校譯	政 治 大 學
實用商業美語 II ——實況模擬（錄音帶）	杉田敏 著 張錦源校譯	政 治 大 學
實用商業美語 III ——實況模擬	杉田敏 著 張錦源校譯	政 治 大 學
實用商業美語 III ——實況模擬（錄音帶）	杉田敏 著 張錦源校譯	政 治 大 學
國際商務契約——實用中英對照範例集	陳春山 著	中 興 大 學
貿易契約理論與實務	張錦源 著	政 治 大 學
貿易英文實務	張錦源 著	政 治 大 學
貿易英文實務習題	張錦源 著	政 治 大 學
貿易英文實務題解	張錦源 著	政 治 大 學
信用狀理論與實務	蕭啟賢 著	輔 仁 大 學
信用狀理論與實務 ——國際商業信用證實務	張錦源 著	政 治 大 學
國際貿易	李穎吾 著	前臺灣大學
國際貿易	陳正順 著	臺 灣 大 學
國際貿易概要	何顯重 著	
國際貿易實務詳論（精）	張錦源 著	政 治 大 學
國際貿易實務（增訂新版）	羅慶龍 著	逢 甲 大 學
國際貿易實務新論	張錦源 康蕙芬 著	政 治 大 學
國際貿易實務新論題解	張錦源 康蕙芬 著	政 治 大 學
國際貿易理論與政策（增訂新版）	歐陽勛 黃仁德 編著	政 治 大 學
國際貿易原理與政策	黃仁德 著	政 治 大 學
國際貿易原理與政策	康信鴻 著	成 功 大 學
國際貿易政策概論	余德培 著	東 吳 大 學
國際貿易論	李厚高 著	國 策 顧 問

國際商品買賣契約法	鄧越今編著	外貿協會
國際貿易法概要（修訂版）	于政長編著	東吳大學
國際貿易法	張錦源著	政治大學
現代國際政治經濟學──富強新論	戴鴻超著	底特律大學
外匯、貿易辭典	于政長編著 張錦源校訂	東吳大學 政治大學
貿易實務辭典	張錦源編著	政治大學
貿易貨物保險	周詠棠著	前中央信託局
貿易慣例──FCA、FOB、CIF、 　CIP等條件解說（修訂版）	張錦源著	政治大學
貿易法規	張錦源編著 白允宜	政治大學 中華徵信所
保險學	陳彩稚著	政治大學
保險學	湯俊湘著	前中興大學
保險學概要	袁宗蔚著	前政治大學
人壽保險學	宋明哲著	銘傳大學
人壽保險的理論與實務（再增訂版）	陳雲中編著	臺灣大學
火災保險及海上保險	吳榮清著	文化大學
保險實務（增訂新版）	胡宜仁主編	景文工商
關稅實務	張俊雄主編	淡江大學
保險數學	許秀麗著	成功大學
意外保險	蘇文斌著	成功大學
商業心理學	陳家聲著	臺灣大學
商業概論	張鴻章著	臺灣大學
營業預算概念與實務	汪承運著	會計師
財產保險概要	吳榮清著	文化大學
稅務法規概要	劉代洋 林長友著	臺灣科技大學 臺北商專
證券交易法論	吳光明著	中興大學
證券投資分析 　──會計資訊之應用	張仲岳著	中興大學